日本陸軍の軍事演習と地域社会

中野良著

吉川弘文館

目次

序章　「軍隊と地域」研究の論点と軍事演習

一　本書の目的

本書は、日本陸軍が実施した軍事演習を題材として、地域社会がさまざまな軍事演習にどのように対応したのか、また、地域社会との関係について軍がどのような政策構想や地域対策を用意していたのかを論じたものである。また、軍事演習を考察する一環として、演習を通じた天皇権威のアピールの側面についても論じた。天皇の軍隊という特徴をもつ日本の軍隊においては、軍事演習を天皇や皇族が統監することが定期的に行われ、天皇権威を発揚させる機能を内包していたからである。以上の考察を通じて、軍事演習という行事を通じて現れる近代日本における軍隊と地域社会との関係を明らかにし、近代日本における軍隊や地域社会の特性に迫ろうとするものである。

ここでいう関係とは、軍隊と地域社会の相互影響関係を意味する。すなわち、単に地域の歴史のなかに軍隊やその影響を組み込むのではなく、地域社会と軍隊との相互影響関係を明らかにすることを重視するということである。それはなぜか。

近代日本における軍隊と社会・民衆の関係というと、通俗的論調としては「圧倒的な力を持つ軍隊が、一方的に社会・民衆を抑圧する」というイメージで語られがちである。もちろんそうした側面が近代日本の軍隊、特に陸軍の本質的な性格の一つであったことは事実であるが、それだけで軍隊と社会との関係を語るのは一面的といわなければならない。なぜなら、近代軍隊は兵員として一般の国民（日本の場合は原則として男性のみ）を大量動員することを必須としており、軍隊の内部に民衆を抱え込んでいるからである。特に徴兵制を採用している日本の軍隊にとって、民衆の同意や支持を調達しなければ、徴兵制の円滑な維持が困難となる恐れがあり、軍隊の存立に直結しかねない。つまり、軍隊も社会から規定される存在だったと考えるのが論理的であり、そうした視点をもって分析することが求められる。実際、軍隊と地域社会の接触面である軍事演習においても、地域社会から軍隊に向けられるまなざしや軍隊に対する具体的反応にどう対応するか、軍事的必要性と地域社会への対応や配慮とをどのように両立させるのか、といった課題に直面せざるをえなかったのである。本書で相互影響関係を明らかにするというのは、以上のような文脈を踏まえたものである。

このような軍隊と地域社会との相互影響関係を考察するため、近年「軍隊と地域」研究と呼ばれる領域が大きな潮流となっている。本書に収められた諸論考においてもこうした研究領域の方法論が参照されているが、序章においてあらかじめこの研究領域の大きな流れと、そのなかで本書がもつ位置についてまとめておきたい。

二 「軍隊と地域」研究の来歴と現状

そもそも、日本軍事史においては社会や地域に対してどのような視点を有していたのだろうか。第二次大戦後、敗戦と侵略戦争への反省から出発した戦後の歴史学であったが、そのなかで軍事史は「軍隊の復活につながる」との危機感から全体的に低調であった。そのようななかでも軍事史に取り組む研究者は存在したが、そこには大きく分けて三つの潮流が存在したと考えられる。(1) ①旧防衛庁の戦史室（のち戦史部）などにおいて、旧軍の元将校や自衛官を主な担い手として行われていた戦史研究、②左派的な歴史学の立場から旧軍を批判的に研究する「天皇の軍隊」研究、③政治史における政治過程分析の一分野としての政軍関係史、の三つである。このうち、「天皇の軍隊」研究においては、「日本軍国主義」「天皇制ファシズム」の基盤を追究するという問題意識から、早くから社会・民衆に注目していた。そのなかでも特に、国民動員組織としての在郷軍人会が重視された。[2] 一九六〇年代には、佐々木隆爾が「日本軍国主義の社会的基盤」としての在郷軍人会に注目する論考を発表している。[3] 一九七〇年代になると、軍事史研究において本格的に社会・民衆を研究対象とする成果が登場するようになる。大濱徹也が民衆の視点に立った軍事史・戦争史を本格的に展開した。[4] また、由井正臣による戦時国民動員体制の総合的・通時的な考察が行われた。[5] さらに、大江志乃夫[6]や黒羽清隆[7]も独自の視点から戦争と軍隊を社会や地域の視座から考察した。これらの研究のなかには、のちに展開する「軍隊と地域」研究の対象領域や方法論を一部先取りするものも少なくない。

一九八〇年代になると、「軍隊と地域」研究の直接的前提となるような研究状況が生じてくる。一九六〇〜七〇年代の大正デモクラシー研究や、一九七〇年代後半に展開されたファシズム論争を踏まえて、軍隊と社会・地域への関心のありようが徐々に変化していった。従来の天皇制ファシズム形成史を継承し、実証面で深化を目指す立場と、ファシズム論から距離を置いて「実証主義的」に軍隊と社会・地域との関係を考察しようとする立場が混在することになる。

そのなかでも一つの焦点となったのが在郷軍人会であるが、一九八〇年代は研究が大きく進展した時期であった。一九七〇年代末に登場した藤井忠俊らの共同研究[8]を画期として、研究が実証的傾向を強めた。功刀俊洋ら天皇制ファシズム論・日本軍国主義論の延長線上で実証を深める研究の方向性[9]も有力であったが、必ずしもファシズム論によらない論考も登場するようになった。[10]

　また、この時期における「戦争と民衆」をめぐる論点として、いわゆる「戦争責任論」との関連で、民衆レベルの「戦争支持世論」や「草の根のファシズム」に注目する研究が現れたことが重要である。これらの研究は、メディアによる世論喚起や、民衆の功利主義的行動原理に注目することにより、在郷軍人会などの組織的動員とは異なる形で戦争や軍隊を民衆が下支えする構図を浮き彫りにすることとなった。[11]

　一九八〇年代におけるもう一つの新しい動向が、大正デモクラシー期の「軍隊と社会」を実証的に論じる黒沢文貴の政軍関係史研究が登場したことである。宇垣軍縮や反軍世論など、大正デモクラシー研究に付随する軍隊と社会の関係についての研究蓄積はそれまでも存在したが、[12]この時期になると、より実証的な研究姿勢により、大正期に軍と社会との関係に大きな変化があったこと、昭和期の陸軍の前提に大正期の状況を位置づける必要があることが明確になった。大正期における在郷軍人会を通じた民衆統合の限界面については在郷軍人会研究でも指摘されるようになっていたが、[13]黒沢はそこから一歩進んで、大正期の陸軍が社会との「協調」や社会への「配慮」を志向する側面があったことを明らかにしたのである。[14]

　これら八〇年代の研究動向により、「天皇の軍隊」や「天皇制ファシズム」といった近代日本の軍隊や政治体制の性格規定について、近代を通じて一貫したものとしてとらえる視角の限界が明らかになってきた。軍が常に政治介入や民衆抑圧を志向していたといった単線的な歴史像ではなく、軍の政策志向や社会的地位の変化、民衆の軍隊観や戦争観を踏まえた「軍隊と社会」の考察が求められるようになったのである。このようななかで、「軍隊と地域」研究が登場し、分析視角として定着するようになる。

　一九九〇年代になると、「軍隊の社会史」や「軍隊と地域」といった分析視角が意識的に追究されるようになった。そもそも軍事史に対する歴史学界全体の傾向としても、戦後生まれの研究者が多数派となり、戦争体験にもとづく軍隊研究への忌避感が軽減されたことが、軍事史に参入する研究者の増加につながったといわれる。

「軍隊と地域」に論点を絞れば、九〇年代以降の研究状況を規定したいくつかのメルクマールが存在する。まず、この研究領域の大きな端緒となったのが、「連隊存置運動」研究の登場である。この研究は、一九二五年宇垣軍縮などの軍縮や軍の再編にともない部隊の廃止や移転（の可能性）が生じたことに対して、部隊の駐屯地域が廃止や移転を阻止しようと展開した地域運動に注目したものである。[15] これらの研究は、一九八〇年代軍事史・戦争史のうち、「草の根のファシズム」論や大正期陸軍研究につらなる問題意識が色濃い。

そのほか、軍事史や地域史をめぐる大状況も、「軍隊と地域」研究の登場を後押ししたと考えられる。まず、軍事史全体が「社会史」志向を強めたことである。従来軍事史といえば、軍隊の組織論や戦史・戦闘史、あるいは戦時史が中心であった（「狭義の軍事史」）。それが九〇年代になると「軍隊の日常」「平時の軍隊」へと、軍事史の関心がシフトしていったのである。[16] 特に左派系の「天皇の軍隊」論者にその傾向が顕著であるが、背景にはこの時期から歴史学において国民国家論が盛行し、そのなかで軍隊が「国民化の装置」と位置づけられ、近代社会の歴史における軍隊の重要性が改めて強調されたことが指摘できるだろう。

また、自治体史においても、軍隊の位置づけが大きく変貌しつつあった。原田敬一らがつとに指摘していることだが、戦後各地で編纂されてきた自治体史は、一部の例外を除いて地域の軍隊や戦争の歴史に対する言及に消極的な傾向があった。しかし、九〇年代以降そうした傾向は大きく転換し、史料調査で発掘された兵事史料等を資料編に掲載したり、通史編で軍隊や戦争に積極的に言及したりする例が急増するようになる。静岡県史、習志野市史、北区史、板橋区史、上越市史など、その後の「軍隊と地域」研究において重要な先行事例として位置づけられている例も少なくないが、実際これらの編纂事業を担った研究者や学芸スタッフのなかからその後の「軍隊と地域」研究の主要な担い手が登場しており、自治体史で発掘された史料が次世代の研究資源として活用される点も重要である。

さらに、「軍隊と地域」という研究視角に決定的な影響を与えたと考えられるのが沖縄の基地問題である。戦後から現代の沖縄の抱える問題が日本の近代史に新たな課題をフィードバックさせる構図は、八〇年代の教科書問題が本土における本格的な沖縄戦研究へと展開した例でも顕著であるが、九〇年代には沖縄の基地問題が大きな社会問題として全国メディアでも取り上げられるようになったことが、状況を大きく規定することとなった。特に、一九九五年の少女暴行事件とそれに抗議する県民集会以降、反基地運動が大きく盛り上がったこと、にもかかわらず基地負担の軽減は容易に実現せず、むしろその後の県知事選挙の結果から、沖縄社会の米軍への依存や経済的・文化的な関係の根深さが注目されるようになったことは、「地域駐屯軍隊への抵抗／妥協／支持・依存」の構図を改めて日本社会に痛感させることになった。この構図が、八〇年代以来の軍隊と社会・民衆の関係に関する論点とも共鳴しながら、日本近代史において「軍隊と地域」の問題領域を考察する課題意識の登場を後押ししたと考えられる(17)。

そして、二〇〇〇年代を迎え、「軍隊と地域」研究は本格的な展開期に入る。対象地域や分析視角が大きく広がったのである。その画期となったと考えられるのが、荒川章二『軍隊と地域』(18)と上山和雄編著『帝都と軍隊』(19)の二著である。これらはいずれも、九〇年代から自治体史等で取り組まれてきた地道な活動の成果が研究書の形で、しかも前者は近代の通史として、後者は多岐にわたる事例と領域を「軍隊と地域」の視点から分析するという形で示された。この二著のインパクトが追い風となり、二〇〇〇〜一〇年代にかけて「軍隊と地域」への意識的な取り組みが各地域・領域で本格化し、膨大な研究成果が蓄積された。

個別の研究は対象・分析視角ともに多岐にわたるが、全体として共通すると考えられる特徴がいくつか考えられる。第一に、駐屯軍隊の性格や地域特性を踏まえた多様な分析視角が生み出されていること。第二に、軍隊と地域との関係について多面的な分析が行われていること。従来の「天皇の軍隊」論やファシズム論が主流であった時期の軍隊イメージと異なり、軍隊に対する地域側の「抵抗／妥協／支持・依存」の複雑な絡み合いを実証的に論じる志向性が顕著であるといえるだろう。第三に、九〇年以降の「軍隊の社会史」全般と共通する問題意識として、「平時」の軍隊のあり方を重視する傾向があること。[20]「軍隊と地域」の場合、戦時には駐屯部隊が海外に出征してしまい、日常的関係性が中断しがちであることも関係しているが、「平時」ならではの関係性を追究したり、「平時」と「戦時」を連続的に把握したりといった、戦時中心の古典的軍事史とは異なる関心領域が開拓されたといえよう。

とはいえ、「軍隊と地域」研究は膨大であり、本書が研究史のなかでどのような位置にあるのか、見取り図が必要であろう。そこで、二つの分類指標により、「軍隊と地域」研究の類型化を試みたい。

まず、第一の分類指標は地域特性である。これは、その地域に存在する軍事プレゼンスのあり方と、軍事プレゼンスが所在する地域の都市化の程度を基準としている。[21]

①軍都・軍港：陸軍衛戍地（師団・連隊・大隊駐屯地）、海軍軍港・要港、都市所在の軍工廠など。軍事組織の規模は師団・鎮守府から大隊・要港部まで幅があるが、一定の都市化が進展している、もしくは軍隊が都市化をもたらした地域である。

②軍郷（都市には至らないが軍事施設を軸とした地域構造をもつ、郊外の町場や農村）：軍工廠集中地帯、騎兵・砲兵連隊駐屯地、軍学校所在地、要塞地帯など。こちらも軍事組織の規模は幅をもつが、騎兵や砲兵など広闊な訓練用空間を要する兵科や、迷惑施設の性格が強い軍工廠など、郊外に位置することが好適な軍事組織が多い。また、軍事組織の存在により一定の町場化は進行するものの、基本的には農村など都市的要素の希薄な地域である。また、特定の都市や海域の防衛のために設定される要塞地帯も、要塞建設や重砲兵部隊の配備など、一種の軍郷空

間という性格を有すると考えてよかろう。[22]

③演習地（常設演習場のほか、常習的に演習が実施される地域、基本的には農山漁村が大部分を占める）：軍隊がその戦闘力を維持するうえで不可欠な、実弾や空砲を発砲したり、土木工作を行ったりしながら訓練することが可能な空間。練兵場や射撃場、大規模な演習場など、軍用地として軍隊が所有権や使用権を独占している空間はもとより、近代の日本軍は非軍用地でも日常的に軍事演習を行っていたことから、軍事演習の実施に適した環境で、日常的に演習が繰り返されていた農山漁村（陸軍）や海域（海軍）も、演習地として位置づける必要がある。

④軍事プレゼンスが常設されていない地域：横浜などの非軍都都市や、災害常習地帯などにおいても、軍都や軍郷とは異なる軍隊と地域との接点が存在した。非軍都都市にも治安維持目的で憲兵隊が設置され、災害時には軍隊が出動して被災者救護や復旧に従事するなど、こうした地域については、「地域防衛」的側面が注目される傾向にある。[23]

⑤国家権力の統治が貫徹していない地域：地上戦や内乱の戦地、[24]植民地における被支配民族の抵抗に対する「討伐」の戦闘地域については、一般に「軍隊と地域」研究の対象として認識されにくい現状にあるが、たとえ戦時であっても戦闘が行われていない時間は必ず存在するし、そこには軍隊構成員や地域住民の日常があるはずである。

⑥軍事プレゼンスの有無とは関係なく地域社会にかかわる要素：徴兵制や兵事行政、兵員や銃後要員としての軍事動員など。

以上の分類からすると、本書が取り扱う陸軍の演習は、③の演習地において実施される行事である。また、本書では主に非軍用地で実施された演習を対象とするので、主に分析対象となる「地域」は、③のうち「軍事演習の実施に適した環境で、日常的に演習が繰り返されていた農山漁村」となる。

第二の分類指標は、研究の分析視角や研究対象である。すなわち、地域との多様な関係性や、平時・戦時それぞれの局面について、どれをどのように分析するかという指標である。

まず、「軍隊と地域」研究で最も研究蓄積が多く、この研究領域を象徴する存在ともなっている、軍隊や軍事施設の設置と「軍都」「軍郷」を論じる研究群である。この研究群にもとづく研究成果は多岐にわたるが、大きく分けて以下の三領域が存在する。

①軍都や軍港、あるいは軍郷が形成されるプロセスを明らかにする研究領域。軍都の形成にともなって、地域社会の側から軍隊誘致運動が展開されたことも重要な論点となる。(25)

②軍縮や軍隊の再編にともなう軍都の縮小・再編をめぐって展開される軍隊と地域の関係を論じる研究領域。前述の連隊存置運動が典型であるが、軍隊の再編や駐屯地域の都市化にともなって発生した衛戍地撤廃運動や、軍縮に直面した地域が「軍都」アイデンティティを問い直す動きなども論じられている。(26)

③第一次世界大戦前後から本格的に登場する航空戦力と地域との関係を論じる研究領域。航空戦力はそれ以前の地上や海上を活動範囲とする軍隊とは異なる関係性を地域との間に形成し、各種航空拠点を中心とした都市空間＝「空都」（航空基地や航空機工場地帯など）の出現をもたらすこととなった。(27)

次に、軍隊の登場や対外戦争の遂行にともなって進行する、地域社会の軍事化と住民の召集・戦時動員に関する研究群である。この研究群にもいくつかの小領域が存在する。すなわち、①地域における兵事行政の展開や、近代化・国民化により徴兵制の対象となった民衆の徴兵に対する意識を論じる領域、(28)②明治期の戦争、特に日清戦争における戦時動員体制の形成を論じる領域、(29)③地域の軍事支援団体（在郷軍人団体・婦人会など）の成立と展開を論じる領域、(30)

④傷痍軍人や戦死者遺家族の援護を目的とした軍事援護制度の成立と社会・地域における実態を論じる領域[31]、⑤各種メディアを通じた精神的戦争動員について論じる領域[32]。

以上の二大領域に加えて、「軍隊と地域」は多岐にわたる分析視角を内包している。以下、研究蓄積の豊富な分析視角を列挙してみよう。

・軍隊や軍工廠と地域社会との経済的／精神的利害関係についての分析[33]
・軍事力や軍事思想のデモンストレーションについての分析[34]
・治安維持機能（行政戒厳・治安出兵）や防災（災害出動）、防空など、軍事力による地域防衛についての分析[35]
・戦没者と地域との関係についての分析。大きく分けて、戦没者を埋葬した軍用墓地を対象にした研究[36]と、招魂社や護国神社、ムラにおける戦没者祭祀など、地域における戦没者の慰霊と顕彰を対象にした研究[37]に分かれる。
・日露戦争や第一次大戦などで全国に置かれた俘虜収容所と地域社会との関係についての分析。松山・習志野・板東・姫路（青野原）など、各地で事例の発掘が進められている[38]。
・軍隊と遊廓：「慰安婦問題」の歴史的前提として、平時からの密接な関係を指摘。植民地軍隊の研究も他の「軍隊と地域」分野に比して蓄積が豊富[39]。
・戦闘地域における「軍隊と地域」：沖縄戦[40]、西南戦争[41]、植民地の討伐戦[42]など。
・占領戦後期の「軍隊と地域」への接続[43]

なお、本書が対象にする軍事演習は、地域社会に軍隊の戦闘能力を誇示する行事であることから「軍事力や軍事思想のデモンストレーション」に相当する。と同時に、戦時動員体制の平時における形成と訓練・馴致の性格も有するほか、地域社会にとってはさまざまな経済的・精神的利害関係をもたらすものでもあった。その意味で、軍事演習は

「軍隊と地域」研究における幅広い領域をカバーする研究対象であるといえるだろう。

以上にみたような研究成果の蓄積により、二〇一〇年代には研究課題として、あるいは手法としての「軍隊と地域」研究は完全に日本近代史研究のなかに定着するに至った。さらに、一〇年代には新たな動向や取り組みも登場した。まず、大型シリーズ「地域のなかの軍隊」の刊行である。[44] 詳しい構成は注に譲るが、地域別の巻において各地域の軍都や軍港、地域と軍隊の関係に関する多岐にわたる論点を取り上げるとともに、「基礎知識編」と「地域社会編」において、日本の軍隊を地域との関係を踏まえて再検証する論考が収録された。このようなシリーズの登場は、「軍隊と地域」研究の蓄積が進み、その総覧が必要になる段階に至ったことを象徴しているだろう。

もう一つ注目すべきシリーズが「軍港都市史研究」である。[45] 二〇〇〇年代の「軍隊と地域」研究は陸軍の部隊や組織を対象にしたものが先行しており、海軍関係の研究は陸軍に比べ遅れていた。「軍港都市史研究」はこうした状況を一気に刷新し、「海軍と地域」研究の状況を一変させたのである。[46]

また、右記二大シリーズにはいずれも植民地を取り上げた巻が含まれていることも注目される(「地域のなかの軍隊」の『帝国支配の最前線―植民地―』、「軍港都市史研究」の『Ⅵ　要港部編』)。こうした巻構成は「植民地における地域と軍隊」が具体的な検討対象に入ってきたことを示していよう。

本書は内地における陸軍の演習を扱っており、近年のこうした動向に直接答える材料をもたないが、軍事演習を含めた多岐にわたる検討の余地が海軍や植民地にはあるといえるだろう。

なお、近年ヨーロッパ史を中心として「新しい軍事史」(もしくは「広義の軍事史」)が大きく発展している。研究視角には日本史の「軍隊と社会」「軍隊と地域」研究と共通する部分が多いが、少なくとも日本史では、初期の段階では「新しい軍事史」に対する直接的言及はほとんどみられなかった。前述のように沖縄の基地問題や自治体史編纂、遺跡保存といった現代日本社会における問題関心をベースに立ち上がってきた研究分野であることが大きいと思われる。しかし、徐々に研究が展開するなかで、「新しい軍事史」への言及や研究成果の参照、日本史と外国史で共通の議論の場を立ち上げる動きがみられるなど、現在では日本史における「軍隊と社会」「軍隊と地域」研究にとって「新しい軍事史」は重要な参照系として位置づけられつつあるといえるだろう。(47)

以上、「軍隊と地域」研究の流れとそのなかで本書が占める位置について概観したが、「軍隊と地域」研究の進展を踏まえて、本書はいかなる展望をもって軍事演習を研究しようとするのか。そもそも「軍隊と地域」研究は、主に組織としての軍隊（演習場や工廠、護国神社などの軍関連施設も含む）を外在的な存在として描くことで、民衆や社会にとって身近に軍隊という組織が存在することの意味を問うことが重要な課題である。古典的な「天皇の軍隊」研究では、徴兵制や戦時動員など軍隊・戦争への包摂過程が主要な研究対象であったが、実際には十五年戦争期以前には徴兵制の対象者は限られており、また徴兵制の対象でない女性や植民地の被植民者にとっては、軍隊は外在的なものにほかならず、軍隊内における経験が当時の日本列島や帝国版図内に住む人々にとって普遍的なものだったとはいえない。また、戦時には多くの部隊が海外へ出征し、地域社会のなかには留守部隊だけが残留する状態となるため、外在的な存在として軍隊の考察をするには必然的に平時の軍隊に大きなウェイトが置かれることになる。また、戦時中における民衆の戦争観や活動（前述した「草の根のファシズム」）の思想的背景は平時における一定の蓄積の上に現われるものであると考えれば、平時における軍隊と地域社会との相互関係の解明は欠かせないだろう。

ところで、本書は主に日露戦後から第一次大戦後の時期を中心的な検討対象とする。このうち第一次大戦前後から昭和初期にかけての時期は、政党政治の発展や民本主義・社会主義などの新思想に陸軍が直面した時期であり、それらへの警戒感を契機とした陸軍の政治勢力化や思想動員の動きなどが注目され、研究されてきた。当該期の軍と社会との関係をめぐる研究史については前述したが、政軍関係史を中心に、新たな陸軍像を模索する動きが目立つようになってきている。かつては陸軍の膨張的・強権的側面や文官・政党勢力との対立が強調されがちであったが、近年の研究では、陸軍の政治勢力としてのあり方に再検討が加えられ、官僚勢力や政党との提携や妥協の側面が重視されるようになってきた(48)。そのなかでも軍隊と社会との関係について独自の見解を示したのが、一九八〇年代の研究史整理でも言及した黒沢文貴『大戦間期の日本陸軍』である。黒沢は、それまで十分明らかにされていなかった大正期の陸軍将校層の思想を、彼らの親睦団体の機関誌『偕行社記事』を用いて分析し、大正期、特に第一次大戦後の日本陸軍においては、第一次大戦によって決定的となった総力戦や、戦後その影響力を強めてきた民主主義や社会主義などの新思想にいかに対応するかということが真剣に議論され、一定の軍隊の民主化や国民感情への配慮が必要であるとの「柔軟」な認識が共有されつつあったことを明らかにした。これらの見解は、大正期の陸軍の政治的スタンスに対する評価を大きく転換し、当該期の軍民関係を具体的に考察するうえでも示唆的である。

しかし、黒沢の研究には残された課題が多い。まず、民意を意識する大きな契機を総力戦に求めている点である。総力戦の出現が民意調達や思想動員の重要性を高めたことは事実であるが、前述のように、徴兵制軍隊にとって民衆の軍隊観は組織の存亡にかかわる重要事項であり、軍のイメージを良好なものにすることは必要不可欠である。だとすれば、総力戦であるか否かにかかわらず、民意を適切に把握し対策を講ずることが必要だったのではないか。そう考えると、黒沢の提示した枠組を踏まえつつ、第一次大戦以前において陸軍がどのように民意を把握し、対策を講じていたのかを明らかにする必要がある。

また黒沢は、具体的な教育や演習に対して社会や民衆との関係がいかなる影響を与えたのかという点については「今後の課題」としており、十分な検討がされていない。そのため、陸軍内部における議論がどのような射程をもち、また実際にその「柔軟性」が発揮されたか否かを実証的に明らかにする必要がある。

三　本書の具体的課題

以下、軍事演習を通じて明らかにしていく、軍隊と地域社会との相互影響関係の論点について具体的に述べる。軍隊にとって演習は、その戦闘能力や戦術・戦略を演練するためには不可欠の要素である。特に日本陸軍の場合、欧米諸国に比して演習場が狭小であったこともあり、常設の演習場や練兵場の外、主に田畑などの民有地において恒常的に演習を実施していた。そのため、以下本書で明らかにするように、演習に際しては地域住民に危害や迷惑を及ぼさないことが、徴兵忌避の予防という観点から重視された。また、陸軍への国民の理解と支持を得るため、地域住民に対し軍隊の実像と存在意義をアピールする住民教化の場としても活用されていた。このような活動は陸軍の民衆観や政策意図を具体的に表面化させるものになるため、当該期陸軍の可能性と限界を論じるうえで好適な検討対象といえる。

軍事演習は、武装集団としての軍隊が地域社会のなかにやってくる、という形態をとるため、軍隊が外在的な存在として明確に現れる。つまり、地域社会にとって外在的な存在として軍隊をとらえる傾向の強い「軍隊と地域」研究の対象として最適なのである。また、基本的に演習は平時の軍隊の中心的な活動の一つであり、平時における軍隊のあり方を考察するうえでは不可欠の要素といえる。さらに、従来の「軍隊と地域」研究は主に常設の衛戍地や演習場など特定の場所に即して研究対象を設定していたのに対し、演習の場合は基本的にそれらの場に拘束されず、さまざまな地域において行われており、地域によって異なる軍隊イメージや演習に対する具体的反応などを比較することによって、多様な軍隊と地域社会との関係性を明らかにすることができると考える。

次に、「軍隊と地域」の観点から、日本陸軍の演習がもつ特性について、簡単にまとめておく。まず、日本陸軍の軍事演習は、行軍演習や秋季機動演習など、常設演習場の外で実施されるものが多い。具体的にいうと、日本陸軍が行った軍事演習には大きく分けてａ兵営附属の練兵場や射撃場で行われた各種教練、ｂ兵営外で行われた行軍演習、ｃ常設演習場で行われた実弾射撃をともなう演習、ｄ教育期間の最終期である秋季に行われた野外での大規模演習（師団機動演習や特別大演習など）の四種類があった。このうち、ａは兵営内で行われたため周辺への流弾被害などを除くと地域との関係は薄い。またｃについては、既に荒川章二が前掲『軍隊と地域』などで東富士演習場や高師原演習場をフィールドとして詳細に演習場と地域との関係を実証しているなど、一定の研究蓄積がある。これに対し、本書で主な検討対象となるのはｂとｄである。これらの演習の場合、衛戍地や演習場に限らず広範囲の地域が軍隊組織と接触することとなる。繰り返しになるが、大多数の日本人にとって軍隊との一般的な接点は徴兵検査か演習だったのであり、特に女性や徴兵検査前の子ども、軍隊経験のない男性にとっては、演習こそが軍隊がいかなる集団であるのかを体験するほぼ唯一の機会だった。

このことを軍の側からみれば、演習は具体的な戦闘行為を地域住民に公開する行事であり、軍隊の「武装組織」としての本質が地域住民に露わになる場として機能することとなる。そのため、本書で明らかにするように軍隊の存在意義や活動の紹介・アピールの場として活用される一方、万一地域住民の軍隊に対するイメージを悪化させてしまうと、最終的には徴兵忌避という軍隊組織の基盤を揺るがす事態に発展することも危惧された。このように演習は軍隊のイメージを決定的に左右しうる重要な行事であり、その実施に軍当局は細心の注意を払うことになるのである。

第二に、演習を実施するためには、戦時同様食料などの物資の調達や部隊の宿舎の設営に加え、戦闘訓練の過程で生じた農作物などへの被害に対する損害賠償も必要となるなど、地域社会が演習の実施過程に大きく関与する。その際、演習にともなう被害や負担も大きいが、演習部隊や演習参観者を相手にした商業活動の存在など、利害両面が観察でき、地域社会が利益や名誉などを求めて主体的に活動する場合もあった。また、物資調達や損害賠償を通じて金銭が動くため、地域側の負担や利益が具体的にみえやすく、陸軍側の対応も直接的なものとなりやすい。この点において、地域社会の動向が陸軍に与えた影響を具体的に検討する素材としての演習の意義は大きいといえる。

第三に、陸軍にとっての演習の重要性が、結果として地域社会との関係を重視させるという側面である。そもそも軍事演習は軍隊練成上不可欠の活動であり、その実施に支障をきたすことは軍隊の戦闘能力への影響が甚大である。そのため、演習をめぐって地域社会と対立が生じることは絶対に回避しなければならない。そのため、陸軍としては演習地との関係の維持・改善に努める必要が生じ、場合によっては陸軍の自己革新の誘因ともなりうる。つまり、地域への対応策の検討を通じて、「狭義の軍事史」が扱ってきた陸軍の諸政策を新たな視角からとらえ直すことも可能となってくるのである。

そもそも、政軍関係論では「民意」を代表するとされる政党や文民の政治集団がアクターとして取り上げられるのが一般的である。また、日常における民衆に対する軍隊の観察活動としては、憲兵などの監視や取締りの活動が注目されてきた。その結果、直接的に軍隊の存在を批判していない雑多な「民意」を把握し対応するという局面は対象化されにくかった。しかし、戦前期の日本においては、長らく制限選挙制が採用されていたため選挙や政党による民意の代表機能には限界があり、普通選挙制下における民意についても、その評価をめぐっては議論のあるところである。(49)このような状況下において、民衆に対し「柔軟」に対応しようとすれば、代議制とは異なる回路により「民意」を把握することがどうしても必要となる。右記のように軍事演習は「武装組織としての軍隊」と民衆が直面するほぼ唯一の場であり、そこで示された「民意」は陸軍に少なからず影響を及ぼすものであったと考えられるのである。

では、地域史の側からみたとき、軍事演習がもつ意味はなにか。「軍都」「軍郷」と異なり、軍事演習では広範な地域が軍隊と接点をもつ。その接点は時間的には短いが、巨大な軍事組織を目の当たりにし、大集団の通過や宿泊に対応するという膨大な行政事務が地域側に課される。その意味で、地域社会の軍事動員への対応力が問われる事態であったといえる。また、演習が軍隊にとってイメージ戦略上重要だったのと同様に、地域社会にとっても軍隊に対するイメージ戦略や、日頃の軍隊に対するさまざまな感情（それは敬意であったり反感であったりする）の適切な表現が求められた。物理面のみならず精神面でも、地域社会の力量が試される瞬間であったといえるかもしれない。しかも、相手は対等な関係にはなく、武力と権力を握る軍隊を相手にするという、不均衡な関係であった。そうした存在と対峙する瞬間にこそ、地域社会と権力、しかも暴力装置を抱えた軍という権力との関係性が象徴的に現れるのではないかと思われるのである。それは、近代日本の地域社会のある一面の本質を明らかにすることにつながるのではないだろうか。

ここで、本書における「地域」の定義について説明しておきたい。元来「軍隊と地域」研究においては、荒川章二[50]が「郷土部隊」意識との関係から「地域」を「県域、または郡市（町村）域」と定義している例はあるものの、「地域」に関する明確な概念的定義が存在せず、論者の間での共通見解が確立していないのが現状である。前節で論じたように、「軍隊と地域」で扱われる地域類型は多岐にわたり、それらを包括する「地域」概念を示すことはかなり困難であり、個別の論考において各自が取り扱う「地域」を定義するほかない。本書における「地域」については、以下のようになる。

基本的に陸軍の軍事演習はそれぞれの衛戍部隊の師管区や連隊区（これらは県ないし郡の規模の面積をもつが、その領域は必ずしも県域や郡域とは一致しない）のなかで行われる。よって、検討の対象とする「地域」も原則としてはそれらの範囲に収まるものと考えてよい（特別大演習も、参加する部隊数こそ多いものの、演習地の範囲は一師管区に収まる場合が多い）。また、演習の過程で軍隊と接点をもつ地域の単位としては、演習への行政的対応の主体である行政町村、もしくは各部隊と個別に接点をもつ自然村とその住民が「地域」の単位として想定される。

次に、本書で使用する史料について少し説明を加えておきたい。本書では、通常の「軍隊と地域」研究で通常用いられる地域の兵事史料や新聞に加え、陸軍中央の史料で地域にかかわる内容のものを積極的に活用し、またいわゆる「典範令」の注釈書や業務の解説書などの軍事書籍を多数用いている。周知のように、日本陸軍に関する史料は敗戦時の焼却処分や戦後の行政的文書廃棄によりかなりの分量を失っている。特に、「軍隊と地域」研究において本来中核的な研究対象たるべき連隊区司令部の史料の残存が悪く、陸軍の対地域方針を具体的に実証するための大きな障害となっている。また、現在残存している旧町村の兵事史料の場合、演習に関係する史料が必ずしも多くなく、分量の多い大演習の一次史料にしても、軍に直接関係するものが少なく、また演習地の情報を把握しているはずの警察史料が欠落しているなど、「軍隊と地域」の観点からすると十分なものとはいえない。このような史料的制約を補完するというのが、右記の史料を使用する第一の理由であるが、より積極的な意図もある。まず『陸軍省大日記』をはじめとする陸軍中央の諸史料は、これまで「狭義の軍事史」や戦時期の政治・社会の研究が主流であったため、それらと直接関係しない大量の史料が手つかずの状態であった。しかし、「軍隊と地域」の視点からそれらの史料を見直してみると、実に豊富な情報をもたらしてくれることがわかった。また、国立公文書館アジア歴史資料センターなどのデジタルアーカイブの公開により、史料の検索と閲覧が容易になったことで、地域研究のなかで陸軍中央に関する史料を活用できる環境が整ってきたことも大きい。本書で分析するように、これらの史料は、地域の史料や新聞報道からはうかがい知ることのできない、陸軍が把握していた地域の実態や地域社会に対する意識など、「軍隊と地域」研究に欠かせない事実を伝えているのである。

また、戦前においては実に大量の軍事書籍が刊行されていた。それは陸軍の内部向け雑誌や将兵向けの典範令、さらには一般市民向けの「軍隊マニュアル」など多岐にわたっており、そこからは陸軍の思想や政策意図がうかがい知れるほか、書籍を通じた「建前」の論理の普及や、軍内向け書籍における「本音」の暴露など、一次史料には及ばないものの有用な情報に富んだ史料といえる。実際近年の軍事史においては、前述した軍関係史料の損失を補いつつ新たな視角から軍隊にアプローチする格好の題材として、積極的に活用されてきている[51]。本書はそのような先例にならいつつ、演習をめぐって軍内外で展開した議論をさぐる史料としてこれらの軍事書籍を活用したい。なお、こうした軍事書籍についても、国立国会図書館デジタルコレクションなどのデジタルアーカイブの存在が、研究環境を大きく改善していることは特記しておきたい。

なお、本書で使用する史料については、引用にあたって適宜句読点を補った。また、特記したものを除き、傍線および括弧書きはすべて筆者による。

本章の最後に、本書の成果が現代に対してもつであろう意味について述べておきたい。

現代においても、軍事組織と地域社会との関係が重大な社会問題となっていることは周知のとおりであり、「軍隊と地域」研究、そして本書もそのような社会情勢を背景としている。沖縄の米軍基地問題[52]は一九九〇年代以降ずっと膠着状況が続いており、本土の政府や一般国民と沖縄県民との間の基地問題に対する認識のギャップはますます広がっているのが現状である。また近年は、新型輸送ヘリ「オスプレイ」の配備など新たな軍事負担が登場し、県民の安全をさらに脅かすと危惧されている。こうした新たな軍事負担は本土にも重くのしかかるものであり、沖縄のみならず本土の基地へのオスプレイ配備も徐々に問題化しつつある。また、極東情勢の緊張状態を反映し、自衛隊が南西諸島に部隊を重点的に配備する「南西シフト」を展開し、またミサイル防衛を目的として、迎撃ミサイルの配備や丹後半島などへの米軍のXバンドレーダーの配備、さらにはイージス・アショアの配備など、日本列島の軍事配置の大転換が進行しており、地元地域との間のあつれきも生じている。目に見える対立が生じていない地域も含め、近年の軍事環境の大変動にともない、新たに軍事拠点となった地域との間に新たな「軍隊と地域」の関係が生み出され続けているのである。それは、本書が論じる問題領域が依然として現在進行形であることを示している。

このような地域への軍事負担の問題が存在する一方で、一般社会の「軍隊アレルギー」は年々薄れつつあり、自衛隊の「必要性」や地域に駐屯する軍事組織による「抑止力」「軍事的国際貢献」への支持も一定の厚みをもつようになっている。軍事施設や軍事史跡を観光コンテンツ化する動きが各地でみられたり、各地の防衛省地方協力本部が若者向けコンテンツを利用した隊員募集戦略を展開したりと、軍事組織と地域との関係はますます複雑化と多様化が進んでいる。米軍基地問題に揺れる沖縄においても、基地反対の世論が強いとされる一方で、基地との経済的・文化的結びつきを根拠の一つとして基地の維持や新設を主張する政治的主張も、自治体や県政のレベルで一定の影響力をもち続けている。こうした現代における「軍隊への支持・依存」について考察するうえで、本書が明らかにした近代日本の軍事演習をめぐる「軍隊への支持・依存」の事例が何かしらのヒントになれば幸いである。

四　本書の構成

各章における具体的な内容を紹介する。まず第一部第一章では、日本陸軍が軍事演習においていかなる点を重視していたのかを、軍事演習の教本であり実施マニュアルとしての性格も有する一連の「演習令」を分析することで明らかにした。

次に、日本陸軍の演習の実態を、地域社会への働きかけや民意の把握などの点に注目しつつ分析した。第二章では、日露戦後期において、軍事演習にいかなる意図が込められており、それに地域社会がどのような反応を示したのかを、ある歩兵連隊の行軍演習の事例を通じて明らかにした。第三章では、日露戦後から第一次大戦前後の時期を対象に、演習に対する民意の把握の実態や、演習の円滑な実施のための地域対策の帰結を論じ、大正前期の日本陸軍の民意把握や地域社会の多様な反応の意味について考察した。

以上の考察を通じて、日本陸軍が実施していた演習における地域認識と地域社会への働きかけの諸相を明らかにするとともに、そこでの民衆統合能力とその限界を論じた。

次に、第一次大戦後の時期における陸軍の動向を通じて、軍隊や演習に対する民意の悪化への対応策の方向性とその限界を明らかにした。第四章では、地域住民の反応と直面する衛戍部隊の地域対策が陸軍の演習の特質（問題点とその克服の方向性）との間にジレンマを抱えていたことを明らかにし、軍隊練成と地域との協調との両立がいかに困難であったかを論じた。第五章では、陸軍における反主流派といえる主計たちの議論から、法適用を通じた地域との協調策の可能性と限界を考察した。以上の考察により、一九二〇年代の陸軍が地域との関係で数々の模索を繰り返していたこと、それが軍事の論理や軍隊の組織原理の限界から貫徹されず、抜本的な「軍隊と地域」の関係改善にはつながらなったことを明らかにした。

続く第二部では、一九二〇～三〇年代に実施された特別大演習を取り上げ、大元帥として演習を統監した天皇（摂政）の権威と地域との関係という視角から、当該期における「軍隊と地域」の関係に関する考察を試みた。第一章では、宮城県という地方社会で実施された大演習を通じて、国家や軍が演習を通じて実現しようとした思想対策・思想動員と、地域側が大演習に期待したものを明らかにした。第二章では、大都市大阪を中心に実施された大演習を対象に、演習を通じた天皇権威や軍国主義思想の発揚に地域のメディアが果たした役割を考察した。これらの考察を通じて、一九二〇〜三〇年代という、天皇権威の動揺や満洲事変への思想動員という激動の時代に、特別大演習という演習形態がもった意味を明らかにした。

註

(1) 吉田裕「戦争と軍隊—日本近代軍事史研究の現在—」(『歴史評論』六三〇、二〇〇二年、のち『現代歴史学と軍事史研究』校倉書房、二〇一二年に収録)、拙稿「陸海軍と近代日本」(木村茂光監修、歴史科学協議会編『戦後歴史学用語辞典』東京堂出版、二〇一二年)などを参照。②には戦争責任論など派生的・類縁分野を含む。政軍関係史の要素は①と②にも存在するが、一九七〇年代後半から一九八〇年代にかけて、海外の政軍関係理論を導入しつつ、政治外交史(政治過程分析)の一分野として独自の発展を遂げた。

(2) 在郷軍人会以外に、軍隊と社会との関係を考えるうえで重要な回路として徴兵制がある。徴兵制の研究は一九八〇年代までは基本的に制度史的性格が強かったが、以下に挙げる諸論考は、単に制度史としてではなく社会との関連を視野に入れて徴兵制を考察しており、「軍隊と地域」研究に先行する成果といえる。菊池邦作『徴兵忌避の研究』(立風書房、一九七七年)、大江志乃夫『徴兵制』(岩波書店、一九八一年)、加藤陽子『徴兵制と近代日本』(吉川弘文館、一九九六年)。

(3) 佐々木隆爾「日本軍国主義の社会的基盤の形成」(『日本史研究』六八、一九六三年)、同「日本軍国主義の社会的基盤」(『日本史研究』七一、一九六四年)。

(4) 大濱徹也『明治の墓標—「日清・日露」埋れた庶民の記録—』(秀英出版、一九七〇年)、東京百年史編集委員会『東京百年史第三巻「東京人」の形成』(東京都、一九七二年、軍事関係を大濱徹也が執筆)、大濱編『近代民衆の記録八　兵士』(新人物往来社、一九七八年)など。

(5) 由井正臣「総力戦準備と国民統合」(『史観』八六・八七、一九七三年)、同「軍部と国民統合」(東京大学社会科学研究所編『フ

ァシズム期の国家と社会Ⅰ　昭和恐慌』東京大学出版会、一九七八年）など。両論文ともに、のち『軍部と民衆統合』（岩波書店、二〇〇九年）に収録。

(6)　大江志乃夫『戦争と民衆の社会史』（現代史出版会、一九七九年）。当該書では、当時編纂事業が進行中であった勝田市史（茨城県）の調査研究成果が活用されている。

(7)　黒羽清隆『十五年戦争史序説』（三省堂、一九七九年）など。同書冒頭の「方法的な序説」では「民衆の社会史的な生態と意識との追求あるいは描出」に力点が置かれていると述べられている。

(8)　遠藤芳信「在郷軍人会成立の軍制史的考察」、現代史の会共同研究班（藤井忠俊ほか）「在郷軍人会史論」（『季刊現代史』九、一九七八年）。後者はのちに加筆修正のうえ藤井忠俊『在郷軍人会』（岩波書店、二〇〇九年）として刊行。

(9)　須崎慎一「秘められた軍ファシズム運動—全日本郷軍同志会構想と信州郷軍同志会—」（『一橋論叢』八一、一九七九年、のち『日本ファシズムとその時代』大月書店、一九九八年に収録）、功刀俊洋「軍部の国民動員とファシズム」（『歴史学研究』五〇六、一九八二年）、同「日本陸軍国民動員政策の形成」（『鹿児島大学教養部社会科学雑誌』九、一九八六年）ほか多数、芳井研一「在郷軍人会の成立と地域社会」（『新潟史学』一九、一九八六年）など。

(10)　大西比呂志「成立期帝国在郷軍人会と陸軍」（『早稲田政治公法研究』一一、一九八二年）、同「陸軍国民統合政策の地方的展開」（『早稲田政治公法研究』一二、一九八三年）。

(11)　江口圭一「満州事変と大新聞」（『思想』五八三、一九七三年、のち『日本帝国主義史論』青木書店、一九七五年に収録）、同「満州事変と地方新聞」（『愛知大学国際問題研究所紀要』六四、一九七八年、のち『日本帝国主義史研究』青木書店、一九九八年に収録）、吉見義明『草の根のファシズム』（東京大学出版会、一九八七年）。戦争責任研究の文脈からすると、こうした視角は「加害者としての民衆」像を問うものといえよう。

(12)　今井清一「大正期における軍部の政治的地位（上・下）」（『思想』三九九・四〇二、一九五七年）、井上清「大正期の政治と軍部」（同編『大正期の政治と社会』岩波書店、一九六九年）、木坂順一郎「軍部とデモクラシー」（『国際政治』三八、一九六九年）、由井前掲註(5)書など。一九八〇年代になると、高橋秀直「陸軍軍縮の財政と政治」（『年報近代日本研究八　官僚制の形成と展開』山川出版社、一九八六年）などの実証主義的な政治過程分析が現れるようになる。

(13)　藤井前掲註(8)書や前掲註(9)の功刀俊洋の諸論考など。

(14) 黒沢文貴「日本陸軍の総力戦構想─『大正デモクラシー期』を中心に─」(『上智史学』二七、一九八二年)、同「軍部の「大正デモクラシー」認識の一断面」(近代外交史研究会編『変動期の日本外交と軍事』原書房、一九八七年)など。両論文ともに、のち『大戦間期の日本陸軍』(みすず書房、二〇〇〇年)に収録。

(15) 小菅信子「満州事変と民衆意識に関するノート─「甲府連隊」存置運動を中心に─」(『紀尾井史学』九、一九八九年)、土田宏成「陸軍軍縮時における部隊廃止問題について」(『日本歴史』五六九、一九九五年)、佃隆一郎「宇垣軍縮と〝軍都・豊橋〟─〝衛戍地〟問題をめぐる『豊橋日日新聞』の主張─」(『愛大史学』四、一九九五年)など。

(16) こうした問題関心にもとづく代表的成果として、原田敬一『国民軍の神話─兵士になるということ─』(吉川弘文館、二〇〇一年)、吉田裕『日本の軍隊─兵士たちの近代史─』(岩波書店、二〇〇二年)など。なお、吉田や原田はこれ以前から、軍と社会との関係を意識した研究を行っている(吉田裕「昭和恐慌前後の社会情勢と軍部」『日本史研究』二一九、一九八〇年、原田敬一「近代日本の軍部とブルジョアジー」『日本史研究』二三五、一九八二年などを参照)。

(17) こうした「軍隊と地域」への関心の高まりへとパラレルな現象として、学校教育における「平和教育」の一環としての地域の戦争史掘り起こし活動や、全国的な「戦争遺跡」(呼称については議論がある)の調査保存運動の存在がある。こうした活動の背景は多種多様であり、「平和教育」や戦争遺跡に関する刊行物は枚挙にいとまがないが、さしあたり十菱駿武・菊池実編『しらべる戦争遺跡の事典(正・続)』(柏書房、二〇〇二・二〇〇三年)、戦争遺跡保存全国ネットワーク『日本の戦争遺跡─保存版ガイド』(平凡社新書、二〇〇四年)、菊池実『近代日本の戦争遺跡研究』(雄山閣出版、二〇一五年)などを参照。

(18) 荒川章二『軍隊と地域』(青木書店、二〇〇一年)。当該書の叙述の基礎になったのは、『静岡県史』通史編五・六(静岡県、一九九六~九七年)の荒川執筆分である。

(19) 上山和雄編著『帝都と軍隊』(日本経済評論社、二〇〇二年)。当該書の執筆者には、北区史(東京都)や習志野市史(千葉県)など、首都圏の自治体史関係者や学芸員等が多数参加している。

(20) 「軍隊と地域」と同様に軍隊・戦争と社会との関係を重視する研究視角に「銃後社会史」があるが、前者が平戦時を全般的に論じるのに対し、後者はもっぱら戦時を問題にするという違いがある。銃後社会史研究の動向については、大串潤児「日常生活と戦争─銃後社会史研究の課題をめぐって─」(『歴史評論』八二〇、二〇一八年)を参照。

(21) 「軍都」「軍郷」という地域類型は同時代の史料文言に由来し、定義が曖昧なまま研究が進んでいるのが実態である。漠然と共有されている使い分けとしては、師団や連隊の駐屯地が所在する一定以上の規模の都市が「軍都」、小規模な町場や農村地帯に軍事施設が集中している地域が「軍郷」として扱われていると考えられる。この点、「軍港」「要港」に制度上の明確な定義（軍事上の重要性や付属する組織が異なる）が存在する海軍とは異なる。

(22) 高村聰史「軍港都市のなかの陸軍」（『市史横須賀』五一、二〇一六年）、遠藤芳信『近代函館地域の軍制史的研究』（私家版、二〇一九年）など、徐々に研究が進みつつある。

(23) 後述の「地域防衛」研究のなかで、吉田律人がこうした地域の事例を積極的に論じている。

(24) 沖縄戦や硫黄島などアジア太平洋戦争の戦場、あるいは西南戦争の戦場となった地域など。

(25) 荒川前掲註(18)書、同『軍用地と都市・民衆』（山川出版社、二〇〇七年）、『国立歴史民俗博物館研究報告一三一　共同研究　佐倉連隊と地域民衆』（二〇〇六年）、吉田律人「新潟県における兵営設置と地域振興」（『地方史研究』五七―一、二〇〇七年）、松下孝昭『軍隊を誘致せよ―陸海軍と都市形成―』（吉川弘文館、二〇一三年）など。

(26) 小菅前掲註(15)論文、荒川前掲註(25)『軍用地と都市・民衆』、佃前掲註(15)論文、同「〝国防〟運動と〝軍都・豊橋〟（上・下）」（『愛知大学国際問題研究所紀要』一〇七・一〇八、一九九七年）、同「宇垣軍縮での師団廃止発覚時における各〝該当地〟の動向」（『国立歴史民俗博物館研究報告』一二六、二〇〇六年）ほか、河西英通『せめぎあう地域と軍隊』（岩波書店、二〇一〇年）など。

(27) 鈴木芳行『首都防空網と〈空都〉多摩』（吉川弘文館、二〇一二年）、竹内康人『日本陸軍のアジア空襲』（社会評論社、二〇一六年）、上山和雄編著『柏にあった陸軍飛行場』（芙蓉書房出版、二〇一五年）など。

(28) 喜多村理子『徴兵・戦争と民衆』（吉川弘文館、一九九九年）、池山弘「愛知県に於ける日清・日露戦争期の徴兵忌避の特質」（『四日市大学論集』一五―二、二〇〇三年）、中村崇高「近代日本の兵役制度と地方行政」（『史学雑誌』一一八―七、二〇〇九年）、同「海軍の兵事事務と地方行政」（『ヒストリア』二三〇、二〇一二年）、秋山博志「徴兵検査における抽籤制度の一考察」（『佛教大学大学院紀要　文学研究科篇』三九、二〇一一年）、小林啓治『総力戦体制の正体』（柏書房、二〇一六年）など。なお、遠藤芳信『近代日本の戦争計画の成立』（桜井書店、二〇一五年）は軍制史研究の著作だが、兵事行政の地域的展開など「軍隊と地域」にかかわる事例紹介や論点も多く示唆に富む。徴兵制に関して特異な位置にあるのが、内国植民地として併合された沖縄である。他の地域と異なり「郷土部隊」が設置されなかったほか、徴兵忌避のあり方も本部事件や清国への逃亡など内地に比してラディカルである（『沖縄県史各論編五　近代』沖縄県教育委員会、二〇一一年、後田多敦『琉球救国運動』出版舎Mugen、二〇一〇年などを参照)。

(29) 大谷正・原田敬一編『日清戦争の社会史』(フォーラム・A、一九九四年)、池山弘「日清戦争が及ぼした民衆の経済的生活への影響」(『四日市大学論集』一三—一、二〇〇〇年)、同「愛知県に於ける日清戦争の従軍の軍役夫」(『同上』一八—一、二〇〇五年)、檜山幸夫編著『近代日本の形成と日清戦争』(雄山閣出版、二〇〇一年)、大谷正『兵士と軍夫の日清戦争』(有志舎、二〇〇六年)など。これら日清戦争研究は、「軍隊と地域」という研究枠領域が定着するのに先行して、戦争・軍隊と社会との関係を考察してきた先駆的な領域である。

(30) 在郷軍人団体については、藤井前掲註(8)書、北泊謙太郎「日露戦争後における帝国在郷軍人会の成立と展開」(『ヒストリア』一六三、一九九九年)、同「日清戦争後における軍隊と地域社会—兵庫県下の在郷軍人団体を事例に—」(『歴史評論』六八六、二〇〇七年)、檜山編著前掲註(29)書など。婦人会については、藤井忠俊『国防婦人会』(岩波新書、一九八五年)、鈴木しづ子「福島県における国防婦人会の成立と展開」(『行政社会論集』九—一、一九九六年)、池田順「千葉県における国防婦人会の設立と活動」(『千葉史学』六〇、二〇一二年)など。軍事支援団体については、学術論考のほか自治体史における膨大な叙述も重要である。

(31) 山本和重「地域社会のなかの軍隊・戦争 軍隊と民衆—一九三〇年代の軍事援護政策から—」(『人民の歴史学』一五六、二〇〇三年)、同「アジア・太平洋戦争期の出征兵士家族生活保障」(『軍事史学』五三—四、二〇一八年)ほか、一ノ瀬俊也『近代日本の徴兵制と社会』(吉川弘文館、二〇〇四年)、同『銃後の社会史』(吉川弘文館、二〇〇五年)、郡司淳『軍事援護の世界』(同成社、二〇〇四年)、同『近代日本の国民動員—「隣保相扶」と地域統合—』(刀水書房、二〇〇九年)、松田英里「近代日本の戦傷病者と戦争体験」(一橋大学大学院社会学研究科二〇一六年度博士論文)など。

(32) 検討の対象となるメディアとしては、地方新聞、錦絵・幻灯など視覚メディア、パーソナル・メディアとしての軍事郵便や日記などがある。地域社会におけるこうした各種メディアの役割に注目した代表的論考として、上田学「近代日本における視覚メディアの転換期に関する一考察」(『アート・リサーチ』四、二〇〇四年)、大谷前掲註(29)書、新井勝紘「パーソナル・メディアとしての軍事郵便」(『歴史評論』六八二、二〇〇七年)ほか、一ノ瀬俊也『旅順と南京』(文春新書、二〇〇七年)など。

(33) 「軍隊と地域」全体が軍都・軍郷の経済構造に注目しているが、経済構造そのものを分析した論考としては、上山和雄「「軍郷」における軍隊と人々—下総台地の場合—」(同編著前掲註(19)書)、松下前掲註(25)書や、後述する「軍港都市史研究」シリーズなど、具体的成果は限られる。

(34)中村崇高「大正八年陸軍特別大演習と兵庫県」(『東洋大学人間科学総合研究所紀要』五、二〇〇六年)、小倉徳彦「日露戦後の海軍による招待行事」(『日本歴史』八二七、二〇一七年)、木村美幸「大正期における日本海軍の恒例観艦式」(『メタプティヒアカ』一一、二〇一七年)、同「昭和戦前期における海軍協会の宣伝活動と海軍志願兵徴募」(『ヒストリア』二六七、二〇一八年)など。また、「軍隊と地域」研究の本格化以前に軍事演習と地域との関係を論じた先駆的業績として、山下直登「軍隊と民衆―明治三十六年陸軍特別大演習と地域―」(『ヒストリア』一〇三、一九八四年)がある。

(35)土田宏成『近代日本の「国民防空」体制』(神田外語大学出版局、二〇一〇年)、同『帝都防衛―戦争・災害・テロ―』(吉川弘文館、二〇一七年)、吉田律人『軍隊の対内的機能と関東大震災』(日本経済評論社、二〇一六年)。この研究群は、北原糸子らによる「災害史」研究や内閣府の「災害教訓の継承に関する専門調査会」の活動と重なっている。

(36)原田前掲註(16)書、同『兵士はどこへ行った―軍用墓地と国民国家―』(有志舎、二〇一三年)、『国立歴史民俗博物館研究報告一〇二　共同研究　近現代の兵士の実像Ⅱ　慰霊と墓』(二〇〇三年)、小田康徳ほか『陸軍墓地がかたる日本の戦争』(ミネルヴァ書房、二〇〇六年)、小幡尚「高知県高岡郡北原村における戦没者慰霊　忠魂墓地の設置から忠霊塔の建設まで」(『海南史学』四八、二〇一〇年)など。

(37)本康宏史『軍都の慰霊空間』(吉川弘文館、二〇〇二年)、佐藤雅也「近代仙台の慰霊と招魂」(『仙台市歴史民俗資料館調査報告書』二七、二〇〇九年)、一ノ瀬俊也『故郷はなぜ兵士を殺したか』(角川選書、二〇一〇年)、白川哲夫『「戦没者慰霊」と近代日本』(勉誠出版、二〇一五年)など。

(38)富田弘『板東俘虜収容所』(法政大学出版局、一九九一年)、習志野市教育委員会編『ドイツ兵士の見たニッポン』(丸善ブックス、二〇〇一年)、松山大学編『マツヤマの記憶』(成文堂、二〇〇四年)、大津留厚ほか『青野原俘虜収容所の世界』(山川出版社、二〇〇七年)など。

(39)今中保子「軍隊と公娼制度」(早川紀代編『戦争・暴力と女性三　植民地と戦争責任』吉川弘文館、二〇〇五年)、松下前掲註(25)書、金富子・金栄『植民地遊廓―日本の軍隊と朝鮮半島―』(吉川弘文館、二〇一八年)など。

(40)林博史『沖縄戦と民衆』(大月書店、二〇〇一年)、同編『地域のなかの軍隊六　大陸・南方膨張の拠点―九州・沖縄―』(吉川弘文館、二〇一四年)ほか、『沖縄県史各論編六　沖縄戦』(沖縄県教育委員会、二〇一七年)など。

(41)猪飼隆明『西南戦争―戦争の大義と動員される民衆―』(吉川弘文館、二〇〇八年)。

(42) 坂本悠一編『地域のなかの軍隊七　帝国支配の最前線―植民地―』(吉川弘文館、二〇一五年)、愼蒼宇「植民地戦争としての義兵戦争」(『岩波講座東アジア近現代通史第二巻　日露戦争と韓国併合』岩波書店、二〇一〇年)など。

(43) 荒川前掲註(25)『軍用地と都市・民衆』、栗田尚弥編著『米軍基地と神奈川』(有隣新書、二〇一一年)があるほか、通史的な叙述を志向する論考では、旧軍解体と米軍・自衛隊への転換に言及されることが多い。

(44) 吉川弘文館、二〇一四～一五年。全巻の構成は以下のとおり。①『北の軍隊と軍都―北海道・東北―』(山本和重編)、②『軍都としての帝都―関東―』(荒川章二編)、③『列島中央の軍事拠点―中部―』(河西英通編)、④『古都・商都の軍隊―近畿―』(原田敬一編)、⑤『西の軍隊と軍港都市―中国・四国―』(坂根嘉弘編)、⑥『大陸・南方膨張の拠点―九州・沖縄―』(林博史編)、⑦『帝国支配の最前線―植民地―』(坂本悠一編)、⑧『日本の軍隊を知る―基礎知識編―』(荒川・河西・坂根・坂本・原田編)、⑨『軍隊と地域社会を問う―地域社会編―』(林・原田・山本編)。なお、著者は⑧『日本の軍隊を知る―基礎知識編―』に「秋季演習・大演習・特種演習―陸軍の軍事演習―」を寄稿している。

(45) 清文堂出版、二〇一〇～一八年。全巻の構成は以下のとおり。『Ⅰ　舞鶴編』(坂根嘉弘編、初版二〇一〇年、増補版二〇一八年)、『Ⅱ　景観編』(上杉和央編)、『Ⅲ　呉編』(河西英通編)、『Ⅳ　横須賀編』(上山和雄編)、『Ⅴ　佐世保編』(北澤満編)、『Ⅵ　要港部編』(坂根嘉弘編)、『Ⅶ　国内・海外軍港編』(大豆生田稔編)。

(46) このほか、千田武志の一連の研究(『呉海軍工廠の形成』錦正社、二〇一八年など)や、「軍港都市史研究」呉編の執筆者の一人である林美和の論考(「軍港都市呉における海軍受容」『年報・日本現代史』一七、二〇一二年、「軍港都市佐世保の誕生」『長崎歴史文化博物館研究紀要』一一、二〇一六年)なども参照。

(47) 「新しい軍事史」「広義の軍事史」の動向については、さしあたり以下の文献に学んだ。阪口修平・丸畠宏太編著『近代ヨーロッパの探究⑫　軍隊』(ミネルヴァ書房、二〇〇九年)、阪口修平編著『歴史と軍隊』(創元社、二〇一〇年)、鈴木直志『広義の軍事史と近世ドイツ』(彩流社、二〇一四年)。

(48) 小林道彦『日本の大陸政策』(南窓社、一九九六年)や纐纈厚『近代日本政軍関係の研究』(岩波書店、二〇〇五年)、森靖夫『永田鉄山』(ミネルヴァ書房、二〇一一年)など。

(49) この点については、源川真希『近現代日本の地域政治構造』(日本経済評論社、二〇〇一年)第八章における、政治参加と政治的自由をめぐる考察を参照。

（50） 荒川前掲註（18）書、一七頁。

（51） こうした資料を活用した代表例として、黒沢前掲註（14）書、吉田前掲註（16）書、一ノ瀬俊也『明治・大正・昭和軍隊マニュアル』（光文社新書、二〇〇四年）などが挙げられる。

（52） なお、九〇年代後半から注目されてきた「沖縄の基地依存」については、近年経済指標の分析が進み、全体として経済の基地依存度は必ずしも高くなかった、という見方が有力になりつつある（前田哲男ほか編『〈沖縄〉基地問題を知る事典』吉川弘文館、二〇一三年、七四〜七七頁）。こうした現状分析を必要に応じて歴史学にフィードバックする姿勢が重要である。

第一部　軍事演習をめぐる軍隊と地域の相互関係

第一章　典範令にみる軍事演習制度の変遷

——地域との関係を中心に——

はじめに

本章で分析する典範令は日本陸軍の軍隊教育・戦闘を規定した基本的教本であり、陸軍史を研究するうえで欠かせない基本史料の一つである。しかし、典範令自体に対する研究は十分行われているとはいい難く、特に本章で対象とする軍事演習関係の典範令については、ほとんど手付かずの状態といっていい。

そこでまず、典範令に関係するこれまでの研究史を振り返り、その問題点についてまとめてみたい。典範令は教本という特性上、軍事史・戦史からのアプローチと軍隊教育史からのアプローチが存在する。

歴史学的な軍事史研究で典範令を俎上にのせた研究として、大江志乃夫[1]の一連の著作があげられる。大江は徴兵制や参謀本部の研究において軍隊内務書や作戦要務令などの典範令の性格などを踏まえた分析を行い、それらの典範令が内包する矛盾や弊害を指摘した。しかし、大江の研究は典範令それ自体を詳細に検討したものではなく、日本軍隊の抑圧的・精神主義的性格の立証が目的であるため、典範令の内在的分析が不足しており、結果として評価がやや一面的となってしまっている。また、近年の軍事史研究においては、吉田裕や一ノ瀬俊也[2]が、兵卒教育の機能を膨大な軍事書籍・雑誌を用いて分析しているが、そのなかで典範令は所与の前提とされているためか、必ずしも中心的な分析対象とはなっておらず、著者とは関心を異にする。また、自衛隊における戦史研究の立場から典範令にアプローチした前原透[3]は、「攻防」「攻勢」をキーワードに典範令の戦略・戦術思想の変遷を分析した。しかし前原の研究は戦史的色彩があまりに強く、それぞれの典範令がもつ歴史的背景についての踏込みが弱い。また典範令の条文や関連する軍事学文献の分析も不十分で、史料の羅列に終わっている部分も少なくない。

次に、陸軍教育史的な研究についてみてみる。そもそも、これまでの陸軍教育史研究は主に将校教育史を中心として進められてきた。そのなかでも重要な研究として、熊谷光久、広田照幸、そして遠藤芳信の研究が挙げられる。従来将校教育に対しては、天皇制イデオロギーの注入による画一的かつ階級差別的教育という評価が主流であったが、これに対し、まず熊谷光久[4]は、将校・下士教育の制度史的研究を行い、数量統計の活用により陸軍将校教育の「成果」を実例にもとづいて再評価した点で画期的である。しかし教育内容への踏込みが不十分であり、その結果将校教育への評価がやや過大なものとなっている。これに対し広田照幸[5]は、教育学・教育史の文脈から将校教育にアプローチし、被教育者の動機に注目することで、将校教育を実質的に支えていた「立身出世イデオロギー」の存在を立証した。しかし、教育内容については、志望動機と密接に関係する精神教育に対象が限定されており、その他の課目が有する意義については十分検討されていない。

なお、近年の将校教育研究は建軍期から明治二十年代についての研究が活発化しており、野邑理栄子の陸軍幼年学校研究[6]、大江洋代の陸軍士官学校と教導団の研究[7]などが注目されるところである。ただしこれらも教育制度全体に対するものであり、個別の教育内容に踏み込んだものではない。

これらの陸軍教育史研究に共通する特徴は、陸士・陸幼教育に重点がおかれていることである。しかし現実には、将校は任官後に教練や演習、さらには実戦における部隊指揮の経験を通じて自己形成を遂げていたのであり、学校教育はその一階梯にすぎない。よって、将校教育研究の文脈において、演習の内容を検討することは重要な課題として残されており、当然典範令が具体的に検討されなければならないのである。

この点において重要な業績が、遠藤芳信『近代日本軍隊教育史研究』(8)である。遠藤は主要な典範令を歴史的な変遷のみならずその社会的背景にまで踏み込んで分析した研究であり、将校教育史・典範令研究双方における画期的研究といえる。特に歩兵操典と軍隊内務書の分析が詳細であり、日本陸軍が求めた将校・下士卒像を具体的に論証するとともに、陸軍の各種戦術思想や内務教育などが出現した要因を解明した。

以上のような研究状況を踏まえ、筆者は遠藤の研究成果を前提として他の典範令にも分析対象を広げ、基本的な典範令との影響関係や相互の矛盾、社会との関係などをさらに掘り下げていく必要があると考えた。そこで、本章では軍事演習に関する典範令について通時的に考察を加え、日本陸軍の演習が置かれた軍事教育上の位置を考察し、次章以降の分析の前提条件を提示したい。

なお、本章が研究上の前提とする「軍隊と地域」研究における典範令や軍隊教育の位置づけであるが、徴兵制にともなう地域住民男性の兵営教育を除けば、あまり関心が払われていない。しかし、衛戍部隊の教練や演習が重要な研究対象である以上、その制度や思想と実際の演習との関係には注意が払われるべきであろう。この点本書では、本章および第一部第四章において、典範令の規定やその解釈と、実際の演習とを比較対象することで、この課題に取り組みたいと思う。なお、第四章では時期を限定し、典範令や演習実施上の諸問題と実際の演習を通じた軍隊と地域との関係とを対比し、両者の関係や矛盾点について考察している。

次に、本章の課題を具体的に述べる。本章では日本陸軍の演習のうち、最も大規模な秋季の演習（機動演習）について規定した一連の典範令（本報告では「演習令」と総称）の条文や改正内容を時系列的に分析し、各演習令のなかで求められていた演習像・軍隊像を明らかにする。史料上の制約から、主に戦術や演習中の行動、演習の運用などの側面を扱い、本書全体の課題である軍隊と地域との関係については、前述のように第一部第五章で扱う。なお、本章の対象時期は、日本陸軍が師団制に移行した一八八八（明治二十一）年から、日中全面戦争が始った一九三七（昭和十二）年までとする。(9)

一　典範令の機能と思想

最初に、典範令の概要を述べておく。典範令とは、公式には典令範とも総称される、陸軍の基本的教本である。教育訓令の統一標準化のため、原則として「典範」は教育総監部で作成され、野外要務令や演習令などの「令」は参謀本部が作成した。天皇の裁可を経た後、陸軍大臣を経由して全軍に配布され一部は販売もされた。戦闘や演習の際に携行できるよう、ポケットサイズが採用されていた。それぞれの機能により分類すると、「令」は軍隊の維持・運用に関する共通的な教本であり、代表的なものとしては野外要務令・軍隊教育令・作戦要務令などがあった。「典」は要務令の規範を実行するため、訓練・戦闘の原則と制式を示した教本であり、歩兵操典をはじめとして、騎兵・砲兵・工兵・輜重兵・航空兵などの各兵科別に制定されていた。「範」は兵の練成を目的とする教本であり、体操教範・歩兵射撃教範・瓦斯防護教範などがあった。(10)

次に、主要な典範令が内包していた思想の変遷について、前掲の遠藤・前原の研究にもとづいて簡単にまとめておく（表1）。(11)なお、戦術思想や軍隊秩序に関わる典範令に限定し、歩兵以外の操典や個別の教範類は省略した。

まず、日本陸軍において「聖典」として重視された歩兵操典についてみていく。一八九一（明治二十四）年歩兵操

表1　典範令関係年表

	主な出来事	典範令
1877	西南戦争	
1882		野外演習軌典（第1版）
1887		軍隊教育順次教令
1888	師団司令部条例	
1889		野外要務令草案
1891		歩兵操典 野外要務令
1894	日清戦争	
1898		歩兵操典
1900		野外要務令
1904	日露戦争	
1907	軍令の制定	歩兵操典改正草案 野外要務令
1909		歩兵操典
1913		軍隊教育令
1914	第1次世界大戦	陣中要務令 秋季演習令
1924		陸軍演習令
1925	宇垣軍縮	
1926		戦闘綱要草案
1928		歩兵操典
1929		戦闘綱要
1931	満洲事変	
1935		陸軍演習令
1937	日中戦争	
1938		作戦要務令
1940		歩兵操典
1941	アジア・太平洋戦争	

典では、初めてドイツ式が採用された。以前のフランス式に比して軍紀の維持や戦闘における精神的要素などを重視したのが特徴である。これが一九〇九年版になると、日本の独自性を重視して編纂されるようになる。一八九一年版に比べて精神教育をさらに強調するようになり、操典を「精神教育の経典」と位置づけている。また、白兵決戦主義を確立したことも重要であり、他の典範令もこれらの「根本思想」を踏襲していった。さらに、一九二〇（大正九）年に部内へ配布された歩兵操典草案において、前線における独断専行の重視が規定された。一九二八（昭和三）年版になると、悪名高い「必勝の信念」が登場し、退却を原則的に禁止する「占領地死守思想」が確立したとされる（な

お、歩兵操典は一九四〇年にも改正されているが、戦闘の基本原則を規定する典範令としての地位が一九二九年制定の戦闘綱要に移っており、ここでは詳細を省略する)。

次に、軍隊教育の基本方針に関する令の変遷をみていく。一八八七年制定の軍隊教育順次教令では、中隊単位での教育について規定し、初年兵の第一〜三期を重視するとされた。その後同令の改正過程で、徐々に精神面が強調されるようになった。一九一三年制定の軍隊教育令では、将校と兵卒に対する教育要求を区別し、兵卒に対し精神主義を強調するようになる。具体的には、勅諭・読本の暗記や日常的紀律を要求している。これが一九二〇年版になると、当時の社会情勢や思想的潮流を反映して「自覚的」服従が要求され、部下の自発性を重視するようになる。さらに一九二七年版になると、兵卒の思想教化が目的として明確化されるようになる。他方、精神力が重視されるようになり、散開隊形における独断専行を増進するとの規定も盛り込まれた。

次に、一九二九年制定の戦闘綱要であるが、ここでは速戦即決主義や包囲殲滅、機動独断などの戦術思想が重視されており、第一次大戦後の典範令としてはあまりに一九世紀的な内容となっている。戦闘綱要は一九三八年に、陣中要務令と統合されて作戦要務令となるが、同令の評価をめぐっては、戦後も毀誉褒貶が続いていることで有名である。

なお、以上の典範令の変遷を考えるうえで、一九〇七年に「軍令」が制定されたことは重要な意義をもつ。すなわち、これ以降典範令は天皇への上奏・裁可により施行されることとなり、それにともなって権威化が進行した。特に歩兵操典の条項は聖典化し、教条主義的な教育や戦闘が蔓延する一因となった[12]ことはよく知られている。

次に、演習令について簡単に説明しておく。まず、演習令の制定については、前述のように参謀本部が担当であるが、具体的な作成主体は総務部（演習班）、のちには参本演習課であったと考えられる。軍内への演習令の周知教育であるが、一八九一年の最初の野外要務令制定時には、二年前に草案が配布され学習期間が担保されていた。また少

表2　演習令一覧表

名　称	制定・改正年月日	法令番号	条文数	備　考
野外演習軌典（第1版）及同総則（歩兵編，砲兵編）	1882年3月20日	陸軍省陸達乙第18号	総則42 歩兵編・砲兵編不明	陸軍省発行．国会図書館が総則，歩兵編を所蔵
野外演習軌典（第1版）（諸兵連合編）	1882年9月28日	陸軍省陸達乙第64号	諸兵連合22	陸軍省発行．国会図書館所蔵
野外演習軌典（第1版）（騎兵編）	1883年7月3日	陸軍省陸達乙第74号	不明	陸軍省発行．所蔵館未確認
野外演習概則	1883年12月3日	陸軍省陸達乙第122号	10	陸軍軍隊機動演習条例制定により消滅
陸軍軍隊機動演習条例	1889年2月15日	陸軍省陸達第19号	12	この後，改廃の記録なし
野外要務令草案	1889年9月30日	陸軍省陸達第142号	96	条文数は「第二部秋季演習」のみ．以下，野外要務令については同じ
陸軍軍隊機動演習教令	1889年10月30日	陸軍省陸達第157号	22	機動演習条例の施行細則
野外要務令	1891年12月12日	陸軍省陸達第172号	127	1891年8月裁可
野外要務令	1900年2月6日	陸軍省送乙第382号	149	法令全書に記載なし
野外要務令	1903年10月20日	陸軍省送乙第2347号	150	法令全書に記載なし
野外要務令	1907年10月14日	軍令陸第10号	137	
秋季演習令	1915年9月17日	軍令陸第11号	201	1921年10月15日軍令陸第11号で一部改正
陸軍演習令（第1版）	1924年3月29日	軍令陸第2号	187+28	
陸軍演習令（第2版）	1935年12月14日	軍令陸第17号	132+132	1945年11月30日陸達第68号で廃止

（典拠）各演習令の記載，『法令全書』，「陸軍省大日記」収載の史料をもとに作成．

なくとも一九〇〇～二〇年代については、市販書籍や『偕行社記事』により改正要点が軍内一般に周知されていた。

また、史料としての残存形態であるが、官報や法令全書等には全文が掲載されないため、本章では軍内配布や市販されたものを使用した。微細な改正点をすべて網羅することが物理的に困難であるため、大幅な改正や新令制定に対象を限定せざるをえなかった。なお、本章で検討する演習令を表2にまとめたが、秋季演習令と陸軍演習令は単独の典範令、それ以前の野外要務令は、戦時の勤務や動作について規定した第一部と秋季演習について規定した第二部から構成されている。本章では第一部については検討対象から捨象した。

二　演習令はどのように制定・改正されたのか

本節では、時系列的な分析に入る前に、演習令の制定・改正過程の具体的手続の特質を確認する。対象となるのは、一九二四（大正十三）年制定の「陸軍演習令」である。

まず演習令制定・改正過程を明らかにするための史料について述べておく。基礎史料としては、『陸軍省大日記』に残る改正時の史料が挙げられるが、これらはすべて陸軍省と参謀本部（参本側の名義は総務部→参謀総長〈秋季演習令以降〉だが、実際の担当部局は総務部演習班→第一部第四〈演習〉課〈一九二〇年以降〉と推定される）との間の往復文書である。参謀本部は陸軍省に対し、原案作成後に回付して同意を求める手順になっており、現在残っているのはその際の文書である[13]。これに対し、典範令制定の主務官庁である参謀本部と教育総監部の史料は敗戦時の処分等のためほとんど現存せず、内部における具体的な検討過程や議論の内容、教育総監部との稟議等を明らかにすることが不可能である[14]。

しかし、参謀本部は独自に全国の各団隊に意見具申させていたとみられ、陸軍演習令制定に関する史料が防衛研究所に部分的に残存している。それが本節で分析する、第七師団が作成した典範令改正意見書類綴[15]である。本節ではこの史料に編綴されている秋季演習令に対する各団隊からの意見具申と実際の陸軍演習令における改正点を対比し、改正要求の性格や実際の改正への影響力などを考察する。

なお、史料の性格について概説しておくと、本史料は一九二三年三月、参謀本部総務部より師団参謀長へ意見提出につき照会があり、参謀長は隷下各団隊へ意見書二通の提出を求めるとともに、司令部独自の意見書を作成し、両者をあわせて参謀本部へ提出した。本史料はその控えと推定される。

次に、具体的な内容の検討に入っていく。まず、各部隊からの意見の提出傾向を、表3により確認しておくと、歩兵部隊はすべて提出しているのに対し、騎兵や砲兵、憲兵などの兵科は「意見ナシ」が多いのが目に付く。他方、工兵・輜重・軍医など後方兵科が積極的に提出しているのも特徴的である。

次に、主要な改正意見をまとめておくと、大きく以下の三点が挙げられる。

①名称の変更：「陸軍演習令」に変更し、秋季機動演習以外の演習も適用対象にすべきというものである。

②審判要則と標識の改訂：編制改正に対応し、歩兵砲や軽機関銃等の新兵器の射撃効力や損害判定、新兵器の標旗等について規定するよう求めるものである。

③自兵科に関わる事項の改善：歩兵の場合は演習の区分や参加部隊の種別（航空部隊の参加要求が特に多い）に関するものや、演習統裁方法等の改善を主張しているのに対し、他兵科の場合は、自らの業務に関する改善点に特化する傾向が強く、特に軍医や獣医などは医学的な見地からの意見がほとんどである。

③で特に注目されるのが輜重兵第七大隊である。同隊からの意見では、独自の特別演習や行李・輜重編制の改善などを主張しており、従来の演習に対する強い不満が存在していたことをうかがわせる。演習においては、経費等の関係から行李・輜重が正式な形で編成されないことが多く、軍事雑誌などでも批判的な意見が多かった。それらと共通する意識が輜重兵第七大隊の意見からは読み取れるのである。

また、これらの意見を通覧すると、「地域」に関する意見がほとんど存在しないことに気づく。これは考えてみれば不自然なことであって、各団隊は演習を通じて演習地の社会・住民と接しており、演習にともなって発生する種々

表3　第7師団の秋季演習令改正意見提出状況一覧

提出者	意見の有無	意見数	備　考
師団司令部	○	7	師団司令部が各部隊の意見とは別に独自に作成し，参謀本部宛に送付したもの
軍医部	○	2	
歩13旅団	○	6	
歩14旅団	○	3	
歩25連隊	○	5	
歩26連隊	○	20	
歩27連隊	○	8	
歩28連隊	○	8	
工7大隊	○	3	
輜重7大隊	○	6	
函館連隊区	○	6	
釧路連隊区	○	7	
函館要塞司	×		
函館重砲兵	×		
野砲7連隊	×		
騎兵7連隊	×		
経理部	×		
札幌連隊区	×		
旭川連隊区	×		
旭川衛戍病院	×		
獣医部	○	3	
旭川憲兵隊	×		
札幌衛戍病院	○	不　明	意見書本文が現存していない.

(典拠)「秋季演習令改正意見提出ニ関スル件」(『大正十年度　典令範改正意見綴　第七師団参謀部』防衛省防衛研究所戦史研究センター所蔵）により作成.
(註)「意見の有無」の×印は，回答に「意見なし」などと回答した例.

の関係や問題を実感している存在であったことは、次章以降にみる通りである。にもかかわらず、改正意見においては、それらの問題に関わる提案がほとんどみられず、軍医部が患者療養班の規定理由として「落伍患者等ニシテ任意ノ民家ニ入リ休養シ又ハ給養ヲ受クルモノアリ此ノ如キハ軍紀上評スヘキニアラス又軍部ノ威信ニモ関スレハナリ」と指摘した程度である。地域と密接に関連する「損害賠償」の章に対する意見は皆無である。原因を史料から読み取ることはできないが、不可解な印象が残る。

次に、これらの改正意見と改正結果との関係について検討する。結論的にいうと、①および②の大部分が採用されている。特に②のような技術的な意見については、その多くが採用されている。他方、演習統裁方法や演習の内容面などについては、必ずしも採用率は高くなく、演習課の起案段階や稟議過程において取捨選択されたと考えられる。また各団隊の意見以上に大改訂ないし削除されている条文も存在する。例えば、戦闘中の砲撃や衝突などによって発生する部隊の損害を表現するため、後述するように一九〇〇年の野外要務令において損傷旗が導入され、秋季演習令でも第一五〇条に規定がある。これについては、各団隊からの改正意見では表示方法が不明瞭であるとして改善が求められていたが、実際の陸軍演習令においては規定が全文削除され、損傷旗自体が廃止された。

このように、演習令の改正にあたっては、技術的な項目を中心に演習を実施する各団隊の意見がかなり参考にされており、ある程度は現場の声に配慮した改正が志向されていたと推定される。他方、各団隊からの意見は軍事的・技術的な改善内容がほとんどで、演習地との関係などは（少なくとも明示的には）あまり反映されていない。(16)

三　演習令の思想史

本章では、野外要務令（一八九一〈明治二十四〉年）から陸軍演習令（一九四〇〈昭和十五〉年）に至る演習令の変遷[17]と、背景にある陸軍の演習観やあるべき軍人・兵士像、地域との関係などを分析する。具体的には、各演習令の制定ないし改正に関する諸史料、すなわち『陸軍省大日記』所収の改正案、『偕行社記事』に掲載された参謀本部名義の公式解説論文、市販の注釈書（前述）などを中心に演習令本文も適宜参照し、演習令の内容や改正要点を時系列的に比較する。比較すべきポイントとしては、①改正理由、②「実戦的演習」[18]実現への具体策、③将校の規範、④演習地民衆への視線、の四つとした[19]。また、それぞれについて冒頭部分の「一般ノ要領」や「綱領」を掲げておいた。

一八九一年野外要務令（草案の軍内配布は八九年）

参謀本部の明確な説明史料はない。諸外国の典範令を参考にしたことが後年の史料で指摘されているが[20]、当該期の他の典範令の傾向から考えて、ドイツの野外要務令（一八八七年）を主に参考にしたと推察される。

『野外要務令』（第一版）　一八九一年十二月制定

第一篇　一般ノ要領

第一　秋季演習ノ目的ハ各級ノ指揮官及其部下一般ヲシテ戦時各自ノ責任ヲ十分ニ完了セシムル終結ノ教育ヲ為シ且平素各自ノ修得シタル教育ノ程度ヲ検察スルニ在リ其演習ノ要点左ノ如シ

一　各兵種互ニ協力一致シ以テ一定ノ目的ニ対シ各自固有ノ力ヲ適当ニ使用スルコト

二　各指揮官ハ与ヘラレタル戦況ニ応シ至当ノ計画ヲ為シ且其指揮上ニ習熟スルコト

三　其動作上指揮官ト兵卒トニ論ナク凡テ適当ニ地形ヲ利用シ且諸種ノ困難ニ打勝ツコト

第二　秋季演習ニ在テハ全兵力ヲ唯一ノ目的ニ使用スヘシ而シテ其要ハ敵ノ眼界外ニ於テ行軍シ或ハ運動スルニ在リ之ヲ約言スレハ交戦ニ至ルマテノ計画ニシテ此計画ノ良否ハ其戦闘ノ結果即チ実戦ニ於ケル勝敗ノ岐ル、所

ナリ

第三　秋季演習ノ価値ハ両軍ヲシテ実戦ニ均シキ位置状況ニ在ラシメ以テ不慮ノ事変ニ応スルコトニ慣習セシムルニ在リ故ニ実戦ノ如ク敵兵不意ニ某地ニ現出スル等ノ報ニ接シ行軍縦隊ヨリ迅速ニ戦闘隊形ニ展開セシムル等ノ事ニ遭遇セシムルヲ必要トス故ニ若シ之ニ反シ一個ノ約束演習ノ如クナルトキハ全ク此目的ニ適セサルモノナリ

数縦隊トナリテ行軍スル一軍俄然敵アルノ報ヲ得テ戦闘隊形ヲ取ルハ一縦隊ヲ以テ行進スル時ニ比スレハ更ニ困難ナルヘシ故ニ統監ハ勉メテ此ノ如キ戦況ヲ予想シ各指揮官ヲシテ諸般ノ困難ニ克チ隊伍ヲ紊サス之ヲ実行スルコトヲ習得セシムヘシ

第四　秋季演習ニ於テハ両軍指揮官及其各隊長ニ左ノ諸件ヲ完全ナラシムルノ機会ヲ与フルモノトス即チ軍事上ノ着眼、神速ナル決断及地形ニ応スル軍隊ノ動作ヲシテ予想外ノ変化ニ応セシムルコト

之カ為メ予想即チ一般方略ニ由テ戦況ヲ両軍ニ知ラシム

第五　一般方略ハ両軍ノ現況ヲ明示スヘシ然レトモ之ニ由テ両軍指揮官自己ノ判断ヲ促スカ如キ事項ヲ示ス可ラス

第六　両軍指揮官ノ計画ハ軍隊ノ部署ト運動トノ全般ヲ規定シ其要領ヲ示スニ在リ即チ為サント欲スル決心、取ラント欲スル道路ヲ定メ之ヲ必要ノ度ニ応シ命令トナシ以テ部下ヲシテ其為ス所ヲ理会セシム

第七　両軍部下ノ各指揮官ハ上官ヨリ受ケタル命令ノ趣旨ニ基キ土地ノ形状、敵ノ陣地、敵ノ運動等ニ就キ自己ノ得タル問題ヲ解スル為メ即チ任務ヲ果ス為メニ動作ノ利害ヲ判断セサル可ラス

第八　両軍部下ノ各指揮官ニハ独断専行ノ権ヲ与ヘサル可ラス即チ軍隊ヲ区分シ其任務ヲ与ヘタル後ハ概ネ其指

揮官ノ専行ニ任スヘキモノトス
第九　特別方略ニ因リ相対スル両軍ノ一ハ守勢ヲ取リ以テ敵ノ運動ヲ俟タサル可ラサルノ時機アリ此ノ如キ時ハ敵ヲシテ我土地ノ障碍物ノ為メニ兵力ノ一部ヲ犠牲ニ供セサルヲ得サラシメ以テ其決戦ニ用ユル主力ヲ減殺セシムルコトヲ勉ムヘシ
第十　守勢軍ニ在テハ陣地ヲ撰定シ其地形ノ利用ト予備隊ノ使用トヲ巧ニシ攻撃軍ニ在テハ敵ノ陣地ノ脆弱点ヲ知リ之ニ要スル兵種及兵員ノ配当、欠ク可ラサル予備隊ノ配賦ヲ以テ秋季演習ノ主要点トス
第十一　特別方略ハ又両軍共ニ攻撃ノ運動ヲ為サシムルヲ得此時ニ於テハ両軍共ニ地形、兵員、敵ノ配置等ニ関スル百般ノ景況ヲ迅速ニ判断シ而シテ定ムル所ノ部署ニ依リ両軍均シク運動シテ相近接ス
第十二　凡テ演習ノ経過ヲシテ実戦ノ景況ニ於ケル如クナラシムルハ秋季演習ノ目的トスル所ニシテ殊ニ地形ニ価値ヲ置キ戦況ヲシテ之ニ応セシムル如クスルコトニ習熟セシメサル可ラス
第十三　一般ノ運動早キニ過クレハ部下ノ各指揮官ハ演習ノ変化ヲ了知シテ自己ノ処断ヲ施スニ暇ナシ故ニ演習ハ間断ナク又経過急速ニ過キサルヲ要ス（ママ）」若シ演習ニ於テ敵ノ動作ニ顧慮セス非常ニ急劇ニ経過スルコトアルトキハ実戦ノ景況ニ反シ将タ演習ノ目的ニ戻ル（ママ）」蓋シ実戦ニ在テハ敵ノ動作ノ為メ運動ノ進歩セサルコトアリ或ハ敵ニ妨碍セラレ全ク運動スル能ハサルコトアレハナリ
第十四　演習ニ於テ屢々迂回ヲ試ルモノハ静粛ト紀律トヲ失フコト多シ又迂回ハ必シモ利アリトナスモノニ非スシテ或ハ不利ニ陥ルコトアリ是レ彼迂回者若シ兵力ヲ集合シ且使用スヘキ予備隊ヲ有スルトキハ迂回者ハ正面ヲ拡張シ兵力ヲ分離シ反テ危殆ニ陥ルコトアレハナリ故ニ迂回ノ結果ハ迂回ヲ終リタル後彼我戦闘ヲ交ヘシ時ノ景況如何ニ在ルノミ

第十五　各軍隊内部ノ紀律即チ密集隊形ニ要スル所ノ紀律ハ決シテ失フ可ラス土地ノ障碍ノ為メ一時此紀律ヲ妨ケラル丶コトアルモ其障碍ヲ経過スレハ直ニ旧ニ復セサル可ラス

武器ノ使用法モ亦常ニ規則書ニ基キ即チノ銃装塡、白兵ノ使用、砲ノ操法等ハ必ス操典ニ拠ルモノトス（ママ）

第十六　如何ナル場合ト雖モ軍隊ヲ速ニ集合シ得ルハ最モ必要ニシテ各指揮官ノ部下ヲ掌握スルニ欠ク可ラサルコトトス是レ集合ノ遅速及其整否ハ軍隊固有ノ軍紀ヲトスルニ足ルモノナレハナリ

本令の特徴としては、条文が後年に比して具体的かつ説明的であることが挙げられよう。これは、師団制への移行にともない機動演習導入の必要を生じたため、その概念や行動規範を解説し、将校に理解させる必要があったのではないかと考えられる。また、日本における演習の独自性・特異性は特に意識されていない。

一九〇〇年野外要務令

参謀本部作成の改正案における説明によれば、本令はドイツの野外勤務令（要務令）を参照し、日清戦争の経験も一部参照されているという。

『野外要務令』（第二版）　一九〇〇年二月制定

第一篇　一般ノ要領

第一　秋季演習ノ目的ハ各級ノ指揮官及其部下一般ヲシテ戦時各自ノ責任ヲ十分了得セシムル終結ノ教育ヲ為シ且平素各自ノ修得シタル教育ノ程度ヲ検シ併セテ其能力ヲ察スルニ在リ而シテ其演習ノ要点左ノ如シ

一　各兵種各部隊互ニ協力一致シ以テ一定ノ目的ニ対シ各自固有ノ力ヲ適当ニ使用スルコト

二　各級ノ指揮官現時ノ戦況ニ応シ至当ノ計画ヲ為シ適宜ノ処置ヲ決シ且其指揮ニ習熟スルコト

三　指揮官ト兵卒トニ論ナク適当ニ地形ヲ利用シ且諸種ノ困難ニ打勝ツコト

第二　秋季演習ハ両軍指揮官及其各隊長ニ左ノ諸能力ヲ完全ナラシムルノ機会ヲ与フルモノトス即チ軍事上ノ着眼ヲ敏捷ニシテ決断ヲ神速ニシ又予想外ノ変化ニ応シ巧ニ軍隊ヲ運用スル能力ヲ発達セシムルコト是ナリ
第三　凡テ演習ノ経過ヲシテ実戦ノ景況ニ於ケル如クナラシムルハ秋季演習ノ主眼ニシテ殊ニ地形ニ価値ヲ置キ戦況ヲシテ之ニ応セシムルコト緊要ナリ
第四　軍隊内部ノ紀律即チ密集隊形ニ要スル所ノ紀律ハ秋季演習ニ於テモ亦決シテ失フ可ラス土地ノ障碍ノ為メ一時之ヲ妨ケラル、コトアルモ其障碍ヲ経過スレハ直ニ旧ニ復セサル可ラス
武器ノ使用法及各種ノ作業モ亦常ニ操典及教範ノ規定ニ基キ必ス確実ニ之ヲ行フヘキモノトス
第五　軍隊ヲ速ニ集合セシムルハ各指揮官其部下ヲ掌握スルニ欠ク可ラサル要件ナリ故ニ秋季演習ニ在テハ各指揮官特ニ此点ニ注意スルヲ緊要トス」

本令の特徴としては、まず条文の簡略化が挙げられる。この点は前掲「一般ノ要領」をみても明らかであるが、これはおそらく機動演習自体に将兵が慣れてきたため、基本的な知識から記載する必要がなくなったと判断されたのであろう。また、参謀本部の説明によれば、特徴的な改正点としては、特別大演習を大規模化し、「演習施行ノ地方人民ヲシテ尚武忠勇ノ心ヲ喚起」することを意図したことが挙げられる。ここには「見せる演習」への明確な意識が存在しているといえよう。また、後年強調されるようになる「実戦ノ景況」を意識した改正が一部の条文で行われているが（第六七「舎営」の前哨でない部隊の舎営について、第八八「損傷旗」の導入理由）、後年に比べ徹底した印象は薄い。前述した本令の改正意図から考えても、日本の実情の反映というより、ドイツの野外勤務令にある類似の規定を参照したと考えるのが自然であろう。なお、戦略・戦術面での大きな変更点はない(21)。

一九〇七年野外要務令

本令については、参謀本部による改正案も、『偕行社記事』への解説論文の掲載もなく、改正意図を明らかにできない。そこで本令については、改正時に刊行された市販の解説書[22]をもとに、同時代における改正意図の理解と条文解釈を確認する。

『野外要務令』（第三版）一九〇七年十月十四日制定

第一篇　一般ノ要領

第一　秋季演習ノ目的ハ各級ノ指揮官及其部下一般ヲシテ戦時各自ノ責任ヲ十分了得セシムル終結ノ教育ヲ為シ且平素各自ノ修得シタル教育ノ程度ヲ検シ併セテ其能力ヲ察スルニ在リ而シテ其演習ノ要点左ノ如シ

一　各兵種各部隊互ニ協力一致シ以テ一定ノ目的ニ対シ各自固有ノ力ヲ適当ニ使用スルコト

二　各級ノ指揮官現時ノ情況ニ応シ至当ノ計画ヲ為シ適宜ノ処置ヲ決シ且其指揮ニ習熟スルコト

三　指揮官ト兵卒トニ論ナク適当ニ地形ヲ利用シ且諸種ノ困難ニ打勝ツコト

第二　秋季演習ハ両軍指揮官及其各隊長ニ左ノ諸能力ヲ完全ナラシムルノ機会ヲ与フルモノトス即チ軍事上ノ著眼ヲ敏捷ニシテ決断ヲ神速ニシ又予想外ノ変化ニ応シ巧ニ軍隊ヲ運用スル能力ヲ発達セシムルコト是ナリ其他此演習ハ軍隊ニ戦場ニ於ケル諸勤務及戦闘ノ訓練ヲ完全ナラシムルノ機会ヲ与フルモノトス

第三　凡テ演習ノ経過ヲシテ実戦ノ景況ニ於ケル如クナラシムルハ秋季演習ノ主眼ニシテ殊ニ地形ノ価値ヲ顧慮スルヲ緊要トス

第四　軍隊ノ結合ニ要スル所ノ紀律ハ秋季演習ニ於テモ亦決シテ失フ可ラス土地ノ障碍ノ為メ一時之ヲ妨ケラル丶コトアルモ其障碍ヲ経過スレハ直ニ旧ニ復セサル可ラス

本令の特徴としては、まず条文数が減少したことが挙げられる（表2参照）。非現実的な規定を削除した部分が多く、演習の実態に即して修正が行われたと評価できよう。また、前述した典範令全体の「日本化」志向がこのような改正を可能にしたという側面も考慮する必要があろう。

次に、本令においては「実戦的演習」に対する強い志向性があることが特徴である。解説書においても、改正箇所についての解説が六ヵ所、非改正の条文に対する義解中一三ヵ所も「実戦的演習」への言及がある。例えば、解説書は第二部冒頭において「（改）旧令第二部中ニハ往々実戦ニ遠カレル条項ノ存スルアリシカ新令ニハ是等ノ条項ヲ或ハ削除シ或ハ改正シ以テ演習ヲシテ益々実戦的ナラシムル如ク改正セラレタリ」(23)と、改正が「実戦的演習」を実現するためのものであるとの理解を示している。また、具体的な条文に対しても、戦闘の開始や終結などの継起を自然なものとすること、戦闘動作の速度が過早となることへの注意、敵火効力の尊重などについて、「実戦的演習」の意図を指摘している。特に強調されているのが地形の重視であり、例えば次のような義解が付けられている。

第四十六「（義）機動演習ニ於テハ決シテ地形ヲ想像スルコトナク想定スル戦況ニ基キ天然ノ地形ヲ適当ニ応用セシムルコトニ特ニ注意スヘキモノトス（第三参看）何トナレハ天然ノ地形ヲ適当ニ応用スルコトハ頗ル困難ニシテ従テ研究ノ価値甚タ多大ナルノミナラス凡テ実戦的ナルヲ主眼トスル機動演習ニ在リテ徒ニ地形ヲ想像スルハ却テ演習員ヲシテ実戦的感覚ニ離隔セシメ演習ノ目的ヲ遠サカラシムル害アレハナリ(24)

以上のように、本令においては日本固有の問題として演習と実戦との乖離を意識するようになっており、同時代人もそのように改正を受け止めていたのである。(25)これ以降、演習令においては「実戦的」がキーワードとなる。

なお、この他に注目すべき点として、歩砲協同動作の意義を強調していることが挙げられる。解説書では「軍ノ主兵タル歩兵ノ操典ニ於テモ其総則第三ニ之カ演習ノ重要ナルヲ示セル(26)」ことが直接の理由とされているが、歩兵操典の改正自体、日露戦争において露呈した「歩砲協同動作の不一致」の戦訓が背景となっており[27]、演習令もこれに追随したといえよう。

秋季演習令

本令については、『偕行社記事』の解説論文において、野外要務令第一部が陣中要務令として単独に制定されたため、第二部を秋季演習令として独立させたと説明されている[28]。この分離は、ドイツの一九〇八年版野外要務令が「演習」の部を削除したことに対応したものである[29]。

『秋季演習令』　一九一五（大正四）年九月十七日制定

第一篇　総則

第一　秋季演習ハ各級幹部及兵卒ヲシテ大部隊内ニ於ケル行動ヲ演練シ陣中勤務及戦闘ノ諸動作ヲ習得セシムルト同時ニ両軍指揮官及各部隊長ヲシテ情況ニ応シ適確ニ軍隊ヲ運用スルノ能力ヲ発達セシムルヲ目的トス

第二　秋季演習ハ最モ実戦ニ近似シ能ク戦時ノ実況ヲ示スモノナリ然レトモ竟ニ示シ得サルモノハ危険ノ光景、悲惨ノ情状及勝ヲ争フノ実敵ナリトス演習中宜シク此数者ヲ脳裡ニ描キ決シテ忘ル可カラス此観念ヲ欠ケル演習ハ全ク価値ナキモノトス

第三　秋季演習ニ於テハ軍隊ヲシテ平素ノ教育ニ依リ養成シタル至厳ナル軍紀ト旺盛ナル志気ト勇往敢為ノ気象トヲ益々振作向上セシメ兼テ其持久力ヲ増進セシムルコトニ注意シ且ツ絶エス敵火ノ効力ニ留意シ地形ノ利用隊形ノ選択ヲ忽ニセサルヲ要ス

演習団隊ノ大ナルニ従ヒ動モスレハ小部隊ノ行動特ニ兵卒各個ノ諸動作ヲ忽諸ニ付シ為メニ平素ノ教育ニ悪影響ヲ及ホスコトナシトセス各将校ハ鋭意精励此弊ヲ除去シテ教育ノ完成ニ勉ムルト同時ニ自己ノ技倆ヲ練磨向上セ

サル可カラス
第四　秋季演習ハ之ニ参加スル各員ヲシテ協同一致能ク其職責ヲ敢行シ且ツ一タヒ上級指揮官ノ命令ヲ受クルヤ如何ナル艱難ニ遭遇スルモ不屈不撓全力ヲ竭シ之ヲ遂行スルヲ以テ第二ノ天性タラシムル如ク実施スルヲ要ス諸兵種互ニ協力一致シ某目的ニ対シ各自固有ノ力ヲ最高度ニ発揮スルコトヲ演練スルハ演習ノ構成及実施上特ニ主要ノ条件ナリトス
第五　秋季演習ハ軍隊ヲシテ艱苦欠乏ニ耐ヘ克ツノ精神ヲ増進セシメンカ為メ最良ノ機会ヲ与フルモノナリ一タヒ経験ニ上ルノ後ハ大ニ自信力ヲ強クシ又進取力ヲ増スモノトス故ニ時トシテハ非常特異ノ情況ヲ設ケテ演習シ軍隊ヲシテ之ニ応スルノ要求ヲ充足シ得ルニ至ラシムルコト必要ナリ
第六　秋季演習ハ実戦ニ比スレハ概シテ其経過甚シク迅速ニ過クルヲ常トス然レトモ之ヲ極端ニ実戦ノ経過ト一致セシムルトキハ為メニ演習ニ最モ必要ナル気力ヲ失フニ至ルコトアリ故ニ統監及審判官ハ深ク此点ニ著意シ活気ヲ失ハサルノ程度ニ於テ其経過ヲ適宜調節シ以テ演習ヲシテ勉メテ実戦的ナラシムルヲ要ス
第七　秋季演習ヲシテ真ニ効果アラシムルニハ審判官ノ敏速ナル活動ト適切ナル判決トニ俟タサル可カラサルモノ多シ然レトモ審判官ノ数ニハ限リアルヲ以テ随時随所ニ現出シテ総テノ行動ヲ審判スルハ困難ナリ是ニ於テカ演習員各自特ニ将校ノ戦術上ノ判断及演習上ノ徳義ニ依リテ其欠ヲ補ハサル可カラス各演習員ハ宜シク研究ト修養トヲ主トシ以テ非実戦的行為ヲ避クルコトニ勉ムヘシ

本令の特徴であるが、まず全体として各演習の内容を修正し、歩兵砲・機関銃・飛行機など新兵器の規定を追加している。次に、本令の最も特徴的な点であるが、「形而上」の領域を重視し、実戦との齟齬を「精神修養」により補うことを強調している。具体的には、綱領第二（前掲史料傍線部）について、参謀本部の解説論文では次のようにその意図を説明している。

凡ソ演習ニ於テ対敵観念ヲ欠キ非実戦的行為ヲ敢テ為スノ傾向ハ演習ノ価値ヲ滅却スルコト言ヲ俟タスシテ明ナリ而シテ之ヲ匡正スル為単ニ形式ニ現ハレタル所ヲ捉エテ之ヲ追究スルハ其ノ末ナリ此事素ト形而上ニ属ス宜ク其ノ本源ニ遡リ幹部及兵卒ハ常ニ実戦場裡ニ在テ実敵ト勝ヲ争ヒツツアルノ観念ヲ深ク脳底ニ銘記シ演習ヲ以テ精神修養ノ壇場ト為スノ覚悟ヲ切要トス是レ本条ヲ特ニ巻頭ニ挙示セラレタル所以ナリ

また、「秩序的教育」のため仮設敵演習の多用を推奨し、旅団仮設敵演習（第二七）などを新設し、仮設部隊の運用法に関する条文を追加（第七〇など）しているが、これなども「想像力」を必要とする演習であり、演習参加将兵の「精神力」に依存した解決策が一貫して志向されているといえよう。

また、もう一つ本令の大きな特徴として、審判官規定を全面的に改正したことが挙げられる。具体的には、審判官に関する条文を大幅に増加するとともに、実戦的な指導を行うべきであると強調している。その一方、次の引用（第九四）のように、審判官に対し攻撃精神の養成を第一とし、安易な退却の命令を戒めており、審判官規定においても精神主義的な要素がかなり強調されている。

我国軍ハ将来優勢ノ敵ニ対シ攻勢的ノ作戦ヲ実施セサルヘカラス従テ平時ノ教育ニ於テ攻撃精神ノ養成ハ頗ル緊要ナルコトナリ是ヲ以テ退却ヲ命スヘキ審判ハ軽挙（単ニ敵ノ優劣ヲ以テスル如キ）之ヲ為スヘカラサルコトヲ加ヘラレタリ(30)

一九二四年陸軍演習令

参謀本部の解説論文によれば、本令はその名称からわかるように、それまで秋季演習に対してのみ適用される建前であった（実際には他の演習にも準用されていた）演習令の適用範囲を、公式に秋季機動演習以外に拡大したものである。

『陸軍演習令』（第一版）　一九二四年三月二十九日制定

第一篇　総則

第一　凡ソ部隊ヲ以テスル演習ノ目的ハ勉メテ実戦ニ近キ状態ニ於テ幹部及兵卒ヲ訓練シ以テ教育ノ完璧ヲ期スルニ在リ

第二　両軍ヲ対抗セシメテ行フ演習ハ最モ実戦ニ近似シ能ク戦時ノ実況ヲ示スモノナリ然レトモ竟ニ示シ得サルモノハ危険ノ光景、悲惨ノ情状及勝ヲ争フノ実敵ナリトス演習中宜シク此数者ヲ脳裡ニ描キ決シテ忘ル可カラス

第三　演習ニ於テハ軍隊ヲシテ平素ノ教育ニ依リ養成シタル至厳ナル軍紀、旺盛ナル志気及勇往敢為ノ気象等ヲ益々振作向上セシメ尚其ノ持久力ヲ増進セシムルコトニ注意ス可シ

演習団隊ノ大ナルニ従ヒ動モスレハ小部隊ノ行動特ニ兵卒各個ノ諸動作ヲ忽諸ニ附シ為ニ平素ノ教育ニ悪影響ヲ及ホスカ如キコト無シトセス各級幹部ハ鋭意精励此ノ弊ヲ芟除シテ教育ノ完成ニ勉ムルト同時ニ自己ノ技倆ヲ練磨向上セサル可カラス

第四　演習ハ之ニ参加スル各級幹部及兵卒ヲシテ協同一致能ク其ノ職責ヲ敢行シ上級指揮官ノ命令ハ全力ヲ竭シテ之ヲ遂行スルヲ以テ第二ノ天性タラシムルノミナラス常ニ独断専行ヲ尚ヒ必要ニ際シテハ一身ヲ犠牲トシテ全軍ノ利益ヲ図ルノ気概ヲ養成スル如ク実施スルヲ要ス

諸兵種互ニ協力一致シ某目的ニ対シ各自固有ノ力ヲ最高度ニ発揮スルコトヲ演練スルハ演習ノ構成及実施上特ニ主要ノ条件ナリトス

第五　演習特ニ長時日ニ亙ル大部隊ノ演習ハ軍隊ヲシテ艱苦欠乏ニ耐ヘ克ツノ精神ヲ増進セシメンカ為最良ノ機

会ヲ与フルモノナリ一度経験ニ上ルノ後ハ大ニ自信力ヲ強クシ又進取力ヲ増スモノトス故ニ時トシテハ非常特異ノ情況ヲ設ケテ演習シ軍隊ヲシテ之ニ応スルノ要求ヲ充足シ得ルニ至ラシムルコト必要ナリ
第六　演習ハ実戦ニ比スレハ概シテ其経過甚シク迅速ニ過クルヲ常トス故ニ統監及審判官ハ深ク此ノ点ニ著意シ其ノ経過ヲ勉メテ実戦的ナラシムルヲ要ス
第七　演習ノ価値ハ審判官ノ熱心敏速ナル活動ト機宜ニ適スル判決トニ俟ツコト頗ル大ナリ故ニ審判官ハ宜シク其ノ全能ヲ尽シテ演習目的達成ニ貢献セサル可カラス然レトモ審判官ノ数ニハ限アルヲ以テ演習部隊ハ随時随処ニ審判官ノ判決及指導ヲ期待スルコト難シ故ニ演習員就中幹部ハ其ノ戦術上ノ判断、彼我火器効力ノ正当ナル考察及演習上ノ徳義ニ依リ厳ニ非実戦的ノ行動ヲ自制ス可シ彼ノ徒ニ勝ヲ争ヒ火力ヲ無視シタル燥急ノ行動ハ演習ノ効果ヲ失フノミナラス却テ基礎教育ヲ破壊スルノ因ヲナスモノニシテ厳ニ戒メサル可カラス
第八　審判勤務実施ノ適否ハ直ニ演習ノ成果ニ重大ナル影響ヲ及スモノトス之カ為師団長以下各隊長ハ機会ヲ設ケテ部下将校ノ審判勤務ニ関スル識能ノ普及ヲ図リ且厳ニ審判勤務ノ実施ヲ監督シ以テ其ノ能力ノ向上ヲ期セサル可カラス
第九　本令ニ定ムル演習以外ノ教練及演習ニ在リテモ差支ナキ限リ本令ノ規定ヲ準用スルモノトス
第十　演習ニ於テハ海軍ト連合シテ陸海軍協同作戦等ヲ演練スルコトアリ
第十一　時トシテ実員部隊ヲ以テ行フ演習ニ関聯シ之ト同時若ハ其ノ前後ニ於テ或ハ全ク之ト別個ニ幹部ノミヲ実設シ之ニ指揮連絡ニ必要ナル機関又ハ一部ノ実員部隊ヲ附シタルモノヲ以テ演習ヲ行フヲ可トスルコトアリ
第十二　本令ニ定ムル各種演習ハ相互連繫シテ継続実施スルヲ可トスルコトアリ

本令の特徴は、まず演習区分を改正し、「秋季機動演習」を「師団秋季演習」と改称しその優越的位置を引き下げ、

演習を多様化したことが特徴である。具体的には、徒歩を基本とする「機動演習」からの脱却を表明し、鉄道や船舶など、多様な交通手段の活用を奨励するとともに、実員を動員した大規模演習を規定した。

第七十五、旧令第六十三と同一主旨にして特に陸軍演習場を利用すべきことを推奨せられたり蓋し戦闘法式の革新は真摯なる戦闘動作の演練を必要とし又民間権利観念の発達は損害賠償の関係上耕作地に於ける演習を避くる必要を増加したればなり(31)

また、秋季演習令において規定された精神力重視について、あまりに「形而上」偏重であったとしてその修正を図るとともに、地形的特性や損害賠償対策などから演習場の積極的活用を示唆している。他方、本令では「時弊矯正」を目的として「独断専行」を推奨する規定を追加（第四）した。「時弊」の内容が不明であるが、前線指揮官の判断力を高めようという歩兵操典の方向性に追随したことは明らかであろう。

なお、形式上の変更点として、「審判要則」と「標識」を附録とし、技術的な規則を令本体から分離したことが挙げられる。一九三五年版と異なり分離の意図は明確ではないが、本文との間に何らかの差別化を図ろうとしたことは確かであろう。

一九三五年陸軍演習令

改正理由に関する参謀本部の明確な説明はない。大幅な改正であることを考えると、参謀本部が『偕行社記事』誌上で明確に説明しなかったのは不可解である。

『陸軍演習令』（第二版）　一九三五年十二月十四日制定

総則

第一　演習一般ノ目的ハ勉メテ実戦ニ近キ状態ニ於テ軍隊ヲ訓練シ以テ教育ノ完璧ヲ期スルニ在リ

第二　演習ノ実施ニ方リテハ各級幹部以下常ニ演習ニ関スル諸規定ヲ遵守スルト共ニ適正ナル戦術上ノ判断及公正ナル彼我戦力ノ考察ニ基キ且演習上ノ徳義ニ愬ヘテ其行動ヲ律スルヲ要ス

第三　実敵及危険、悲惨ハ演習ニ於テ竟ニ現示スルヲ得ス故ニ各級幹部以下常ニ思ヲ実戦ニ致シ厳ニ非実戦的行動ヲ戒メ以テ演練ノ効果ヲ完カラシメンコトヲ期スルヲ要ス

平時ノ顧慮上実際ノ行動ヲ取ル能ハサル場合ニ於テハ幹部ハ所要ノ説示ヲ為シ以テ苟モ実戦ニ臨ミ其行動ヲ誤ルカ如キコトナカラシムルヲ要ス

第四　演習ハ各級幹部以下克ク状況ヲ達観シ身ヲ以テ責ニ任シ其所信ヲ断行スルコトニ依リ効果ヲ大ナラシメ得ルモノトス之カ為状況ハ為シ得ル限リ之ヲ自然ノ推移ニ委スルト共ニ指揮官ノ企図ハ勉メテ之ヲ拘束セサルコト緊要ナリ

第五　演習ノ効果ハ其計画、指導及審判勤務ノ如何ニ関スルコト大ナリ故ニ之ニ任スル者ハ克ク其職責ヲ自覚シ演習目的ノ達成ニ努力スルヲ要ス

第六　演習ハ之ニ依リテ得タル教訓ヲ将来ニ活用スルコトニ依リ其効果ヲ完カラシメ得ルモノトス故ニ統監及各級幹部ハ演習ノ実績ニ鑑ミ検討反省ヲ重ネ以テ爾後ノ向上練磨ニ資スルコト肝要ナリ

第七　演習ニ於テハ軍事上ノ機（秘）密ニ属スル事項及演習上秘密保持ヲ必要トスル事項多キヲ以テ各級幹部以下常ニ細心ノ注意ヲ払ヒ不慮ノ間ニ之ヲ漏洩スルカ如キコトナキヲ要ス

第八　本令ニ定ムル演習以外ノ教練及演習ニ在リテモ差支ナキ限リ本令ノ規定ヲ準用スルモノトス

第九　本令施行ニ関スル細部ノ事項ハ之ヲ附録ト為シ参謀総長陸軍大臣及教育総監ト協議決定スルモノトス

第十　陸、海軍連合ノ演習ニ関シテハ別ニ定ムルトコロニ拠ルモノトス

本令の特徴としては、まず形式上の変更点として、附録が大幅に増やされ、演習の計画・指導に関する条項を完全に附録へ移行したことが挙げられる。その結果、令本体は演習の原則や基本的規則・禁令等だけとなった。また本令の場合、附録は明確に施行細則と位置づけられ、三長官の協議により決定可能となった（第九）。これにより、技術的な規定に関する改正は天皇の裁可手続を必要とする軍令に比して容易になったと考えられる。

この他の改正点として、条文数が大幅に増加する一方、前掲史料にあるように条文自体はかなり簡素化されている。概して各条文の意図や軍事的根拠に関する説明をほとんど加えず、必要事項を命じるのみである。このことから、本令において極端にマニュアル化が進行しており、演習令の条文に対する将校の「理解」や「納得」を期待していないことがうかがえる。技術的な改正としては、戦車に関する規定を追加したことが注目される。

なお、本令制定の一年半後、一九三七年七月に日中全面戦争が勃発したため、以後常設師団による大規模機動演習は不可能となった。それにともない参謀本部演習課も機能停止し[32]、陸軍演習令は事実上役割を終える。ただし、国内において演習がまったく行われなくなったわけではなく、演習場における実弾射撃演習などはむしろ増加しており、地域社会に与える被害は甚大なものがあった。

以上、演習令を通時的に検討してきたが、その変遷のポイントをまとめておく。まず、条文はおおよそ増加傾向にあったといえる。ただし単純に条文を追加していったのではなく、内容的に解釈が不明確であったり、実際に演習を行うにあたって非現実的と看做されたりした条文は改正・削除されている。総じて参謀本部の意図は、統監や指揮官が判断に迷うことなく「理想的」な演習を実現できることを目指したといえるが、その結果たどり着いた一九三五年陸軍演習令は、もはや教本というよりマニュアルと形容すべきものであった。陸軍の将校教育における基調は前線司令官の自発的な突撃・攻勢の重視であったとされているが[33]、少なくとも演習令に関する限り、将校の自発性よりも参謀本部の意図する「実戦的演習」の墨守を優先していたといえよう。

また内容面では、ドイツ野外要務令の模倣時代から一貫して「実戦的演習」を志向していた。当初はドイツ野外要務令の規定をそのまま転用するだけであったが、二〇世紀に入るころから日本の演習の弊害として演習と実戦との乖離を問題視するようになり、「実戦的演習」志向は一層強まった。そのための具体的手段として、統監や指揮官に実戦とかけ離れた行動を禁止し、審判官の機能と権限を強化したほか、演習地の転換や演習場の活用など多様な対策を提示したが、時に実戦化の方向性は二転三転しており、特に秋季演習令においては「形而上」すなわち想像に頼るという「非実戦的」対策を採用するなど混乱がみられる。

また、演習令の改正は歩兵操典などの主要典範令の改正に連動したものであったが（表1参照）、その結果操典の問題点をも受け継ぐ結果となった。前述のように、歩兵操典の根本精神は「必勝の信念」に象徴される白兵戦至上主義、および敵火力の極端な軽視であったが、少なくとも後者は演習令の審判要則において明確に禁じられていた。しかし、歩兵操典の思想に慣熟した将兵にとっては、むしろ演習令の要求が不自然なのであり、歩兵操典の権威からして、歩兵操典が優先され審判が無視される結果となったのである[34]。また、前者の思想に演習令自体も追随しており（協同動作重視や攻撃偏重など）、日本陸軍の戦術思想の歪みを反映している。

おわりに

演習は戦術・戦闘法の理論を実地で演練する作業であり、そのなかで理論自体の問題点も浮き彫りとなる。参謀本部演習班（演習課）は、理論や想定と現実との差を埋めるべく演習令の改正を繰り返していた。しかし、演習令は歩兵操典などの根本方針を反映することが原則であり、戦術思想の歪みを根源的に批判・改善することは困難であった。また、編纂当時の風潮を反映して、問題のある思想に追随してしまうことも多かった。

また、演習令制定・改正過程を通じて一貫して地域が対象化されていないことは、軍隊と地域の関係から演習を考察する本書の観点からは大いに疑問がある。実際に地域に対する危機意識が存在したことは本書でたびたび言及するが(35)、少なくとも演習令の改正という文脈でそれらが具体化することはなかったのである。

註

(1) 大江志乃夫『日本の参謀本部』(中公新書、一九八五年)や同『徴兵制』(岩波新書、一九八一年)など。
(2) 吉田裕『日本の軍隊』(岩波新書、二〇〇二年)、一ノ瀬俊也『近代日本の徴兵制と社会』(吉川弘文館、二〇〇四年)、同『明治・大正・昭和軍隊マニュアル』(光文社新書、二〇〇四年)など。
(3) 前原透『日本陸軍用兵思想史』(天狼書店、一九九四年)。
(4) 熊谷光久『日本軍の人的制度と問題点の研究』(国書刊行会、一九九四年)。
(5) 広田照幸『陸軍将校の教育社会史』(世織書房、一九九七年)。
(6) 野邑理栄子『陸軍幼年学校体制の研究―エリート養成と軍事・教育・政治―』(吉川弘文館、二〇〇六年)。
(7) 大江洋代『明治期日本の陸軍―官僚制と国民軍の形成―』(東京大学出版会、二〇一八年)。
(8) 遠藤芳信『近代日本軍隊教育史研究』(青木書店、一九九四年)。
(9) 師団制以前の陸軍はフランス式軍制のため、戦闘動作や演習の様式が異なる。また、日中全面戦争以降、常設師団が多数大陸に出征し、秋季演習が機能しなくなる。
(10) 以上、秦郁彦編『日本陸海軍総合事典』(東京大学出版会、一九九一年)七二〇頁、前原前掲註(3)書、七八頁による。
(11) 以下、典範令の変遷については遠藤前掲註(8)書および前原前掲註(3)書による。
(12) 遠藤前掲註(8)書、一三四頁。
(13) 陸軍演習令改正(一九三五年)の史料が残存している(「陸軍演習令改正意見の件」JACAR Ref. C01001293300『永存書類甲輯

第四類第一冊　昭和九年』防衛省防衛研究所戦史研究センター）。一部の局課を除いて具体的な意見表明はなく、意見書自体も補任課提出分しか添付されていない。他の改正時には稟議史料がなく、実際の稟議内容は不明。

(14) 参謀本部と教育総監部の日常業務の文書は敗戦時に埋蔵（隠匿）・焼却されそのまま散逸しており（防衛省防衛研究所での説明）、議論の詳細を確認することは史料的に困難である。

(15) 「秋季演習令改正意見提出ニ関スル件」（『大正十年度　典令範改正意見綴　第七師団参謀部』防衛省防衛研究所戦史研究センター所蔵）。以下、本章における史料引用は同史料より。

(16) ただし、提出したのが北海道の第七師団であるという点も、ある程度考慮する必要はあるだろう。「内地」の師団に比して演習地が広大で、地域住民との接点が少ないことが考えられるからである。

(17) 野外要務令以前の演習用教本としては、「野外演習軌典」が存在している。鎮台制時代の教本であり、構成や体裁などが大きく異なっている。残存例が少なく全体像の把握が難しいため、今回は検討の対象から外し、師団制への移行後の演習令についてのみ扱う。

(18) 本書第一部第四章を参照。演習が実戦とかけ離れた様相を呈し、その結果非現実的な「演習戦術」が蔓延するとして、一九一〇〜二〇年代に陸軍内で問題化していた。

(19) 野外要務令は一九〇三年にも大きく改正されているが、語句の修正がほとんどであり、本章では省略した。他の演習令についても、微修正はたびたび行われている。

(20) 「弐第三〇三号　野外要務令改正ノ件」（JACAR Ref. C06083336400『明治三十三年二月　弐大日記　坤』防衛省防衛研究所戦史研究センター）。

(21) 以上、同右史料による。

(22) 城西居士・城北居士共編『新旧対象　野外要務令改正要領　第二部　全（附義解）』（宮本武林堂、一九〇七年）。同書第一部「緒言」によれば「本書掲クル所ノ改正理由ハ悉ク編者ノ私見ナリ、然レトモ中ラスト雖甚タ遠カラサルヲ信ス」と、私見にもとづいて一般の学習用に刊行したという。版元の「宮本武林堂」は当時軍事書籍の大手の一つであり、参考書や文例集などを多数刊行していたこと（国立国会図書館に五五冊所蔵）、「城西居士」は他に軍事関係の講義録なども執筆しており、軍人もしくは軍事学の専門家と推定できることから、「一般」軍人向けに専門的知見や確度の高い情報にもとづいて分析したものと考えられる。

(23) 同右書、一頁。
(24) 同右書、三一頁。
(25) 日本陸軍の演習が実戦とかけ離れた状態になる原因については、本書第一部第四章第二節を参照。特に大きな原因としては、水田の畦道にそった行軍や突撃、丘陵による目視阻害など、地形・地理に起因するものが多い。
(26) 城西・城北共編前掲註(22)書、二頁。
(27) 遠藤前掲註(8)書、一二二〜一二三頁を参照。
(28) 参謀本部総務部「秋季演習令ト野外要務令第二部トノ比較」(『偕行社記事』四九五・附録、一九一五年十月)。
(29) 前原前掲註(3)書、二五一頁を参照。ただし、改正理由などではこのような事情は説明されておらず、内容面では日本独自の事情により改正されたとみられる。
(30) 前掲註(28)「秋季演習令ト野外要務令第二部トノ比較」。
(31) 参謀本部「陸軍演習令制定(秋季演習令改正)に関する説明」(『偕行社記事』五九八、一九二四年七月)より。以下の引用も同史料より。
(32) 秦前掲註(10)書、三〇一頁によれば、一九四三年時点の演習課専任将校は部付が一名だけであった。
(33) 遠藤前掲註(8)書、前原前掲註(3)書を参照。
(34) 実例については、本書第一部第四章第二節を参照。
(35) 具体例は、本書第一部第四章と第五章を参照。一九一〇〜二〇年代における陸軍将校の社会に対する危機意識については、黒沢文貴『大戦間期の日本陸軍』(みすず書房、二〇〇〇年)も参照。

第二章　行軍演習と住民教化

はじめに

本章では、日露戦後期において地域と密接な関係にあった連隊クラスの衛戍部隊が、日常的に行う小規模な演習をどのように実施し、そこにどのような軍事的・政治的意味が込められていたかを明らかにしようとするものである。第一部第三章や第二部で分析する秋季機動演習や陸軍特別大演習に比べ、日常的かつ小規模な演習の場合には新聞報道や地域に残された兵事史料に具体的な情報が記録されることが少ないため、陸軍当局や各部隊がいかなる教化方針にもとづいて地域へのアピールを行っていたのか、これまで十分明らかになっていなかった(1)。そこで本章では、地元新聞が従軍記者を派遣して演習の具体的な記録を残しており、周辺史料も比較的残存している歩兵第一六連隊の行軍演習の分析を通じて、同連隊の住民教化策の一端を明らかにする。その際、軍隊と地域との相互関係を明らかにするため、陸軍の教化策に対する地域の反応についても留意した。新聞報道という史料上の制約から地域住民一般の「本音」には迫れないが、公的なレベルでの地域有力者の反応を中心に検討した。

なお、本章では陸軍の住民教化策を評価するに際して、原武史が提唱する「視覚的支配」の枠組を意識している。原によれば、近代天皇制が「国民国家」形成を実現していく際には、抽象的な「想像の共同体」だけでなく、行幸啓を通じて個別の天皇・皇太子の具体的身体を国民が「見る」行為を通じて、原が「視覚的支配」と呼ぶ国家と国民の

表4　歩兵第16連隊佐渡行軍の行程表

日　付	旅程と行事	備　考
7/5（第1日）	新発田屯営出発→沼垂着．午後5時，第1班出港．第2班は沼垂泊	記者は第2班に同行
7/6（第2日）	午前6時，第2班出港→正午過ぎ，両津に着船．若宮社境内で昼食→河崎村大字住吉で小隊教練（20分間）→新穂村日吉神社境内で小憩，根本寺見学→畑野着→午後5時，新穂小学校・畑野・新町にて軍事講話会開催	沼垂―両津間は越佐汽船を利用
7/7（第3日）	午前8時，畑野出発→真野御陵参拝→長石ヶ浜で密集教練・中学生との対抗演習．中学生の閲兵式・小中学生の分列式→河原田着，郡主催の園遊会に出席→夜，「よしのや」にて将校招待会，午後11時散会	
7/8（第4日）	午前7時，河原田出発→沢根で軍事講話→中山峠の一軒茶屋で休息→相川着，春日崎で攻防演習→午後2時，相川金山見学，同時刻相川で軍事講話→在郷軍人団の招待により寿司嘉亭で懇親会	
7/9（第5日）	午前7時，相川出発→沢根で小憩→河原田着，河原田中学校裏の練兵場で中隊教練→午餐後，中学生向けの銃剣術など講習会，軍事講話→金沢着，明治紀念堂参拝→附近住民のための小隊演習→夜，金沢・吉井で軍事講話	
7/10（第6日）	午前7時，金沢出発→吉井で小憩→両津着，偲巽堂参詣→午餐→午後12時，第1班両津出港→午後4時，沼垂着，同所宿営→第2班は両津で撃剣講習・軍事講話の後，午後12時両津出港，翌日連隊本部と合流予定	従軍記者は第1班の沼垂到着時に隊と別れる

（典拠）『新潟新聞』1908年7月分記事より作成．

関係が成立したという。[2]本章では、軍事演習が武装組織としての陸軍部隊を地域住民に「見せる」場であり、その具体的経験が住民の軍隊イメージを大きく左右するなど、「視覚的支配」と共通する点が多く、陸軍が演習を通じて意図した住民教化策の方向性を「視覚的支配」である程度説明することが可能ではないかと考える。その際、既に原への批判として提示されている、他の「国民化装置」との関係、具体的には演習を報道した新聞の役割などにも留意しつつ分析を進める。[3]

次に、本章で分析する演習は、一九〇八（明治四十一）年七月と八月に実施された、新発田歩兵第一六連隊[4]による二回の行軍演習である。同連隊は、七月に佐渡、八月には下越地方、特に村上を中心とする岩船郡への行軍演習を実施した。『新潟新聞』はこの二回の行軍演習に従軍記者「列外逸民」を派遣し、

表5　歩兵第16連隊岩船行軍の行程表

日　付	旅程と行事
8/13（第1日）	未明，新発田屯営出発→藤塚浜着，村松浜との間で戦闘演習→村松浜着，午餐→午後3時，村松浜以北で対抗演習→笹口浜で露営
8/14（第2日）	午前5時，笹口浜出発→荒井浜着，戦闘演習→桃崎浜で小憩→金屋着，午餐→正午，金屋出発，岩船への行程で戦闘演習→午後3時，演習終了，岩船町南端の松林で露営
8/15（第3日）	午前4時，岩船町出発→午前5時20分，村上町着．村上小学校構内で朝食，暫時休憩→午前7時30分，村上出発→午前11時，猿沢村着，昼食→午後1時猿沢出発→午後1時30分，塩野町着，舎営
8/16（第4日）	午前5時30分，塩野町出発→葡萄峠通過→漆山神社で休憩→大沢の九十九折を通過→午前11時北中着，午餐→午後2時40分，勝木着，舎営
8/17（第5日）	午前6時，勝木出発→寝屋・芦谷・寒川・脇川・今川・板貝・笹川・桑川（笹川流れ）通過→午後5時，浜新保着，露営
8/18（第6日）	午前5時，浜新保出発→馬下・早川・吉浦・柏尾・間嶋・野潟・大月・岩ヶ崎通過→多岐神社で小憩→羽下ヶ淵付近で三面川渡船→正午，瀬波町着，午餐→午後1時，瀬波町出発→村上着，村上小学校に小憩の後宿舎に分配→午後7時，村上の有力者主催による慰労会に出席→午後11時散会
8/19（第7日）	午前8時，村上町出発→平林着，午餐→午後1時平林出発→午後4時過ぎ，白鳥山山麓で露営
8/14（第8日）	午前0時，白鳥山出発→午前8時新発田着，軍旗奉拝式の後解散

（典拠）『新潟新聞』1908年8月分記事より作成.

連隊への同行取材によって演習の実況や沿道町村の対応などを詳細に伝えた「新発田隊佐渡行軍記」（以下、「佐渡行軍記」と略す）と「新発田隊行軍記」（以下、「岩船行軍記」と略す）を、佐渡行軍記は本編四回・余録三回（一九〇八年七月九日〜十七日）、岩船行軍記は本編九回・余録一回（一九〇八年八月十六日〜二十九日）で連載した(5)。本章では主にこれらの行軍記の記述をもとに、行軍演習の実態と一六連隊の住民教化策を明らかにしていく。なお、それぞれの演習の詳しい行程は、表4・5にまとめた。

一　行軍演習の意図

本章ではまず、行軍演習の全体的な意図について、行軍記の記述をもとに検討する。まず佐渡行軍の場合、「佐渡郡の尚武心を振起作興すると共に、或る意味に於て佐渡郡出身の兵士をして精神上の慰安を与ふる為めに、佐渡出身の軍人を集め佐渡中隊を編成」（佐渡行軍記一）して行われたとされている。この記述から第一に注目すべきは「佐渡中隊」である。具体的には「須賀田大尉之れを率ゐ越次中尉、畠山、本間二少尉之に属し将校以下二百五十名」と、中隊を指揮する将校以下ほぼ全員佐渡出身の将兵により編成され、これに連隊長以下の連隊本部が同行する、という形をとった（七月四日付「佐渡中隊編成」）。つまり「佐渡中隊」はこの行軍のためだけに編成された部隊であり、今後この編成で実際に戦闘を行う可能性は低い。演習の内容をみても、各地で行った小隊演習などは衛戍地周辺の演習施設でも日常的に行われるもので、改めて佐渡で行う必然性は低い。八日に春日崎で行われた演習は、「一の外国軍が、佐渡を占領して作戦の基地を造らんが為めに春日崎に上陸し、断崖を攀じ相川に突入せんとするに当り、防禦軍は其東北方の高地に拠り之と対抗するもの」（佐渡行軍記二）と、具体的に外国軍（ロシア？）の佐渡侵攻を想定したものであるが、日露戦後の日本陸軍は大陸攻勢戦略を採用していることや、春日崎や相川の地形が外国軍の上陸・占領の対象となると想定するには不自然と思われることから、相川周辺での演習ありきで想定がつくられたと思われる。

第二に注目したいのは、演習の目的として、「佐渡郡の尚武心を振起作興する」と、明らかに地域住民を意識した項目が挙げられていることである。その証拠に、七月九日に金沢村で行われた小隊演習は、「一小隊は同村高等小学校庭に於て同地附近の人々の為めに演習を行ひたり」（佐渡行軍記三）と、近隣住民へのデモンストレーションとして行われたとされている。また、七月六日に行われた小隊教練でも「須賀田大尉は附近に溢るゝ観覧者に向ひ、此兵士は皆是れ佐渡出身にて其将校も亦佐渡出身の越次中尉なれば、其間多大の趣味あるべし、との一場の注意を与へ」（佐渡行軍記一）と、明らかに見学者へ「佐渡中隊」の特徴を解説する演出が加えられている。これらの点からみて、佐渡行軍の目的は軍事的演練というより、むしろ連隊による住民教化の性格が強いものだったと考えられる。

図1　岩船行軍関連地図（陸軍参謀本部陸地測量部作成「村上（20万分の1）」国立国会図書館所蔵，YG1-Z-20.0-46より作成）

佐渡でこのような行軍演習を実施した背景としては、佐渡郡が日露戦後新たに新発田連隊区に編入され、島民に一六連隊を「郷土部隊」として認知させる必要があったと考えられる[6]。また、そもそも佐渡島民の軍隊との接点は徴兵検査が主であり、軍隊を身近に実感する機会が乏しいことから、軍隊の実像を間近にみることで、連隊への理解を深めることが期待されたと考えられる。前述の演習想定は、「佐渡を防衛する佐渡中隊」という「郷土部隊」イメージを喚起するためのものだったのだろう。

岩船行軍の場合、人馬の構成は「連隊人員及び馬匹数は総人員一千二百七十二人馬匹十頭」（八月十五日付「村上の新発田連隊各中隊事務所」）と、通常の連隊編制で行われた。その目的については、「今回の行軍は、実は岩船郡の地が北陬に偏して、未だ軍隊の組織及び軍旗の尊厳等を知るに由なかりしを思ひ、連隊にて特に此事を決行するに至」（岩船行軍記一）ったと、軍隊についての知識、特に「軍旗の尊厳」の普及が語られている。岩船郡は佐渡に比べれば新発田に近接した地域であるが、連隊側の認識では、同郡は連隊の影響力の及ばない地域であり、一六連隊が十分には「郷土部隊」たりえていなかったことになる。このことから、岩船行軍についても、演習を通じた地域住民への教育が目的とされていたことがわかる。

また、岩船行軍の構成は、前半が砂浜での戦闘演習、中盤が岩船郡北部の山岳地帯から海岸沿いに延びる断崖絶壁の難所「笹川流れ」を踏破する行軍訓練、後半は村上から新発田までの行軍演習であった。ここで問題となるのが実施地域である。中盤における行軍地域は山岳地帯であり、「笹川流れ」などは地元住民でも通行困難な難所である。その結果、具体的な戦闘演習は前半に砂浜で済ませ、「村上以北は道路険悪なるに依り、軍隊は軽装を以て行軍を続行」（岩船行軍記二）し、「海府の桟道にかゝってからは中隊行軍に変更」（岩船行軍記余録）された（図1）。このように村上以北への行軍は連隊行軍演習としてはかなり変則的な形式で実施されており、教育上の効果については疑問である。少なくとも村上以北への行軍は、連隊行動の演練よりも、行軍にともなって行われた種々の行事（後述）を通じた地域へのアピールに重点が置かれていたと考えるべきであろう。

以上のように、佐渡・岩船の二度の行軍演習は、明らかに軍事的演練以外の目的、すなわち地域社会へのアピールを目的として行われたものであった。

二　行軍演習における住民教化の諸相

1　教育・宣伝としての行軍演習

本章では、演習の具体的な内容を検討する。まず佐渡行軍の場合、前述のように「佐渡郡の尚武心を振起作興する」ことが目的であったが、そのために多用されたのが軍事講話であった。佐渡行軍中の軍事講話は全九回、講師をつとめた将校は一二名以上にのぼった（表4参照）。佐渡行軍記は軍事講話の利用について、「尚武心を振作せしむる方法に至つては、同郡有識者と軍隊と協議し軍事講話を開催すべきことに決し」（佐渡行軍記余録三）、事前に地元関係者（郡役所や地元在郷軍人団体であろう）と協議して決定したとしている。講話の内容について具体的にわかる七月九日の河原田中学校での講話会では、まず中学生を相手に「土作又は銃の侵徹力を試験し、終て体操場に於て銃剣術及剣術を行」った。続く軍事講話会の内容は、①「同校出身の本間中尉及畠山中尉（ママ）は、軍人の手引学とも云ふべき事（ママ）項に付き、佐渡郡出身には現役将校として僅かに三名に過ぎざる状況を述べて軍事思想を喚起」、②「末松大尉は、前哨より説き起して黒江台（ママ）の戦闘に及び、結局軍隊精神の強固と云ふ事に付き口を極めて説き放ち」、③「最後に水嶋連隊長は、国力なる題下に自然力と人身の区別を挙げ、延ひて武力に及び能く其の趣旨を敷衍」する、という内容であった（以上、佐渡行軍記三）。前節で指摘したように、佐渡行軍では佐渡出身者を前面に押し出す演出がなされており、ここでも地元出身将校が重要な役割を果たしている。(7)

また、佐渡行軍で注目されるのは、七月七日に長石ケ浜で行われた、中学生との対抗演習である。大まかな想定は、塹壕を設置してそれを中学生（学校名・学年不詳）に守らせ、中隊が攻撃軍となって塹壕線突破を図る、というものであった。また、その後には中学生の閲兵式と「軍隊中学生並に廿五ヶ高等小学生連合の分列式」が行われた。軍事演習に加えて分列式や連隊長の閲兵・講評といった臨場感に満ちた軍事的儀式は、学生の「尚武心を振起作興」するうえで重要な経験となっただろう。なお、行軍記では某将校の談話として、この分列式を「迚ても他の郡市に於て観ることの出来ぬもので、確かに一種の壮観であつた。又た中小学生にして斯くまで軍団乎として能く整頓し居らうとは思はなかつた」と伝えるなど、学生たちの軍事思想鼓舞に努めている（以上、佐渡行軍記二）。

岩船行軍の場合、前述のように「軍隊の組織及び軍旗の尊厳等」の周知徹底がその目的であった。周知のように軍旗（連隊旗）は天皇から各連隊に親授され、天皇の分身として戦場においても死守することが求められた存在である。また、軍旗はこの時期には「軍旗は已に何人も知るが如く、幾多の戦闘に参加しその体形僅かに存し」（岩船行軍記三）と、中央の布地が欠けて周囲の房だけが残った姿をしており、連隊の栄光ある戦歴を象徴する存在でもあった。(8)このような存在であった軍旗に対しては、軍人だけでなく「地方人」（民間人）も然るべき敬礼をすることが義務づけられていたが、岩船郡への行軍が郡民に対して軍旗の意義を教育する場とされたのである。軍隊や軍旗を目の当たりにし、敬礼をするという「視覚的支配」の経験を積むことで、軍隊・軍旗への敬意を醸成することが期待されていた。実際、岩船郡では「特に感ずべきは、沿道の歓迎者が何れも軍旗に対して敬礼を失せざる事にて、こは元より軍事思想の発達し居るが為めなるべけれど、或は夫れ在郷軍人諸氏の努力に依るものにはあらざるなきか」（岩船行軍記三）と、在郷軍人による予習教育が行われ、表面上軍旗に対する敬意は確保されていたようである。

2　遺族・「癈兵」対策

次に、より具体的な目的として、戦死者遺族や「癈兵」（傷病兵をさす史料文言。以下本書では括弧を省略）に対する水島辰男連隊長の慰問が挙げられる。佐渡行軍の場合は二ヵ所、いずれも七月六日に両津町と新穂村の根本寺で遺族を慰問した（表4参照）。岩船行軍の場合、八月十四日に平林村と岩船町の遺族を、十六日には北中で、十八日には上下海府両村の遺族を慰問している（表5参照）。いずれも岩船郡内であり、同郡への行軍の大きな目的が遺族慰問にあったことが察せられる。また、行軍記中で岩船郡長が「連隊長殿には、沿道の宿舎其他に於て軍人の遺族並に癈兵を引見し」（岩船行軍記七）と発言しており、癈兵も慰問の対象であったとみられる。

これらの慰問の際、連隊長は毎回遺族に対し慰藉の言葉を述べ、その内容を佐渡行軍記が次のように伝えている。

死は元より悲しむべく故に軽ずべからず、然れども或る場合に於ては、鴻毛の軽に比せざるべからざるときあり、乃ち君国の為めに生命を捧げ遂に敵弾に斃れたるものゝ如きは、所謂死所を得たるものにて　畏くも天皇陛下は、是等のものを靖国神社に於て神として祀り遊ばさるゝが、斯くてこそ死して余栄ありと云ふべきなり、去りながら之を家庭の上より云へば、各位の中には、たよるべき一人の悴を失ひしもの、又は遺れがたみの愛児を抱きて当時を偲ばるゝものあるべし、然れども日清又は日露の戦役に於て未曽有の勝利を得たるものは固より稜威によるべしと雖も、又た戦死者の覚悟与つて力あるものと云はざるべからず、各位も之を思はゞ願くは之を諦らめ、唯だ各位は身体を大切に保養せられんことを望む（佐渡行軍記余録一）

ここに示されているように、水島連隊長の慰霊の論理は、戦死者は戦勝に貢献して天皇のために死んだ「英霊」であり、靖国神社で神として祀られている、というもので、各個人の戦死の意義を国家的文脈に位置づけているのが特徴である。これに対し行軍記の筆者は、「新穂の根本寺に於て遺族に向ひ慰藉されしとき、廿三四の婦人が感極り歔欷嗚咽」（佐渡行軍記余録一）するなど、連隊長の言葉が遺族に感動を与えたと評価している。

また、岩船行軍では遺族の希望に答える形で軍旗を「拝覧」させており、「遺族をして転た感泣せしむるの情」（岩船行軍記二）があったと伝えられている。佐渡行軍の場合にも、「連隊旗手中野少尉をして、其家庭を訪問し、若くは其墳墓に至り弔意を表せしめられた」（佐渡行軍記余録一）ということも行われており、靖国での天皇の祭祀や天皇の分身である連隊旗など、天皇の権威が遺族慰問で重要な役割を果たしていたことが確認できる。

このような戦死者遺族との対面行事が設定された背景には、日露戦後の町村における援護の惨状があったと考えられる。日露戦後の町村財政逼迫にともない、町村や民間団体の援護活動は全国的に停滞状況にあり、新潟県でも尚武会（在郷軍人を中心にした、徴兵家族等への軍事援護や軍事思想啓蒙を主な活動とする地域団体）の活動の停滞が問題化する[9]など、遺族・癈兵をとりまく環境には厳しいものがあった。彼らが援護体制全般や町村内での待遇に不満を抱くことは、兵役や戦争の正当性に対する異議申立てへと発展する可能性があり[10]、陸軍としても看過できるものではない。連隊長の慰問は、天皇の権威を背景に、遺族・癈兵の不満を和らげ、窮状を耐え忍ばせるための慰問だったのではないか。また町村においても、連隊長の慰問を契機として、遺族・癈兵に対し批判的言動を慎むよう有形無形の圧力として機能する可能性が高い[11]。さらに、遺族・癈兵への連隊の姿勢を新聞が広く全県に伝えることにより、他地域の遺族・癈兵への処遇に対する一定の影響も考慮する必要があろう。

3　兵卒と行軍演習

ここで演習に参加した兵卒にとっての行軍演習の意義と効果について触れておく。

「佐渡行軍」では前述の「尚武心」とならんで「兵士をして精神上の慰安を与ふる」という目的が提示されているが、一時的であれ出身地へ帰ることができ、郷土の人々の前で自分が軍務に励む姿をみせ、沿道町村から歓迎を受けることが、兵卒の士気高揚につながると考えられていたのではないだろうか。また、佐渡行軍で島内の戦没者慰霊施設（九日に参拝した金沢村の明治紀念堂と十日に参拝した両津町の偲巽堂）[12]へ参拝したのも、兵卒にとっては万一自分が戦死した場合、郷土の人々がどのように慰霊してくれるのかを実感する機会となっただろう。

4　地域諸団体の歓迎と新聞報道の影響

一方、一六連隊の行軍演習に対し、地域社会、特に地域の有力者層はどのように対応したのであろうか。本項では以下主に岩船行軍を事例に、行軍記と当時の村上町長沢渡朝憲の日誌[13]から沿道町村の歓迎内容を考察する。

まず、郡役所・町村役場の歓迎についてである。原則的に、歓迎設備の準備や周辺住民への説諭・根回しなど、種々の接待事務は郡役所・町村役場の兵事担当吏員の職務であったが、実際には郡書記の指揮のもと、町村役場を挙げて歓迎事務が行われた。例えば、八月二日条には、「町長・助役・主事書記ハ、兵員ノ宿舎依頼ノ為メ各戸へ行ク」とあり、兵事係の主事書記以外に町長・助役自らが宿舎（おそらく連隊本部や大隊本部などに充てられる名望家の家であろう）の依頼に奔走していたことがわかる。そして、連隊が村上に戻ってきた十八日の記述によると、町長・助役は町外れまで出迎えたのを手始めに、連隊が宿舎に入った後は、町長は連隊本部・大隊本部・中隊事務所、一般の役場員は各兵士の宿舎を訪問している。さらに行軍記によれば、他の町村でも郡長・町村長や警察署長など町村有力者が打ち揃って連隊を歓迎している。例えば岩船郡塩野町村では、「同地には小林岩船郡長、関井村上警察署長、富樫同村長、中山同郵便局長其他各団体小学校生徒及び有志者等歓送さる」(岩船行軍記四)といった光景が展開された。佐渡の場合も、行軍中一貫して郡長が部隊を案内している。

また、八月十二日・十四日に町当局は警察と協議しているが、これには演習地や宿舎の警備のほか、三面川渡河の際に警察が渡し船を調達する(岩船行軍記六)といった便宜供与も含まれるであろう。

以上のように、演習歓迎は町村兵事係だけの業務ではなく、町村長が先頭に立ち、地方行政組織を挙げて遂行されていた。当時村上町役場には正職員である書記が五名しかおらず[14]、兵事係は主事書記と雇員数名で業務を行っていたと考えられる。当然彼らだけで一個連隊の歓迎事務を遂行するのは不可能であろう。このように演習の前後に役場が演習事務に専念したことにより、町村の行政機能は事実上麻痺していたと考えられる。

演習歓迎にあたっては、町村単位で存在した各種の団体も、町村役場を補助しつつ歓迎事務に従事した。特に在郷軍人は、その軍事的知識をいかして演習歓迎事務を円滑に実施することが期待されていた[15]。前述のように当時の町村役場は演習歓迎を担うには小規模であったため、これら団体の活動は歓迎の成否を左右するものであった。行軍記によれば、各種団体の歓迎も熱烈を極めていた。沿道での歓迎に参加したのは、在郷軍人団体、尚武会、赤十字、愛国婦人会、消防組、各学校の生徒たちなどであった。彼らは町村内各戸に国旗を掲揚し、沿道で整列して連隊を歓迎した。このほか、将兵の水分補給用として麦湯(麦茶)を沿道に準備したり、「休憩所若くは宿営地には、必ず茶菓の饗応や麦酒ハンカチーフ乃至端書の寄贈」(佐渡行軍記余録一)、将校歓迎会の主催(佐渡行軍記二、相川町にて)など、さまざまな歓迎方法がとられた。また、前述のように在郷軍人の場合、軍旗への敬礼など演習歓迎の作法を町村住民に指導する役割を担っていたと考えられる。

これら団体と町村役場との関係について、村上町長日誌には、「在郷軍人全員ヲ招集シ、明十八日宿舎ノ宿案内ヲ依頼ス　但、細乃（野）会長ノ依頼ニ依リテ、町長ヨリ談示ヲ為ス」（八月十七日条）とあり、町村長が一定のイニシアティブを保持したうえで、町村役場と在郷軍人とが連携している様子がうかがえる。なお佐渡行軍では、佐渡への行き帰りで便宜を図った越佐汽船会社や、また行軍途中相川町での金山見学をお膳立てした金山の鉱山長など、民間企業も協力している。町村や地方団体による歓迎について、水島連隊長は「斯かる赤誠ある歓迎を受く、如何なる辞を以て之を謝せんか、唯其適当なる辞なきに苦しむ」（岩船行軍記九）と高い評価を与えている。

これらの演習歓迎事務と住民教化との関係を考えるうえで重要なのが新聞報道である。「はじめに」でも触れたが、「視覚的支配」による住民教化を実効あらしめるには、直接演習を見る人々だけでなく、メディアを通じて間接的に演習のイメージを共有させることが必要である。この点新聞は軍隊にとって有用なメディアであった。周知のように近代の新聞は、戦争により部数拡大が期待できるため、しばしば軍に迎合する傾向があった。また、番記者的取材方法の常として、記者個人が取材対象である軍と密着し[16]、時にはその代弁者となることもあった。行軍記の記述からも明らかに連隊寄りの姿勢が看取でき、『新潟新聞』の従軍記者「列外逸民」と連隊との間の親密な関係が存在したと考えられる。例えば、記者は従軍中、連隊や地元町村から宿舎の提供を受けており、連隊が露営中であっても彼だけは舎営であるなど、明らかな厚遇を受けていた（岩船行軍記二・五）。また、連隊将校が地元から宴会接待を受ける際には記者も必ず同席しており（佐渡行軍記二、岩船行軍記七など）、佐渡行軍の際に将校たちが金山見学に招かれた時にも同行、金山見学を満喫している（佐渡行軍記二）。なお「行軍記」からは、記者が日頃から新発田の連隊に出入りして将校たちと親密な関係を築いていたこともうかがえる（佐渡行軍記余録三）。

さらに記者は、岩船行軍記の末尾に「予等の為めに其煩激なるをも厭はず、出来得る限りの便宜と特別なる処遇を与へられしに至つては唯だ感謝の外なく、殊に設営の任務を帯びし連隊本部の石井、前田の両氏及小見伝令に対しては多大なる謝意を表す」（岩船行軍記九）との謝辞を記しており、演習報道をめぐつて記者と連隊が密着していたことは明らかである。

このような関係にあった従軍記者「列外逸民」は、記事を通じて連隊のスポークスマンとしての役割をも担っていた。例えば、佐渡行軍記で記者は、「軍隊の通過すべき場所には、処々に麦湯か若くは煮沸水の接待が欲しかつたが、是れは両津を出て両津に戻るまでの間に、僅かに沿道一二ヶ所に過ぎなかつた」（佐渡行軍記余録一）と、水分補給用の麦湯の有無について批判しているが、一ヵ月後の岩船行軍では、各町村にくまなく麦湯が設置され、場所によっては砂糖を混ぜる（岩船行軍記八）などの工夫が凝らされていたという。各町村の担当者が佐渡行軍の前例を研究した結果であろうが、おそらく『新潟新聞』の報道も影響を与えただろう。

さらに、一連の住民教化策が新聞報道を通じて県内に伝えられたことなども考え合わせると、演習における新聞報道は連隊にとって、地域住民に対して演習の意義・目的や歓迎内容の評価を伝え、理想的な演習歓迎のイメージを普及させるための重要な手段となっていたと考えられる。

三　地域社会の反応——「物質的待遇」問題を手がかりに——

では、以上のような住民教化策に対し、地域社会はどのように反応したのであろうか。これまでみてきた行軍記では、軍旗や遺族慰問などに対し地域住民が好印象を抱いていたとされているが、より深く地域社会の意識を探るため、本節では「物質的待遇」問題について検討する。

行軍記では、当該期の陸軍の方針に比して明らかに過剰と思われる歓迎ぶりが随所にみられる。陸軍では演習に際して、各町村や宿営先に対し、実戦の雰囲気作りや宿舎の負担軽減のため、飲食物の饗応や物品贈呈など、陸軍の用語でいう「物質的待遇」を控えるよう通達し、将兵にも過剰な接待を謝絶するよう指導していた。(17) また、歩兵第一六連隊が当時所属していた第一三師団は、翌一九〇九（明治四十二）年に管下の新潟・長野両県に対し、参謀長名で演習歓迎に関する注意を通牒しており、「該方官民ハ到処歓迎ノ意ヲ以テ食物又ハ物品等多々寄贈」しているが、「寄贈品其他饗宴等ノ義ハ将来弊害ヲ生スヘキ顧慮有之候ニ付キ将来ハ一切謝絶致度」いとの立場を表明しており、(18) 第一三師団管下では「物質的待遇」は公的には否定されるべき歓迎方法だった。この考え方は第一三師団に限ったことではなく、一六連隊が以前所属していた第二師団も、同年次のような方針を団下各隊に示達している。

一、演習地方ノ人民ハ従来金銭若クハ物品ヲ醵出シ又有福ノ舎主ハ独力ヲ以テ誠意ニ軍隊ヲ優遇スルノ傾向アリト雖トモ軍隊カ之レヲ受クルハ困苦欠乏ニ打克ノ精神ヲ養成スルノ道ニアラス且人民ノ負担ヲ軽減スル所以ニモアラサルヲ以テ其厚意ハ飽ク迄モ感謝セサルヘカラサルコトナレトモ物品ノ優遇ハ絶対的ニ謝絶シ決シテ一物ヲモ受クヘカラサルコト(19)

傍線部にあるように、「物質的待遇」は軍隊の忍耐力を衰えさせ、地方人民の負担を増加させる点で有害である、というのが陸軍指導層の一般的な認識であった。よって、佐渡・岩船両行軍における歓迎方法は、明らかに陸軍の方針に反していたのである。

それにもかかわらず、行軍演習に際して、明らかに「物質的待遇」としか考えられない歓迎が行われていたのである。例えば岩船行軍の途中、八月十八日に連隊が村上に入った際には、以下に引用したような盛大な歓迎を受けた。

傍線部に連隊の困惑がみてとれる。

村上に入れば其繁闌更に一層にして、市中は戸毎に国旗を掲ぐるの外、一般に左側より右へ右側より左へ、檐より檐と千鳥懸けに糸を引き、之れに小旗を吊し、又た檐先きには桜花を挿むなど装飾怠りなく、軍隊は恰も旗と花の隧道を行くが如く、一旦村上小学校に小憩し、後ち夫々予定の宿舎に分配されたが、其の舎主の待遇は何れも懇切を極め、一行の特に感謝する処なるのみならず、寧ろ気の毒千万の上に堪へざるものあり（岩船行軍記七）

佐渡行軍でも、七月七日に河原田で行われた郡主催の園遊会は、「引続き模擬店の開始に至ては、赤前垂の斡旋何地も同じ春の曙で、各自十二分の歓を尽し」（佐渡行軍記二）と、祝祭的な雰囲気に満ち溢れたものであった。前述のように、通常の行軍演習では演習部隊側が質素な歓迎を求めるため、せいぜい各種団体や学校生徒が沿道に整列して歓迎する程度である。一六連隊はこの時期新潟市で何度も行軍演習を行っているが、このような反応は『新潟新聞』の報道をみる限りでは確認できない。

また、前述した「休憩所若くは宿営地には、必ず茶菓の饗応や麦酒ハンカチーフ乃至端書の寄贈」（佐渡行軍記余録一）や各種の歓迎会についても、ほとんどが「物質的待遇」に該当し、本来であれば演習部隊は謝絶すべきものであった。特に村上で行われた慰労会では、冒頭こそ地域有力者と連隊長の殊勝な挨拶で始まったものの、その後は「盃盤の間将校の勇ましき軍歌等あり、最後に芸妓の手踊を見て歓を極め」（八月二十一日付「第十六連隊将校歓迎会」）と、内実は「芸者遊び」にほかならなかった。しかし、連隊幹部がこれらの歓迎を謝絶する姿勢を示した形跡はみられない。

熱烈な歓迎は時に行き過ぎることがあり、演習の本旨である将兵の演練に支障を来たす場面もみられた。例えば上海府・下海府の両村は、「数日を費し人夫を使役して、荊棘を抜き凹所を埋め、剰さへ岩角にして極めて歩行の困難なる処は、土俵を置いて交通に便ならしむる」と、難所を通行しやすく補修してしまった。これに対し「水嶋連隊長が口を極めて屢々繰り返し感謝の意を表せるも、決して溢美にあらざるべきを信ず」(以上、岩船行軍記五)と、連隊長や記者が感謝・賞賛してはいるが、難所を行軍する演練の機会を逸している点で両村の行為は演習歓迎としては明らかに過剰であり、演習の妨げとなっているという見方すらできよう。

このように、佐渡郡・岩船郡の各町村は陸軍の意嚮を無視する形で、明らかに過剰な歓迎を行っていた。これまでみてきたように、演習歓迎はその内容・時間等重い負担を地域に強いるものであるが、町村が自発的に「物質的待遇」を行っていることからすると、町村当局や各団体(可能性としては一般住民の一部も)は、実際には負担と感じることなく、むしろ積極的に一六連隊を歓迎していたのではないかと思われる[20]。

では、なぜ各町村は積極的に連隊を歓迎したのか。兵事係や在郷軍人による動員という側面を重視する必要があることはいうまでもないが、「物質的待遇」をも説明するのは困難である。ただし、「物質的待遇」の構造と問題点については本書第一部第三章で詳述するため、ここでは本章の事例に即した理解を示しておこう。史料的制約から実証的な説明は困難だが、以下筆者なりの仮説を立ててみることにする。

まず一般地域住民や各団体員の場合、あまり演習を経験していないことからくる物珍しさや、回数が重なる結果としての負担感から無縁であったことに加え、佐渡郡や岩船郡は衛戍地ではないため日露戦争の凱旋部隊に対する地域を挙げての歓迎行事を行えず、その代替として演習をとらえ、戦勝に対する祝意を改めて表現した結果、行軍演習での「物質的待遇」となって現われたのではないだろうか。

次に郡役所や町村役場、あるいは地域有力者層の場合、当時の町村財政から考えて、単に祝勝気分だけで過剰な歓迎行事や「物質的待遇」を行ったとは考えにくく、どうやら行軍演習に対し地域の精神的秩序維持への貢献を期待していた節がある。地域有力者主催の園遊会や慰労会の席上での佐渡・岩船両郡の郡長の挨拶をみると、一六連隊が行軍を実施したことに感謝し、それが郡内において「尚武心の発揮」をもたらすと述べている。まず岩船郡長は軍旗を間近で実見したことの意義を高く評価し、それが最終的には「他日発して尚武心の発揮となり、凝りては忠君愛国の血液となる」（岩船行軍記七）ことを期待するとしている。佐渡郡長の場合「行軍に際し種々なる希望を提議し、而かも軍隊としては万般の支障を繰り合はせ、悉く其希望を容れて本郡民をして満足せしめられた」（佐渡行軍記余録一）と述べている。これは前章で指摘した軍事講話会の実施過程を示すと考えられるが、講話会が地元との協議のうえ実施されていること、それに対し地域有力者層が感謝の意を表していることなどは、彼らも連隊当局同様「佐渡郡の尚武心を振起作興する」ことに重要な意義を見出していたことを示している。このように、一連の住民教化策について、地域有力者層もその意義を高く評価していたことがうかがえる。

また、岩船郡長は「連隊長殿には、沿道の宿舎其他に於て軍人の遺族並に癈兵を引見し、其当時の状況現在の生活状態等を聴取し、親しく慰藉せられたるの一事は、彼等遺族癈兵をして殆ど平生の苦痛を忘れ、感奮措く能はざらしめたるを見る」（岩船行軍記七）と、遺族・癈兵問題への取り組みについても評価している。前述のように遺族・癈兵の救護は町村や尚武会に任されており、しかも財政難の折、有効な救護を実施することは困難であった。地域有力者は救護問題の一方の当事者であり、遺族・癈兵の不満が直接向けられる対象である。彼らの不満が蓄積して町村に批判が向けられ、町村内の調和が乱れるのを防止するためには、水島連隊長の慰問のように、救護の限界を補完する方策が必要とされていたのであろう。

筆者は、以上のような一連の意識の現われが前述の過剰な歓迎であり、それが場合によっては演習の本旨を逸脱したのだと考える。また地域の反応のなかで、軍旗や遺族・癈兵問題などに対して好意的な感想が地域有力者から発せられたことは、教化策がある程度地域側にアピールするものであり、地域のなかに連隊と価値観を共有する人々が存在したことを確認することができるのである。

おわりに

以上のように、歩兵第一六連隊は行軍演習を通じてさまざまな住民教化策を展開し、結果として地域との間に一定の軍隊イメージや価値観を共有することに成功した。最後に論点を整理しておこう。

第一に、行軍演習が軍隊の存在意義を住民に教化する場として設定され、時に軍事的意義を度外視することすらあったということである。本章で明らかにしたように、行軍演習には実に多様な意図が織り込まれており、地域社会との間に軍隊への支持をめぐる「視覚的支配」関係を構築することが目指されていたといえるだろう。また、演習地以外の地域に対しても、新聞報道が間接的に体験を伝達する機能を果たしており、これらが相俟って連隊の住民教化策が形作られていたと考えられるのである。

第二に、行軍演習に対して発揮された地域の過剰なまでの積極性についてである。先に触れたように、従来の「軍隊と地域」研究では、軍事演習が地域にとって大きな負担だった側面を指摘するものが多く、地域側の積極的支持に関する言及があまりみられない。これに対し本章で明らかにした演習歓迎の積極性と、その背後にある、軍隊に地域独自の論理から期待をかける意識は、戦時における戦争熱と並んで、民衆の戦争・軍隊認識や戦争責任を考えるうえで重要な示唆を与えるのではないだろうか。

註

（1）本書序章で整理した「軍隊と地域」研究では、演習に関する断片的言及はあるものの、個々の小規模演習の内実に踏み込んだ分析はほとんど行われていない。また、言及される場合、地域の「負担」の側面に関心が向きがちである。

（2）原武史『可視化された帝国―近代日本の行幸啓―』（みすず書房、二〇〇一年）。ただし、「視覚的支配」の援用にあたっては、新聞メディアなど他の「国民化」の装置との関係や相乗効果についても十分な検討が必要であろう。この点については、古川隆久「原武史著『可視化された帝国』を読む」（『図書新聞』二五五五、二〇〇一年）を参照。

（3）当該期の地方での新聞購読者は、住民全体の三〇～四〇％（うち定期購読は全体の五～一〇％）、属性としては地域の名望家層や中小の自営業・地主層であったとの事例分析が存在する（有山輝雄『近代日本のメディアと地域社会』吉川弘文館、二〇〇九年、第一章）。地域特性が異なる新潟県にそのまま当てはめることはできないが、行軍記の読者すなわち記事が直接影響する階層を推定する手がかりにはなるだろう。

（4）歩兵第一六連隊は、一八八四年編制、一九〇五年に第二師団隷下から第一三師団隷下に移る。衛戍地は新発田。一九〇八年当時の連隊区は、新潟市・岩船郡・北蒲原郡・西蒲原郡・東蒲原郡・佐渡郡であった。連隊区については、防衛庁防衛研修所戦史部『戦史叢書　陸軍軍戦備』（朝雲新聞社、一九七九年）付表第二その二、陸軍管区表を参照。

（5）『新潟新聞』（新潟県立文書館所蔵マイクロフィルム）の註記は、行軍記の場合、本文中に（佐渡行軍記一）のように表記し、他の記事についても、日付とタイトルを括弧に入れた。また、原史料に付されている傍点「〇」は、煩雑になるため省略した。

（6）前掲註（4）『戦史叢書　陸軍軍戦備』附表第一・第二参照。

（7）本章の初出論文では、日本陸軍では将校の部隊配属に際して、原則として出身地は考慮されないため、本間・畠山の両名は偶然一六連隊に所属していたことになるとしたが、その後、大江洋代『明治期日本の陸軍』（東京大学出版会、二〇一八年）二九二～二九八頁において、将校の配属に出身地（本籍地）が考慮されていた可能性が指摘された。大江の指摘が正しいとすると、本間・畠山の配属や「佐渡中隊」への同行は、こうした人事慣行の延長線上に理解できるだろう。

（8）軍旗の意義と兵営内での軍旗教育については、一ノ瀬俊也『近代日本の徴兵制と社会』（吉川弘文館、二〇〇四年）二九～三〇頁を参照。

（9）同右書、一二一～一二六頁。

(10) 日露戦後、援護体制への不満が士気低下につながるとして、国費救護や兵役税が主張されるようになった（同右書、第三章を参照）。
(11) 明治・大正期の町村では、国費救護に対して、共同体の名誉を優先して申請を拒否ないし抑制する傾向があった（郡司淳「軍事救護法の受容をめぐる軍と兵士」『歴史人類』二五、一九九七年を参照）。また、対象時期は異なるが、一ノ瀬俊也『銃後の社会史』（吉川弘文館、二〇〇五年）が、遺族に村する共同体の圧力について論じている。
(12) 明治紀念堂は一八九六年に得勝寺住職の本荘了寛が日清戦争の戦没者を慰霊するために建立したもので、その後日露戦争以降の戦没者も祀られるようになった（本康宏史『軍都の慰霊空間』吉川弘文館、二〇〇二年、二九七〜二九八頁を参照）。偲巽堂は一九〇八年五月に、安照寺住職野口亮俊が、日露戦争の勝利を記念して建立したもので、日清・日露戦争の「英霊」一五一柱を奉祀したものである（『両津市誌』下巻、両津市役所、一九八九年、一八七頁を参照）。
(13) 『村上市史』資料編六・近現代三（村上市、一九九〇年）および『村上市史』資料編七・近現代四（村上市、一九九一年）に所収。村上町は現在の村上市の中心部、旧村上藩の城下町のうち、町人地にあたる一九町がまとまってできた自治体で、旧武家地の村上本町とあわせて村上の市街地を形成していた。沢渡の日誌は一九〇三・〇四・〇七・〇八・一一・一二・一四年分が残っており、すべて資料編に収録されている。以下、本章での引用に際しては、日付のみ記載した。
(14) 『村上市史』通史編三・近代（村上市、一九九九年）二二三頁の表を参照。
(15) 日露戦後期における在郷軍人・団体の動向については、藤井忠俊『在郷軍人会』（岩波書店、二〇〇九年）や大西比呂志による一連の研究を参照（大西比呂志「成立期帝国在郷軍人会と陸軍」『早稲田政治公法研究』一一、一九八二年、同「陸軍国民統合政策の地方的展開」『早稲田政治公法研究』一二、一九八三年）。特に演習事務における在郷軍人の役割については、大西比呂志「陸軍国民統合政策の地方的展開」（『早稲田政治公法研究』一二、一九八三年）一二三〜一二九頁に詳しい。
(16) 近代の新開報道のあり方、特に「親軍記者」の存在については、佐々木隆『日本の近代一四　メディアと権力』（中央公論新社、一九九九年）を参照。
(17) 詳細は本書第一部第三章。
(18) 「軍第六号　軍隊ノ地方官民ニ対スル件」（JACAR Ref. C06084900〜C06084092 00『明治四十二年乾　弐大日記十二月』防衛省防衛研究所戦史研究センター）。この史料の詳細については、本書第一部第三章を参照。

(19) 同右史料。

(20) 本章の行軍演習の数年前に一六連隊の大隊が村上への行軍演習を行った際には、町側が清酒一石の寄贈を申し出て大隊側に謝絶される、というトラブルも起こっている(村上町長日誌、一九〇三年八月十八・十九日条)。岩船郡が特に歓迎が過剰となる傾向にあったという事情も考慮する必要はあろう。

(21) 本書第一部第四章を参照。

第三章　演習部隊を「歓迎」する地域社会

――「物質的待遇」をめぐって――

はじめに

本章では、前章でも扱った陸軍の軍事演習に対する地域社会の「歓迎」について、陸軍が毎年行っていた秋季演習を事例に考察する。

前章で、演習を迎える地域社会が、重い負担を強いられるにもかかわらず、演習部隊を過剰に「歓迎」した事例を紹介した。実にこうした傾向は、全国的に問題となっていたのである。

「軍隊と地域」研究のうち、「軍都」の形成や「連隊存置運動」を扱った研究では、主に経済的理由で軍隊の駐屯を「歓迎」する「民意」の存在が指摘されている(1)。これに対し、軍事演習に関する言及では、「歓迎」の文脈で論じるものは本書に収録した著者の論考を除くとほとんどみられない。しかし、本章でみるように全国で「歓迎」の現象が存在し、しかもその過剰さが問題になっていたことは、軍隊への「歓迎」が「軍都」の論点にとどまらないものであることを示している。

次に、本章の対象となる時期と題材を説明する。まず対象となる時期であるが、主に一九〇〇～一〇年代である。この時期は、以下の点において、軍隊と地域の関係が陸軍にとって重要な課題となっている時期であった。①日露戦争の大動員を経験した陸軍が、「良兵良民主義」を高唱して帝国在郷軍人会の組織化を進めるなど、民衆の軍隊観に強い関心を抱いていた時期である。②戦中・戦後の軍拡により、常設師団が一三から一九に増加したため、軍隊と地域の接点が増加し、両者の思惑の違いが対立を招く可能性が増大した（表6）。

表6　日露戦後の全国師団・連隊所在一覧

師団番号	所在地	連隊所在地	師団番号	所在地	連隊所在地
近　衛	東　京	東京 習志野（騎兵） **千葉（鉄道）**	第　10	姫　路	姫路 鳥取 福知山
第　1	東　京	東京 **甲府** 佐倉 国府台（砲兵） **下志津（砲兵）**	第　11	善通寺	善通寺 丸亀 **徳島** 高知
第　2	仙　台	仙台 **若松** 山形	第　12	小　倉	小倉 **大分** 福岡
第　3	名古屋	名古屋 **岐阜** **津**	**第　13**	**高　田**	**高田** 新発田 村松 **松本** **小千谷（工兵）**
第　4	大　阪	大阪 **篠山** **和歌山** 高槻（工兵）	**第　14**	**宇都宮**	**宇都宮** **水戸** 高崎
第　5	広　島	広島 松山 山口	**第　15**	**豊　橋**	豊橋 静岡 **浜松** **豊橋（騎兵）**
第　6	熊　本	熊本 鹿児島 **都城**	**第　16**	**京　都**	京都 大津 敦賀 **奈良**
第　7	旭　川	旭川 札幌	**第　17**	**岡　山**	**岡山** **福山** 浜田 **松江**
第　8	弘　前	弘前 青森 秋田 **盛岡（騎兵）**	**第　18**	**久留米**	久留米 大村 **佐賀**
第　9	金　沢	金沢 鯖江 **富山**			

（典拠）『戦史叢書　陸軍軍戦備』（朝雲新聞社，1979年）ならびに松下孝昭『軍隊を誘致せよ』（吉川弘文館，2013年）より作成．

（註）太字は日露戦後に新設された部隊，新設師団隷下の細字の部隊は他師団からの転属．

次に、題材となるのは秋季機動演習である。後述するように、秋季機動演習は私有地を含む広大な演習地を使用し、動員規模も大きいため、軍隊と地域社会の関係性を考えるうえで重要な演習であるといえる。にもかかわらず、これまでの「軍隊と地域」研究では断片的な言及にとどまっている。ただし、特別大演習は天皇が統監するため史料や地域の記憶が残りやすく、研究も筆者の論考を含め一定数存在する[2]が、それらは必ずしも一連の秋季機動演習全体を視野に入れた研究ではない。

そこで本章では、演習「歓迎」をめぐる軍と地域との認識のズレという観点から秋季機動演習のこれまで明らかになっていなかった実態を明らかにするとともに、一九〇〇〜一〇年代における「軍隊と地域」の関係性の一端を、機動演習の事例を通じて検討することを課題としたい。

一　軍事演習を「歓迎」する

1　軍事演習の分類と概要

一口に日本陸軍の軍事演習といっても、その種類はさまざまである。本章が対象とする時期については、各種典範令の規定により以下のように分類することができる。

①通年で実施されていた小規模演習として、歩兵・砲兵・騎兵などの行軍演習、常設の射撃場を利用しての小銃や野砲などの射撃演習、架橋や塹壕掘削など工兵部隊の作業演習などが挙げられる。

②大規模演習（秋季演習）として、連隊・師団を単位とした会戦の演練である秋季機動演習が行われた。また、秋季機動演習のうち特別大演習は、参加部隊の規模等で秋季機動演習を大規模にしたものであるが、天皇や文武の

大官が臨席し、行幸などの各種行事が付随しているのが最大の特徴である。[3]

以上のうち、本章が対象にするのは②の秋季機動演習である。そこで、当該期の秋季機動演習の概要をより詳しくみてみよう。[4]

秋季機動演習は、例年十月から十一月にかけて行う、連隊以上の大部隊の機動力を演練する演習である。教育年度の締めくくりとして行われ、一年間の軍隊教育の成果を発揮するものとされた。小規模演習と異なり、「野外要務令（第二部）」「秋季演習令」など独立した典範令で演習の種別や内容、実施方法などを規定していた。

当該期の機動演習は、大きく三種類に分類できる。まず旅団演習は、一個歩兵旅団隷下の二個歩兵連隊を中心とした対抗演習と、旅団全体で行う仮設敵との対抗演習とのワンセットであり、一個師団につき二組の旅団演習が実施される。次に師団演習は、一個師団隷下の二個歩兵旅団を中心とした対抗演習と、師団全体で行う仮設敵との対抗演習とのワンセットである。以上二種の演習を続けて実施することが通例であり、史料上で「秋季機動演習」といえばこの一連の演習を指す場合が多い。

これらとは別に実施される機動演習として、特別大演習があった。この演習は、天皇が統監（実際には参謀総長が代行）し、演習実施地域の近隣二〜四個師団が参加する対抗演習である。毎年演習地を移動するのが通例であり、東日本と西日本で隔年交代となることが多い。[5]

なお、典範令の規定上は機動演習に属さないものの、秋季演習の一環として歩兵以外の特科兵を集めて実施される「特別演習」が規定されていた。[6]またこの時期、典範令上の規定はないものの、特別大演習と同じ十月から十一月に、大演習に参加しない二個師団による対抗演習も臨時に実施されていた。[7]

さて、秋季機動演習には、日本陸軍をめぐる歴史的条件や体質を反映した特徴が存在する。第一に、秋季機動演習は大規模な会戦の演練という性格上、小規模演習（特に実弾射撃演習）とは異なり、広大な私有地（主に農地）を演習地として使用していた。第二に、機動演習の想定や構成に関しては、ドイツ式の機動や包囲殲滅を重視した戦略・戦術観を前提とし、日清・日露戦争や日露戦争後の日露再戦など、当該期の陸軍が仮想敵としていた中国やロシアとの戦闘を念頭に、中国東北部やロシア極東での大会戦を想定した演習計画が立てられていた。第三に、上記の特徴とは裏腹に、実際に演習が実施される日本国内の地形は狭隘な平野や輻輳する河川、湿田も少なくない農地など、想定戦場の広大かつ平坦な平野とは大きく異なっていた。その結果、演習計画と実際の地形とが必ずしも一致しないという事態が頻発していた。[8]

2　地域社会に課された「歓迎」

秋季機動演習を迎える地域社会には、実に多岐にわたる事務作業が軍や行政から課された。これらについてはすでに先行研究で詳細な紹介があるので、ここでは概要のみを示す。[9]まず事前準備として、演習地全体の清掃や衛生管理、道路・橋梁の修繕、宿舎の手配や清掃、食料調達などがある。次に、演習期間中の業務として、演習地周辺の警備（特に見物人の警戒）、沿道での湯茶の配給、宿舎での接待等がある。このように、地域社会に課された業務は実に繁雑かつ多様であり、人的にも金銭的にも負担が大きいものであった。特に特別大演習の場合は、天皇が臨席するため衛生や治安維持などの業務遂行には格段の厳格さが求められた。

かかる負担を地域住民に甘受させるため、秋季演習に限らず陸軍の演習では、これらの「歓迎」行為を正当化するさまざまなイデオロギー装置や動員組織を機能させていた。まず、本籍地主義と郷土部隊意識である。そもそも陸軍の部隊は、衛戍する地域を本籍地とする兵卒が入隊しているため、「郷土部隊」であるとされた。[10]そうした思想のもとでは、「郷土部隊」の兵卒たちは地域共同体から送出された「身内」「同朋」とみなされ、彼等を歓迎し慰労するという仲間意識をベースとして演習「歓迎」への意欲を引き出す工夫がこらされた[11]。また、当該期には日清戦争や日露戦争を通じて確立した陸軍の国民動員システムが存在していた。日露戦後には、帝国在郷軍人会（全国組織）や愛国婦人会が定着し、地域住民を行政ルート以外でも動員することが可能になっていた[12]。

他方、地域社会側にも「歓迎」事務を受け入れる要因が存在した。まず、地域行政や名望家の地域統合欲求である。軍事演習への動員を通じて、町村の行政当局や地域有力者が地域住民を町村に統合しようとする欲求が存在したと推測される[13]。実際に各種事務を担う地域住民の場合、後述する積極的理由以外に、「歓迎」事務を受容する消極的理由が存在した。それは、「歓迎」が行き届かず、将兵から不平不満や強要・脅迫、場合によっては暴力を受けることへの危機感・恐怖感であった。以下はその点に注意を促す陸軍将校の講演録の一節である。

> 近来下士以下ハ非常ニ温良トナリ十分ナル待遇カ出来ナクトモ甘ンシテ居リマスカ将校ニ至ルト存外ソウハ行カス①酒テモ出ササルトキハ不機嫌ナル者カアリマス中ニハ始メノ内ハ酒ハ自分テ求ムルカラ心配ニ及ハスト大ニ都合カ宜イ然レトモ漸次酔ヒカ廻ルト遂ニ主人ニ持テ来イトカ夫モ可ナリトシテ夜カ遅クナル相手カナクナルト主人ヲ呼テ来レトカ云フ様ナ人モアツテ困ルト云フコトヲ耳ニスルコトカナイテモナイノテアリマス此ノ如キコトカ若シアツタトスレハ固ヨリ特種ノ一二ニ過キナイテセウカ余リ聞キ心地ノ宜シキコトテアリマセン②又中ニハ馳走ヲスルニ不及ト云ヘハ反テ馳走セヨトノ謎ノ如ク解スル所モアルノテアリマス誠ニ困ツタコトテアリマス乍去此ノ如キ事ハ各其ノ人ノ精神ヨリ出ツルコト故ニ無下ニ謝絶シテ感情ヲ害スルコトモアリ故ニ此ノ事ハ頗ル六箇敷コトテアリマス要スルニ彼我能ク意志カ疎通シテノ上ナレハ間違ハ起ラナイノテアリマス（以下略[14]）

傍線部にあるように、演習参加将兵が酒食の饗応を強要したり（傍線部①）、場合によっては舎主の側が疑心暗鬼となり過度の饗応を準備したり（傍線部②）してしまう実態がある、と陸軍当局者に認識されていたのである。こうした状況が「歓迎」に従事する地域住民にとって大きな精神的負担であったことは明らかであろう。

二　演習「歓迎」をめぐる陸軍の認識と対応

1　物質的待遇と精神的待遇

前節でみたように、本来演習の「歓迎」は軍や行政などから課される義務的なものであり、しかも将兵からの強要の圧力にもさらされていた。かかる状況下であれば、常識的に考えれば地域住民はそれらを受動的・機械的に実施していたとイメージしがちである。ところが、一九〇〇～一〇年代の地域社会では、義務を超えた「自発的」[15]かつ過剰な「歓迎」が行われていた。しかも、陸軍内ではそうした「歓迎」への対応策として、過剰な「歓迎」＝「物質的待遇」を撲滅し、本来あるべき「精神的待遇」に専念させるべき、とする論調が登場していたのである。

そうした論調を集約的に示す史料として、以下では当時の陸軍将校が執筆した論考を用いて、当該期の演習「歓迎」に対する陸軍側の認識、すなわち「物質的待遇」（以下、物質的・精神的待遇についてはカッコ略）問題の概要をみていこう。史料となるのは、河内茂太郎大佐「軍隊カ民家ニ宿営セシ際物質的待遇ハ絶対ニ之ヲ受ケサルル如ク指導教育スルヲ要ス」である。[16]

そもそも物質的待遇とは、「主トシテ飲食物ノ饗応」、宿営先の舎主から提供される、豪勢な食事や酒類などを指す。兵士の食事は陸軍によって兵員給養の金額が定められており、これを超えるものについては陸軍による損失補償の対象外である。そのため演習部隊には物質的待遇の謝絶を、地域側にも行政等を通じて物質的待遇を行わないよう指導すべきとし、また実際に指導が行われているとする。

具体的に物質的待遇が問題とされた点を列挙すると、①将兵が飲食の饗応を当然視するようになれば実戦感覚を養うことも困難である、②これらの出費はそのまま舎主の家計を直撃し、地域社会が宿営を嫌忌するようになる、③物質的待遇のダメージが徴兵忌避につながる、といった点が指摘されている。そして、こうした物質的待遇を撲滅するために提示されたのが、あるべき演習歓迎方法をさす精神的待遇という概念である。論考中で厳密な定義はなされていないが、具体的には、「夜具、蒲団、枕、座蒲団、面洗器(ママ)、楊子、歯磨粉、手拭、便所用草履、薪炭等ナルカ時トシテ庭下駄、石鹼、寝衣、障子ノ張リ換へ、畳換へ、家ノ小修理等ヲ為サザル可カラス又舎内外ノ掃除、軍隊ノ迎送、炊爨等」などが列挙され、内容からみて前節で整理した義務的な「歓迎」内容をさすと考えられる。河内論考では、物質的待遇の謝絶を徹底することにより全体的な負担を軽減することで、住民が自発的に精神的待遇を受容すると想定され、かつ目指された。

以上の立論からうかがえるのは、陸軍の「歓迎」認識が、大枠では地域住民には「歓迎」意欲があることを前提にしていたことである。[17] そのうえで「歓迎」の質を問うというのが、物質的待遇という概念を用いる意図であった。すなわち、酒食の饗応を物質的として排斥する一方、望ましい「歓迎」方法を精神的待遇と呼んで奨励するという二項対立的な枠組を打ち立て、物質的待遇を撲滅すれば全体として負担軽減になる、との論理が展開されていたのである。[18]

こうした物質的待遇を問題とする陸軍の姿勢が現れ始めたのは、管見では一八九九(明治三十二)年頃が初出である。[19] まず同年九月、第一〇師団(姫路)の師団長伏見宮貞愛親王の訓示である。以下の引用によれば、物質的待遇という言葉こそないものの、過剰な「歓迎」が慣習化・前例化することで地域住民の負担になることを警戒している。

日清戦役以後地方人民ニ於テ軍隊ヲ歓迎スルノ風行ハレ延テ今日ニ至ル此風一タヒ行ハレショリ弊害伴ヒ発シ人

民ハ諸種ノ事情ニ繋カレ寡カラサル費用ヲ投シ生業ヲ休止シテ百方奔走軍隊需要以外ノ飲食物ヲ調弁供給シ而シテ累次之ヲ重ヌルニ従ヒ其弊ノ生スルヲ悟ルモ数年ノ慣行遽ニ革ムルヲ得スシテ中心甚タ喜ハサル(ママ)ノ款待ヲ為シ竟ニ以テ軍隊ヲ厭フノ念ヲ生シ又軍隊ハ之カ為メ至ル所必ス歓迎ヲ受クヘキモノトナリ其結果軍人ニシテ艱苦欠乏ノ真味ヲ知ラス甚タシキハ飲食物ノ多少ヲ以テ待遇ノ厚薄ヲ物議シ漸次廉潔ノ気風ヲ失ヒ軍人精神ヲ脱墜スルニ至ラントス豈慨歎ニ堪ユヘケンヤ(20)

また、同年十月、第五師団（広島）が地元紙「芸備日日新聞」に「地方待遇ニ関スル希望」を掲載させた。過剰な歓迎を防ぐため、酒食の饗応を謝絶するとともに、望ましい歓迎方法を具体的に指定しようというものである。記事において提示された「希望」事項は、道路・橋梁の修繕、沿道への湯茶の準備、井戸等の衛生管理、宿舎の清掃、風呂や食事の用意、のちに精神的待遇と位置づけられる内容とほぼ一致するものであった(21)。

2　陸軍の物質的待遇対策

当初は主に演習部隊レベルで問題になっていた物質的待遇であるが、日露戦後になると、陸軍中央も物質的待遇問題を重大視するようになった。陸軍省は一九〇九年、演習における物質的待遇を含めた地域社会との関係の維持・改善に関する各師団の取り組み状況を全国調査したのである。そこで、以下ではこの調査結果(22)をもとに、日露戦後における陸軍の「物質的待遇」問題と損害賠償をめぐる対応策を分析し、全体的傾向と背景にある地域認識を検討する(23)。

まず、物質的待遇への基本認識である。この段階では全国的に問題化しており、物質的待遇（歓待・供給とも呼称）の用語も広く使用されている。もちろん物質的待遇の提供や享受は禁止されており、演習部隊向けに物質的待遇の謝絶を指示するとともに、地方行政を通じて物質的待遇を行わないよう周知を図っている。次に示すのは報告書に添付された師団から行政当局への依頼文書（第三師団長→演習地各県の知事宛）である。

従来軍隊ノ演習ニ際シ演習地ノ人民ハ軍隊ヲ優遇セン為メ物品ヲ醵出シ若クハ要求以外ニ酒肴ヲ供スル等ノ慣例有之厚意元ヨリ謝スル処ニ候得共斯テハ困苦ニ克チ欠乏ニ耐ユルノ習慣ヲ養成スル演習ノ主旨ニ反スルノミナラス遂ニ人民ヲシテ過度ノ負担ニ苦マシムルニ至ルヘクト被存候依テ本職ハ今回部下各団隊ニ対シ行軍宿営等ノ際地方ヨリスル誠意ノ待遇ハ甘受スヘキモ物質的待遇ヲ受クヘキニ非サル旨示達致置候ニ就テハ貴官ニ於テモ如上ノ主旨当師管内ニ在テハ貴管内一般ニ遍ク御諭示相成様致度此段及御依頼候也

また、物質的待遇に絡んで、兵卒が個人的に物質的待遇を暴力的に強要するなどの「過失」が「陸軍ノ威信」や「師団ノ名誉」を毀損するとして、部隊内に警告を行った例も報告されている（第二師団）。物質的待遇の発生を、供給する地域社会側だけでなく兵卒側の要求行為をも抑止することで、完全に抑え込もうという意図が感じられる。

次に、先の河内論文で物質的待遇と対比される精神的待遇の取り扱いであるが、各師団ではその周知・奨励につとめている様子が見て取れる。例えば、第六師団や第九師団では、演習歓迎方法をマニュアル化して行政や地域住民に配布することで、精神的待遇を具体的かつ徹底して周知・奨励することが意図されている（表7）。

とはいえ、陸軍が想定するように、精神的待遇が容易に受容される内容であったかというと、一定の留保が必要であろう。というのは、地域住民の立場からして、精神的待遇にはいくつかのメリットとデメリットが存在したと考えられるからである。まずメリットとして、物質的待遇と異なり経費は基本的に公費負担で、糧食等を提供する場合も定額の経費が支給される点や、衛生業務など町村での日常的活動の延長も多い点などが想定できる。他方デメリットとして、業務内容が非常に煩雑で、大過なくこなすこと自体相当な負担である点、事前準備が大半であるため、演習部隊と接触する前の業務である点などが想定できる。特に事前準備である点は、演習事務を受容する大きな動機づけ

表7　第6師団の注意事項一覧

地方庁向けの注意事項

1	軍隊に対しては誠意をもって迅速に対応すること.
2	軍旗に対して礼を失さないこと.
3	軍隊に対して親切丁寧に待遇するよう部内へ示諭すること.
4	学校生徒は授業時間外であれば，邪魔にならない場所で整列して表敬すること. ただし覗き見や木の上に登っての見物は禁止.
5	参観人が両軍の中間に立ち入ったり田畑を踏み荒らさないよう部内へ示諭すること.
6	兵営出発と帰営の日，演習終了後の沿道および宿営地では，昼は国旗，夜は提灯を掲揚すること. ただし，必要がなければ掲揚してはならない.
7	宿営地では火の元に注意すること.
8	行軍・演習に関係する道路・橋梁の破損を修繕し，障害物を取り除くこと. 宿舎は大掃除をすること.
9	伝染病が発生した市町村の入口，家の門戸に標示をすること. 急性伝染病が発生した家は消毒後1ヵ月は宿舎に充てず，結核等が発生した家は提供しないこと.
10	沿道や演習地に湯茶と馬用水を準備すること. ただし湯茶の容器は蓋つきのものを使用し，湯茶であると標示すること.
11	沿道や宿営地の井戸に飲用の適否を標示すること.
12	理由なく宿営を拒否するものがないよう，予め懇諭しておくこと.
13	河川の沿岸で伝染病が発生し，河水に病毒が混入するおそれがある場合，病名を標示すること.
14	馬繋場は貸廐，空家，物置など雨露を凌ぎやすい場所や野繋に適当な場所を選定しておくこと.
15	人力車や荷車など，その他につき暴利を貪るものがないよう注意すること.
16	市町村所在の主要軍需品の価格数量を調査すること.
17	軍需品の調達に敏速に応じられるよう心得ておくこと. 伝染病の流行地から調達しないこと.
18	供給品の受け渡し担当吏員を定めておくこと.
19	役場吏員や演習関係委員は萌黄色の布を身に着けること.
20	軍隊より要求があった場合，品目・数量・差出場所等を記した伝票か書付を受領すること.
21	供給品を引き渡すときは，品目・数量を記した書面を作り，受領官の受印を取ること. 現品の場合は受領官の面前で数量を調べること.
22	演習に関係する地域の耕作物はできるだけ収穫しておくこと.
23	参観人が田畑を荒らさないよう，警察官により取締りをなすほか，持ち主も自衛するよう注意すること. 役場に田畑保護委員を設けること.
24	軍隊が耕作物に与えた危害に対する賠償の申出が市町村長にあった場合，直ちに実地調査のうえ相違なければ本隊や係員の検査を受けること. 実地調査にはなるべく県庁や郡役所の出張員も立ち会うこと.
25	宿営地と役場が離れている場合，便宜の場所に出張所を設けること.

26	市町村は必要に応じ斡旋委員を設置して事務の補助をさせること．
27	市町村が使用する人夫には襟に市町村名を書いた白布を縫いつけること．
28	軍隊に対して個人や団体が寄贈（舎主の馳走も含む）しないよう注意すること．
29	演習中は多忙につき有志者等の訪問は差し控え，せめて名刺を通じる程度にとどめること．
30	舎主に対し宿舎主心得（別紙）を示達すること．
31	旧炭坑の坑口や危険な古井戸などには参観人などの落下防止計画を作成し，目印を建てること．
32	宿営地の市町村略図を作成し，各戸に畳数と舎主氏名を張り出すなどの慣例を必ず実行すること．

舎主に対する注意事項

①宿舎主心得	
1	舎主はじめ家族一同誠意をもって待遇すること
2	軍旗に対し不敬のないように注意すること．
3	家屋の内外を清掃すること．
4	兵員が入舎したら舎主か代理がなるべく在宅すること．
5	軍人より指示された時刻を間違わないよう注意すること．
6	便所の掃除や汲み取りを行うこと．
7	便所は夜間点灯すること．
8	家族に病人がいる場合，医師に病名を確認すること．
9	風呂のある宿舎では風呂を沸かしておくこと．
10	夜具は有り合せのものを供給すること．
11	酒食その他の物品を寄贈しないこと（宿舎でのご馳走も含む）．
12	火鉢と灯火はなるべく各部屋に1個以上配置すること．

②宿舎賄ニ関スル注意（自炊ノトキハ必要ナシ）	
1	賄費用は規定の給額を守り，不正利得や余分な供給をしないこと．
2	食事は多量かつ新鮮なものにし，時間を遅らせないこと．
3	風呂は投宿前に沸かしておくこと．
4	弁当は不足のない量を入れること．
5	手数を省くため3食を同時に炊爨しないこと．
6	配膳は兵員各個に給仕をつけず，1つの飯台に乗せて出し，鍋釜のままでもよい．

（典拠）「軍隊ノ地方官民ニ対スル件」（JACAR Ref. C060848900〜C060849200『明治四十二年十二月　弐大日記　乾』防衛省防衛研究所戦史研究センター）より作成．

である「郷土部隊兵士の慰労」という側面を希薄化させる可能性があったのではないか。

三　「歓迎」の理想と現実

一九〇九（明治四十二）年の全国調査から四年後の一九一三（大正二）年、陸軍省は全国の憲兵隊から秋季機動演習の実情に関する報告を二年にわたり収集した。報告内容は多岐にわたるが、物質的待遇問題についても紙幅を割いて報告されている。そこで本節では、この二年度分の憲兵隊報告書から、物質的待遇問題の実態と、前節で分析した陸軍の対策の実効性を検証していく(24)。

1　物質的待遇問題の実態

まず、物質的待遇の発生状況であるが、精神的待遇への専念を指導するも、各地で物質的待遇が発生している（二年度分三一の報告書中二〇例）。例えば第三師団管下では、地方行政や在郷軍人分会の対応が一定せず、役場が物質的待遇の中心となったり、部落や団体に補助金を支給したりするケースもあった。特に額田郡では、本来軍の代理人として精神的待遇を推進すべき在郷軍人分会が、かえって物質的待遇を主張するという逆転現象が発生している（表8）。

ここで物質的待遇の具体的内実について、報告書から事例を引いてみると、第六師団（熊本）の演習地である南九州では、「刺身煮肴牛肉野菜等ノ煮付二皿乃至三皿焼酎一合乃至二合又ハ三名若クハ四名ニ対シ正宗酒四合壜一本尚柿餅団子等ヲ饗応」するなど、酒類を含む多量の飲食物を提供したとされている（第六師団―一九一三）。一九〇九年

表8　1913年愛知県下における物質的待遇一覧

	地　域	内　容
1	知多郡呼続町ヨリ冨士村松ヲ経テ西加茂郡土橋村ニ至ル沿道附近	西加茂軍尚武会ハ宿泊軍人一名ニ対シ金三銭宛各舎主ニ補助セリ
2	西加茂郡挙母町附近	町費ヨリ宿泊軍人一名ニ対シ金七銭及西加茂郡尚武会ヨリ受ケタル金三銭ヲ合シ金十銭ヲ以テ待遇ニ資シ為メ舎主ノ約三分ノ一ハ米飯及ビ味噌汁等ヲ提供セリ
3	西加茂郡宮口村ヨリ挙母街道上舫生，諸輪和合，部田ニ至ル沿道附近	上郷村ハ軍隊宿営稀ナル為メ其待遇親切ニシテ且低廉ナル魚菜味噌汁等ヲ饗応シ同村々長ハ各将校宿舎ヲ訪問セリ三好村ノ過半数ハ簡易ナル膳部ヲ作リ之ヲ饗応セリ
4	有松町ヨリ知立町ニ至ル東海道沿道附近	一般ニ茶菓トシテ甘薯密柑ヲ提供シ食事ニ該リテ魚味噌汁漬物等ノ如キ簡易ナル副食物ヲ饗応シ嚢心ヨリ敬愛ノ意ヲ致セリ
5	知立町ヨリ安城町ニ至ル沿道附近	知立町ニ於テハ牛三頭ヲ屠リタルモ宿泊部隊僅少ナリシ為メ多クノ剰余ヲ出セリ本沿道ノ軍隊ニ対スル状態概シテ境川以北ニ劣リ鶏卵ノ如キ約五割方騰貴シ一個五銭内外トナレリ
6	額田郡福岡町附近	役場ト在郷軍人分会及青年会トノ間ニ犒軍法ニ就テ意見ヲ異ニシ前者ハ物質的待遇ヲ排シ後者ハ多少之ヲ要スト為シ遂ニ合議成立セス字毎ニ任意ノ行動ヲ執レリ（中略）亦軍隊露営ノ当時ニ在リテハ警戒部隊ニ対シ餅鮓甘薯等ノ饗応ヲ強ユルモノ尠少ナラス之ヲ前項各地ニ比シ著シク物質的饗応ノ多ク且ツ無用ノ設備ヲナセルモノ少ナカラサルヲ認ム
7	幡豆郡西尾町附近	歓待ノ念更ニ厚ク各戸魚肉等ヲ求メ盛ニ物質的饗応ヲ為サントセシモ町村長ノ戒告スル所アリ汁及魚類ノ若干ヲ提供シタルニ止ルモ概シテ歓待ノ念盛ナルヲ認ム
8	挙母街道上和合ヨリ新街道ヲ経テ矢作町ニ至ル沿道附近	沿道到ル歓迎ノ意ヲ表シ三好，明知下屋敷堤，若林，下和会，柿崎，福田，祐福寺等ノ各字ニ在リテハ行軍部隊ニ対シ数十貫ノ甘薯ヲ分配シ犒軍ノ意ヲ致セリ殊ニ堤ニ在リテハ青年会基本財産畑ヨリ産出セシ密柑一千個ヲ若林ニ在リテハ百八十戸ヨリ醵出セシ甘薯六百貫ヲ費消セリ
9	岡崎町附近	各地ニ依リ各別ノ差アリ或ハ酒並四五種ノ副食物ヲ饗応スルアリ或ハ汁及漬物ノミヲ出セルアリ或ハ一物ヲモ供セサルモノアリ殊ニ明大寺村ノ多クハ一物ヲモ供セス宿泊者ノ食事セシヤ否ヤヲ了知セサルモノ尠少ナラス
10	岡崎町ヨリ岡崎村ヲ経テ幸田村ニ至ル沿道附近	失費ニ関シテハ一字多キハ三四百円ヲ消費セル所アリ少キモ一戸尚数十銭ヲ消費セリ然レトモ既ニ前述ノ如ク宿泊者ノ多クハ饗応ヲ拒絶シ且ツ大演習タルノ故ヲ以テ特ニ本春以来準備セルモノ多ク失費ノ如キ毫モ意ニ介セス孜々トシテ啻其及ハサランコトヲ懼ルヽモノヽ如シ従来常ニ軍隊ノ来泊ヲ喜ハサル岡崎町，挙母町附近ニ在リテモ更ニ怨嗟ノ声ヲ聴カス

（典拠）「秋季機動演習状況ノ件報告」（『陸軍省密大日記　大正三年（2/4）』防衛省防衛研究所戦史研究センター所蔵）より作成.

の全国調査によれば、第六師団では詳細な精神的待遇を指示（表7参照）していたが、それが守られていない可能性が高いことがうかがえる。その一因としては、物質的待遇が「自発的」なものであるため、軍や県郡レベルの指導による上意下達的な取り締まりには限界があったものと考えられる。また、前述した第三師団管下以外にも、末端の行政や動員団体が物質的待遇を「自発的」に行ってしまう場合が少なからず存在したと推測される。

また、物質的待遇の撲滅が成功していない要因として、軍隊の歓迎方法に対する複雑な住民感情の問題がある。報告書によると、憲兵隊が探知した演習地住民の声のなかには、以下のように、明らかに物質的待遇の提供を望んでいるとしか考えられないものが存在するのである（傍線はいずれも原文ママ）。

地方官民多クハ精神的歓待ヲナシ物質的待遇ヲ避ケタレトモ地方一般ノ因襲ノ久シキ物質的待遇ヲナササレバ客ヲ遇シタル心地セサルトノ念願尚ホ去ラサルモノアリテ応分ノ物質的待遇ヲ為シタルモノアリ此等ハ失費ニ対シ毫モ意ニ介シ居ラス（第一〇師団―一九一三）

地方側ニ於テハ其筋ヨリ物質的ノ饗応ヲナスヘカラサルノ注意ヲ受ケタリト雖モ之レ例年ノ事ナレハトテ深ク意ニ止メス（中略）屢々軍隊ノ宿泊スル沿道ヲ除クノ外一般ニ非常ナル物質的ノ歓待ヲナセルモ前述ノ如キ拒絶ニ遭遇シ事ノ意外ナルヲ感シタルモノ多ク窃カニ兵卒ニ同情ヲ表シ饗応ヲ受ケンコトヲ歓（勧カ）ムル者アルニ至リ中ニハ「此有様ナレハ何度軍隊カ宿泊サルルトモ更ニ差支ナシ」トノ言ヲ耳ニスルニ至リ（第一六師団―一九一四）

これらの記述をみる限り、物質的待遇の負担感に対する評価に温度差があることは明らかである。すなわち、地域住民は物質的待遇こそがあるべき「歓迎」と考えている、という構図が浮かび上がるのである。この構図を前提にしたとき、たとえ陸軍が想定するように精神的待遇へ専念させたとしても、地域住民にとっては負担軽減に感じられず、自分たちが望む「歓迎」を実施できないことから、かえって「歓迎」意欲それ自体を喪失してしまう可能性もあろう。[25]

さらに厄介なことに、「歓迎」意欲は時に暴走し、以下の史料のように演習部隊・行政と地域住民との関係を悪化させかねないリスクをかかえていた。

其大部ハ酒肴ヲ饗応シ尚待遇ノ行届カサルヲ遺憾トスルモノ不尠辺鄙村落ニ於テハ熱誠ノ余リ饗応スヘキ物資調弁ノ為数里ヲ隔ル市街ニ出向シタル者アリ中ニハ町村役場ヨリ軍隊宿営ノ予告ヲ受ケ相当ノ準備ヲ為シ待チ居タルニ演習ノ関係上宿営セサルコトトナリ失望ノ余リ役場員ヲ攻撃シ或ハ役場員ノ排斥運動ヲナス者アルニ至レリ（第八師団―一九一四）

この点について、前出の河内論文でも物質的待遇の謝絶の難しさについて指摘がある。謝絶方法が不適切な場合、舎主のなかには『私ノ家ニハ毒ヲ盛ル者ハ一人モ無シ』等放言セシメ或ハ準備セシ飲食物ヲ庭先ニ放擲スルカ如キ奇行ヲ演出スルコト無キニ非ス」と、「歓迎」への意欲が怒りに変化する危険性がある、と当局者の注意を促しているのである。

このように、当該期の陸軍では、物質的待遇を望む「民意」の存在を認識し、それを抑制する難しさを感じていた。陸軍としてはそうした「民意」の暴走リスクへの対応として、丁寧な謝絶を心がけるよう提言していたが、それ以上の抜本的対策は示せなかった。

2　軍隊を「歓迎」しない地域社会

前項でみたような物質的待遇の「自発性」や暴走の一方で、憲兵隊報告書では宿営拒否事例が多数報告されている。例えば第四師団の場合、大阪市周辺や電鉄沿線などの都市化の進んだ地域で多発し（表9）、また社会的には中流以上の階層で拒否する者が多いという点も指摘されている（第四師団―一九一三）。

表9　1913年第4師団管下における宿営拒否事例一覧

	地　域	内　容
1	大阪市北区	十一月二十日秋季演習ヲ終リ歩兵第七十連隊及工兵第四大隊カ大阪市北区ニ宿営ノ際造幣局ハ感謝ナルノ故ヲ以テ属員官舎エ軍隊ノ宿営ヲ拒絶シタリ其後区役所員ハ交渉ノ上同局倶楽部ニ馬丁及人夫二十七名ヲ宿泊セシメタリ
2	大阪市北区松ヶ枝町	前同日大阪市北区松ヶ枝町三十七番地無職退役一等主計香崎蔵六方ニ在郷軍人分会員出張宿舎割ヲ為サントセシニ香崎ハ「将校ノ宅ニ宿舎ヲ割当ルハ徴発会ノ趣旨ニ反ス」トテ宿舎ヲ推シタルモ同家ハ老婦及幼女一名ノミナリシヲ以テ出張員ハ遂ニ宿舎ノ配当ヲ為サヽリシト
3	大阪市北区岩井町	前同日大阪市北区岩井町一丁目今井仁右エ門方ニ滝川在郷軍人分会員出場宿舎割ヲ為サントシタルニ今井ハ徴恙ヲ口実ニシテ手不足ナリトテ宿舎ヲ拒ミタルモ在郷軍人分会員ハ説得ノ上兵卒五名ヲ割当テタルニ今井ハ二分会員ハ其ノ冷酷ヲ立復シ宿舎割ヲ中止シタリ
4	大阪府西成郡粉浜村	十一月七日大阪府西成郡粉浜村役場員ハ同村大阪市会議員谷口房蔵ノ別荘ニ歩兵第六十一聯隊本部宿舎ヲ割当タルニ予定人員ト実際到着人員トノ相違ヨリ舎主ハ立復シ軍隊ノ宿泊ヲ拒絶セントシタルニ村長及在郷軍人分会員ノ説得ニヨリ軍隊ノ宿泊ヲ承認シタリ
5	兵庫県武庫郡都賀浜村	十一月十二日兵庫県武庫郡都賀浜村医師鷲津冬蔵ハ軍隊ノ宿泊ヲ厭忌シ同村吏員及在郷軍人分会員カ訪問スルモ戸ヲ開ケテ之ニ応セス遂ニ宿泊ヲ為サヽリシ
6	同郡同村	前同日同郡同村中川四郎ハ十一月十二日村役場吏員ノ軍隊宿舎割当ヲ承認シ置キ翌十三日家族全部ヲ神戸市ニ旅行セシメ三日間滞在シ軍隊ノ宿泊ヲ不能ナラシメタリ
7	同郡同村	前同日同郡同村阪神電車監督植井近太郎ハ十一月十二日村吏員ヨリノ配当ニテ軍隊宿舎ヲ承認シ置キ翌十三日自己ハ会社ニ出勤シ家族ハ全部他出セシメ宿泊ヲ不能ナラシメタリ

（典拠）「秋季機動演習状況ノ件報告」（『陸軍省密大日記　大正三年（2/4）』防衛省防衛研究所戦史研究センター所蔵）より作成.

このように宿営拒否事案が多数発生した原因については、いくつか考えられる。①都市部の場合露営より舎営（民家への宿泊）を命じることが多くなる、②一般に、機動演習や大演習における演習想定のなかでは、大都市周辺での攻防戦が最後のクライマックスに置かれ、終了直後に都市部での舎営をする場合が多い、といった要因である。[26]

また、報告書の記述をみると、演習の頻度と住民意識に負の相関が看取される。宿営拒否が発生、もしくは住民に「歓迎」意欲が乏しいと指摘されている地域は、比較的演習の頻度が高く、何度も宿営を引き受けている地域が多いとされる。[27] 例えば群馬県西部（第一四師団―一九一四）、千葉県西部（近衛師団・第一師団―一九一四）、愛知県三河地方（第一五師団―一九一三）、岐阜県西部（第一六師団―一九一三）、滋賀県西部（第一六師団―一九一四）大阪市内（第四師団―一九一三）、広島県安芸地方（第五師団―一九一四）、福岡県の一部地域（第一八師団―一九一三）などである。しかも、宿営拒否が発生したとされる町村を含む師管や府県全体では、物質的待遇を撲滅したと報告されている地域も少なくない。陸軍の認識とは異なり、物質的待遇の撲滅と演習部隊への「歓迎」意欲との間の相関関係はさほど強くなかったのではないか、と推測されるのである。

なお、演習の頻度がもたらす悪影響については地域行政も懸念しており、軍から支給される定額以外に町村費や尚武会費から経費（場合によっては物質的待遇の経費も含む）を補助している町村の例が多数報告されている。以下はその一例である。

> 舎主ハ何レノ宿営地ニ於テモ甘藷、餅類ヲ茶菓子トシテ供給シ軍人ノ副食物ハ少量ナルハ気ノ毒ナリトシ味噌汁、牛、魚菜ヲ供シ中ニハ酒肴ハ饗応シ其労ヲ犒イタリ而シテ之等饗応ノ失費ハ各舎主ノ任意トスル町村モアリシカ年々軍隊カ宿泊シ其負担モ年々之ヲ負フ所然ラサル所トアリテ一郡内ノ負担平均ナラサレハ之レカ平均ヲ保ツ為メ郡町村費中ヨリ補助ヲ与ヘタルモノアリテ金額ハ宿泊軍人一名ニ対シ金弐拾銭以下ニシテ各所一定セサルモノ

アルヲ聞ケリ（第一四師団―一九一三）

こうした報告書の記述をみると、地域社会が一律に「歓迎」意欲を有していることを前提にした陸軍の認識枠組や対策に限界があることがうかがえる。物質的待遇を行うかどうかとは別に、各地域の事情（特に演習頻度）により「歓迎」意欲をもたない、もしくは喪失した地域が存在したことは明らかである。

以上、一九一三・一四年の機動演習における実態調査を検討したところ、陸軍が基本方針としていた「物質的待遇を撲滅して精神的待遇に専念させる」という認識の限界が明らかとなった。地域社会の「民意」はこうした二項対立に収まるものではなかったのである。また、物質的待遇の撲滅という方向性そのものも、地域社会が「歓迎」意欲を高めるモチベーションと衝突する側面があった。

なお、この後の「物質的待遇」問題の展開について付言しておきたい。史料的制約から十分明らかにすることができないが、管見の限り満洲事変直前の時期まで「物質―精神」の二項対立的理解が存在したことが確認できる[28]。ただし、具体的事例への言及がないため、実態をどれだけ反映したものかは不明である。他方、一九一〇年代後半以降になると、「物質―精神」の枠組にこだわらない宿営拒否問題や演習の動員力低下問題への対応がクローズアップされるようになる。師団レベルでは、住民の反発を和らげるための融和策が提示されるなど、住民の「歓迎」意欲を前提にしない方向にシフトしており、物質的待遇撲滅のような発想で対応することに限界があったことは明らかであろう[29]。

おわりに

最後に、本章で明らかにした一九〇〇～一〇年代の秋季機動演習における地域認識の特徴をまとめておきたい。当時の日本陸軍では、日露戦争の経験を踏まえた国民動員の必要性から、地域社会との関係円滑化を重視していた。そのため、秋季機動演習における物質的待遇の発生と、それが将来もたらす軍隊と地域との軋轢増大の可能性は、陸軍にとって看過できない重大な問題であった。そこで陸軍では、全国調査を数回にわたり実施することにより、物質的待遇の発生状況や各部隊の対応策、それらの対策の実効性を把握することを通じて、物質的待遇に対処しようとしたのである。そこで基調となった陸軍当局の姿勢は、物質的待遇を撲滅することを目標としたものであり、そこでは物質的待遇の撲滅が地域負担の軽減につながるとの認識のもと、「歓迎」事務の負担感から地域住民が演習を忌避するのを防ぐことが意図された。

ところが、地域社会の反応はこうした陸軍の思惑とは異なるものであった。すなわち、依然として物質的待遇が各地で行われており、そこには地域住民の強固な「自発性」が観察されたのである。また、物質的待遇の撲滅との相関が強くない形で、演習を忌避する態度を示す地域住民も各地で現れていた。すなわち、物質的待遇の撲滅を通じて演習を受容させるという陸軍側の思惑は大きく外れることになったのである。

なぜこのような状態に陥ってしまったのか。そこには大きく二つの問題があったと考えられる。第一に、陸軍側が「歓迎」意欲の存在を前提とした認識枠組を有していたことである。そのため精神的待遇すら負担と感じる「歓迎」に消極的な人々の存在が十分視野に入っていなかったのである。第二に「歓迎」意欲がもつ複雑さである。本章第三節でみたように、地域社会には、陸軍側の認識とは大きく異なる「歓迎」の論理が存在したが、陸軍側はそうした論理を読みきることができなかったのである。

さらにいえば、この問題が示唆するのは、軍隊への「歓迎」や好意といった地域感情は、必ずしも組織としての軍隊への支持とイコールではなく、軍隊側が規範化し要求する軍隊への態度をストレートに表出するとは限らない、ということである。そのように、地域社会は独自の「軍隊と地域」関係に関する論理やイメージを有していたのである。

註

（1）小菅信子「満州事変と民衆意識に関するノート―「甲府連隊」存置運動を中心に―」（『紀尾井史学』九、一九八九年）、佃隆一郎「宇垣軍縮と〝軍都・豊橋〟―〝衛戍地〟問題をめぐる『豊橋日日新聞』の主張―」（『愛大史学』四、一九九五年）、同「〝国防〟運動と〝軍都・豊橋〟（上・下）」（『愛知大学国際問題研究所紀要』一〇七・一〇八、一九九七年）、同「宇垣軍縮での師団廃止発覚時における各〝該当地〟の動向」（『国立歴史民俗博物館研究報告』一二六、二〇〇六年）ほか、荒川章二『軍隊と地域』（青木書店、二〇〇一年）、同『軍用地と都市・民衆』（山川出版社、二〇〇七年）、『国立歴史民俗博物館研究報告一三一　共同研究　佐倉連隊と地域民衆』（二〇〇六年）、吉田律人「新潟県における兵営設置と地域振興」（『地方史研究』五七―一、二〇〇七年）、河西英通『せめぎあう地域と軍隊』（岩波書店、二〇一〇年）、松下孝昭『軍隊を誘致せよ―陸海軍と都市形成―』（吉川弘文館、二〇一三年）などを参照。

（2）山下直登「軍隊と民衆―明治三十六年陸軍特別大演習と地域―」（『ヒストリア』一〇三、一九八四年）、中村崇高「大正八年陸軍特別大演習と兵庫県」（『東洋大学人間科学総合研究所紀要』五、二〇〇六年）、長谷川栄子「昭和六年熊本の陸軍特別大演習」（熊本近代史研究会編『第六師団と軍都熊本』熊本近代史研究会、二〇一一年）など。著者の大演習分析は本書第二部を参照。このほか、郷土史的著作物や自治体史などでも、特別大演習に限っては言及されることが多い傾向にある。

（3）大演習に付随する行幸の意義については、本書第二部を参照。また、天皇行幸に関する研究史もそこで整理している。

（4）ここでは、本章が対象とする時期の演習用典範令である、「野外要務令」（一九〇七年十月十四日改正、軍令陸第一〇号）の規程に準拠した。なお、演習に関する典範令の変遷については、本書第一部第一章を参照。

（5）特別大演習に参加する師団の場合、師団ごとの機動演習を通常より短い期間で実施したのち、大演習の開催地域に移動して大演習に参加した。

（6）騎兵や砲兵、工兵などの特科部隊について、兵科毎に部隊を集結して各自の特性を演練するもので、「特別〇〇兵演習」などと兵科を冠して称された。

（7）例えば以下の史料を参照。「秋季機動演習ノ際臨時ニ師団対抗演習施行ノ件」（JACAR Ref. C03023012300『明治四十四年　密大

日記　弐』防衛省防衛研究所戦史研究センター）。なお、師団対抗演習は、「秋季演習令」（一九一五年九月十七日制定、軍令陸第一一号）において定例化（概ね年一回）された。

（8）機動演習を含む日本陸軍の演習の全般的特徴と問題点については、本書第一部第四章を参照。

（9）秋季機動演習にともなって地域社会に課された「歓迎」事務の詳細については、山下前掲註(2)論文が特別大演習の事例に即して詳細に検討している。

（10）「郷土部隊意識」の具体的内実については、荒川前掲註(1)『軍隊と地域』一五～一七・五五～五八・八三～八五頁などを参照。

（11）演習で「郷土部隊」意識が強調された例として、歩兵連隊の行軍演習の例を本書第一部第二章で紹介している。ただし、日本軍の徴兵制は現住地主義ではなく本籍地主義であるため、兵員のなかには当該地域に居住していない者や、親世代の転居等により居住実績のまったくない者も少なくなかった。「郷土部隊」イメージがそうした虚構を含むイデオロギーの側面が強かったことにも注意が必要である。

（12）当該期における帝国在郷軍人会など国民動員システムの構築に関しては、由井正臣『軍部と民衆統合』（岩波書店、二〇〇九年）、藤井忠俊『在郷軍人会』（岩波書店、二〇〇九年）などを参照。

（13）機動演習の例ではないが、こうした欲求の作用については本書第一部第二章を参照。

（14）「国民ノ軍隊ニ対スル要望」（『偕行社記事』四六九、一九一三年）。この記事は、当時豊橋連隊区司令官であった鉾田俊中佐の講演録である。

（15）ここでいう「自発的」とは、あくまで軍からみてのことであり、「物質的待遇」に従事した地域住民が本当に自発的であったかどうかは別問題である。実際には行政や名望家層が主導して地域住民を「物質的待遇」に動員していた場合も多かったと考えられる。また、後述のように将兵からの要求や、それを見越した予防的措置として物質的待遇を準備した場合も少なくないとされる。

（16）『偕行社記事』第五二三号、一九一八年。河内の履歴については、本書一四〇頁註(9)を参照。

（17）厳密には「自発的」とはいえないケースも陸軍は把握していたようである。演習部隊所属の将兵が軍の方針に反して物質的待遇を強要したり、場合によってはそうした将兵の反応を「先読み」した地域側が予防措置的に物質的待遇を準備してしまう、というパターンである。前掲「国民ノ軍隊ニ対スル要望」の傍線部②などは、そうした「先読み」の存在を指摘するものといえる。ただし、こうした「先読み」のケースと「自発的」なものとの区別はかなり曖昧であったと思われる。暴力的要求を見越した反応もある一方、後述のように将兵の心理を「本音では物質的待遇を欲している」と先読みしたうえで「同情」して物質的待遇を準備する事例も報告されているからである。その意味でも、動機の如何にかかわらず「物質的待遇の一律禁止」という方針が採用されたとみられる。

(18) この区分法が意味する「物質的」「精神的」の用法は一般にイメージされる「物質」「精神」と一致しない、という印象をもたれる向きもあろう。厳密な定義を記した史料がないため確言はできないが、用例から判断するに、ここでいう「物質的」には「飲食物で将兵の歓心を買おうとする行為であり望ましくない」というニュアンスが、対する「精神的」には「軍が望む歓迎方法に従順であることが誠意の現れである」というニュアンスが込められていると推察される。

(19) 物質的待遇の発生原因については、史料的制約もあり確言できないが、日清戦争における歓送迎行事や入退営における贈答の華美化の影響が大きかっただろう。軍拡や戦争にともなう入営兵の増加や戦争で高まったナショナリズムにより、地域社会に兵士を慰労しようとする意識が（軍の期待を超えて）広まったことなどが考えられる。日清戦争が地域社会にもたらした影響については、以下の文献を参照。檜山幸夫編著『近代日本の形成と日清戦争』（雄山閣出版、二〇〇一年）、大谷正『兵士と軍夫の日清戦争』（有志舎、二〇〇六年）、同『日清戦争』（中公新書、二〇一四年）。

(20) 「軍隊ノ地方官民ニ対スル件」（JACAR Ref. C06084808900〜C06084809200『明治四十二年十二月　弐大日記　乾』防衛省防衛研究所戦史研究センター）。

(21) 「第五師団諸隊演習及行軍ニ際シ地方待遇ニ関スル希望ノ件」（JACAR Ref. C06083165500『明治三十二年十一月　弐大日記　乾　陸軍省』防衛省防衛研究所戦史研究センター）。ただし、この「要望」の新聞掲載に対して陸軍省は疑義を呈し、最終的には一部の希望事項を撤回させている。このことから、この段階の陸軍省は精神的待遇の具体的要求には慎重な立場であったと考えられる。

(22) 前掲註(20)「軍隊ノ地方官民ニ対スル件」。本史料の引用にあたっては、師団番号のみ付記した。

(23) 同右史料に収録された各師団宛の陸軍次官通牒によれば、調査実施の理由として、日露戦後の軍拡により師管区の面積縮小と演習頻度の急増という事態が発生し、地域の負担が増加する懸念があること、大部隊の演習を引き受けられる人口規模の地域だけで演習を実施することが困難であることなどが挙げられている。

(24) ①「秋季機動演習状況ノ件報告」（JACAR Ref. C03022357800『陸軍省密大日記　大正三年（二／四）』防衛省防衛研究所戦史研究センター）、②「機動演習状況ノ件報告」（『陸軍省密大日記　大正四年（二／四）』JACAR Ref. C20030223842、同前）。なお、これらの史料の引用にあたっては、師団番号と演習実施年次のみ付記した。これらの報告書は、全国の各師団所在地に配備されている憲兵隊から一九一三・一四両年の演習実施状況や事件・事故の発生状況の報告を集めたものである。報告事項が各隊でほぼ共通していることから、陸軍省から各隊への調査指示が行われたと推定されるが、指示文書が現存していないため、報告を求めた経緯や理由については不明である。なお、機動演習に際しては憲兵が演習地や各演習部隊に配備され、演習地の取締りや被害防止に従事していたため、情報源としては適任であった。また、憲兵の人数不足を補うため警備等に動員されていた在郷軍人や警察官からも情報を収集したと考えられる。

(25) 前述のように精神的待遇そのものが煩雑であり、住民だけでなく町村役場にとっても重い負担となるものであった。そのため、そもそも物質的待遇の部分を削減しただけで負担軽減の効果があったかどうかも疑わしいといわざるをえない。

(26) 宿営拒否事案が発生した地域については、報告書をみる限り中京・関西地方の宿営拒否例が多い。報告書の記述のみで地域的傾向の原因を推測することは困難だが、宿営への態度については住民の気質も影響した可能性は考えられよう。

(27) 恒常的な演習の頻度だけでなく、直近の時期に演習を頻繁に行った場合なども地域の「歓迎」意欲の減退がみられた。例えば、青森県下では一九一二年に「第八師団朝鮮守備出発前屢々行軍、演習ヲ行ヒタルノ故ヲ以テ」軍隊の宿泊を忌避する傾向がみられたという（第八師団―一九一四）。

(28) 「本秋実施せらるゝ騎兵特別演習に就て」（千葉連隊区司令部発行『さくら』一三九、一九三〇年九月）。演習実施に際しての在郷軍人分会に対する注意喚起の記事である。

(29) 一九一〇年代後半以降の軍事演習をめぐる「軍隊と地域」の関係については、本書第一部第四章を参照。

第四章　軍事演習と地域社会のジレンマ

――「演習戦術」と負担軽減――

はじめに

課題と方法

本章は、大正期の日本陸軍が直面した「危機」について、軍事演習の運用実態から明らかにしようとするものである。一般的に、軍事演習は軍隊がその戦闘能力を練成・維持するために不可欠の行為であるから、その円滑かつ効果的な実施が求められるのは当然であり、そのためにはあらゆる障害は除去されなければならない。しかし、そのためには演習地の地権者・住民との交渉が不可欠である。特に日本陸軍の演習の場合、後述するように多くの演習が常設の演習場の外で行われたため、演習地の住民との円満な関係を構築・維持する必要に迫られることになる。軍事演習の実施にあたって、陸軍は軍事の論理と民意への配慮という相反する要求に直面することになるのである。

本章では、そのような日本陸軍の軍事演習が抱えたジレンマを、大正期の演習を対象に、地域社会における実態と陸軍中央の運用方針の両面から検討しようとするものである。以下、この視角を採用する理由について説明する。第一に時期設定に関連して、大正期に陸軍が直面した「危機」については、これまでに数多の研究が重ねられ、その全体像が明らかにされつつある(1)。それらの研究は、陸軍に「危機」をもたらした原因を、デモクラシー思潮の展開やシベリア出兵の失敗、軍紀の弛緩、そしてそれらを契機に生じた「反軍世論」などに求めており、一定の説得力をもつ解釈といえる。しかし、本章で明らかにするように、演習をめぐってはそれらとはやや性格を異にする、そして日本陸軍が大規模に常備軍を維持する制度を選択する限り常に付きまとうと思われる「危機」が発生したのである。それが大正期の陸軍を検討することで明らかにできるのは、前述の反軍的・デモクラシー的環境のなかで演習の矛盾が半ば公然と軍民双方のメディアにおいて語られ、当事者の危機感も高まったためその具体的内実が明らかになった、という要因によるものである。

第二に、地域社会における実態と陸軍中央の運用方針の両面からの検討という方法については、軍事演習の歴史的研究が、軍事史的研究と近年の「軍隊と地域」研究との双方において不十分であることから、両者の視角を踏まえて軍事演習を検討することが必要であると考えたことが大きな理由である。大正期陸軍の政治史・軍事史的研究は、陸軍中央の諸過程は詳細だが、社会や民衆の動向については言及が不十分という傾向にあり、特に演習については今後の課題とされてしまっているのが現状である(2)。この現状を踏まえ、本章では近年の「軍隊と地域」研究に学び、地域側の史料により地域での演習の実態を明らかにすることから検討を始める(3)。そのうえで、地域実態のなかから浮かび上がる論点について、軍中央の史料を検討し、当該期の演習が有する軍事史的意義や問題点を明らかにする。これにより、従来の軍事史的研究とは別の角度から日本陸軍の性格を明らかにしたい。また本章は、本書が「軍隊と地域」研究の重要な課題と位置づける、地域実態の新事実を踏まえて従来の軍事史研究を再検討するという作業の試みでもある(4)。

次に、本章で扱う軍事演習の範囲を予め定義しておくと、これまでの「軍隊と地域」研究において、既に荒川章二の研究が常設の演習場での陸軍と住民との交渉過程を論じていることから(5)、本章では重複を避け、荒川や他の「軍隊と地域」研究での検討が不十分な演習場の外、具体的には衛戍地周辺および師管内の各地で行われた演習を主な対象とし、演習場で行われた演習については必要な範囲で言及するにとどめる。「軍隊と地域」研究における軍事演習への言及は、戦後の米軍や自衛隊と地域社会との関係への展望を重視してか、常設の演習場をめぐる軍と地域の関係が主要な分析対象となっているが、演習場の外での演習の場合、影響を与える地域が広範にわたるため、いわゆる「軍都」や常設の演習場とは異なる地域、特に管内の農村住民にとって、現実の武装集団としての衛戍部隊がどのような存在であったか、という点を追究するうえでは、演習場とは別の意味で考察に値するのである。

なお、軍事演習と地域との関係を考察したものとして、陸軍特別大演習についての一連の研究があるが、本書第二部第一章で指摘したように、同演習は少なくとも大正後期には軍事演習としての意義が低下し、「天皇イベント」と化していた実態がある。よって一般的な演習とはその性格が異なるため、本章では直接の分析対象からは捨象する。

具体的に分析対象を示すと、時期は大正期、第一次世界大戦前後から宇垣軍縮前後の時期とする。次に地域であるが、第一三師団を抱える新潟県高田（現上越市）周辺および新潟県頸城地方（東頸城郡・中頸城郡・西頸城郡）、長野県北部とする。第一三師団を選択した理由としては、史料的な条件とともに、日露戦争後新たに設置された師団であり、演習にまつわる諸問題が、建軍以来蓄積された経験をもとに穏便に処理されることが少なく、表面化しやすいと考えたからである。

第一三師団概史

本論に入る前に、第一三師団の履歴について概説しておく。(6)　この師団は日露戦争下の一九〇五（明治三十八）年三月三十一日に動員下令、戦時中は樺太、次いで韓国に駐屯するという戦歴を有していた。一九〇六年中に常設師団化され、信越地方に設置との報が伝えられると、高田町は強力な誘致運動を推進し、同時に交通網等の整備や兵営地の

表10　1909年における第13師団の演習

月	演　習
1月	騎兵連隊野外演習，歩兵連隊雪中行軍，輜重大隊雪中行軍
2月	騎兵連隊雪中行軍
3月	輜重兵中隊基本演習，野砲兵探砲演習，歩兵中隊行軍演習
4月	騎兵乗馬演習，招魂祭諸兵連合演習
5月	騎兵夜間演習，歩兵中隊野外演習，予備役砲兵野外演習，輜重輸卒検閲行軍，諸兵連合演習
6月	旅団諸兵連合演習，騎兵中隊二泊行軍，歩兵大隊行軍演習
7月	衛生隊参加連合演習，騎兵中隊行軍，砲兵中隊行軍演習，騎兵中隊夜間演習，歩兵大隊戦闘射撃，騎兵連隊野外演習
8月	諸兵連合演習，歩兵中隊野外演習，歩兵連隊野外演習，歩兵連隊独立指揮演習，歩兵中隊戦闘射撃演習
9月	騎兵連隊行軍演習，歩兵連隊野外演習，輜重兵大隊五泊行軍
10月	旅団機動演習（群馬県内）
11月	師団機動演習，特別大演習（群馬県内） ※この年の機動演習は，特別大演習への移動を考慮し，群馬県内で行われた．
12月	諸兵連合演習

（典拠）1909年の『高田日報』記事より作成．

確保に努めるなど、候補と目された新潟・長野両県下の他の都市と競った。結果として、翌年高田への設置が決定し、一九〇八年十一月一日より高田の高田城址に入城した。

師団所属の各部隊は、高田のほか、新発田（北蒲原郡）、村松（中蒲原郡）、松本（長野県）の各地に歩兵連隊が、小千谷（北魚沼郡）に工兵大隊が配置された。また、高田には付属施設として、高田連隊区司令部、憲兵分隊、二等衛戍病院、衛戍監獄、兵器支廠等が置かれた。また、高田周辺に設定された兵営地としては、中田原練兵場・灰塚射撃場など五三万坪余（高田町・金谷村）、関山演習場（中頸城郡関山村）九五一万坪余があった。第一三師団の演習は、射撃訓練や小規模な戦闘訓練等は練兵場や演習場で、行軍演習や機動演習等の大規模演習は各部隊の所在地周辺、主に農村地帯で行われたのである。

その後第一三師団は、一九一三〜五（大正二〜四）年に満洲駐箚師団として満鉄沿線を守備、一九〜二一年にシベリア出兵にともない出征し、ウラジオストクなどで戦った。また、二三年九月の関東大震災の際には救援部隊として出動し、東京を警備した。しかし、いわゆる「宇垣軍縮」により、師団は二五年五月一日をもって廃止された。その際高田市で商工業者を中心に「存置運動」が高まった。その後新潟県は第二師団の管内に戻り、高田には村松から歩兵第三〇連隊、仙台から独立山砲兵第一連隊、新発田から歩兵第一五旅団司令部が入城したため、高田の「軍都」としての性格は残った。

次に、表10により第一三師団が行っていた演習の内容と頻度を確認する。作業の都合上師団入城直後の一九〇九年のデータによったが、年間を通じ毎月のように何らかの演習を実施していたことがわかる。前述のように、射撃演習や砲兵の演習など実弾を使用する演習は常設の演習場で行われ、行軍演習や秋季演習など大規模な部隊の機動をともなう演習は演習場外の農村地帯で行われた。これが基本的には毎年繰り返されたということは、本章の前提として把握しておく必要がある。

一　第一三師団の演習と地域社会

1　師団長談話とその文脈

一九二二（大正十一）年秋、年度教育の締めくくりである師団機動演習の終了後、頸城地方の地元紙『高田日報』に、第一三師団の河村正彦師団長（中将、一九二一年一月から二三年八月まで在任）[7]の談話を報じる記事が掲載された。演習中師団に同行した同紙の猪田夢清記者の従軍報告である。

高田師団の機動演習は入城以来管内―信州、越後両路共殆ど同じ地区に実施されるため、演習など全然知らぬ地方人がある。稀に七年とか五年振にお鉢が廻る地方はヤンヤと歓迎する。之に反し毎年荒される（？）（ママ）地方は迷惑がつて居る。河村師団長は「元来当師管内にはどうも演習する地区が割合に狭いので困る。と云つて管外へも持ち出されぬし、マサカ山の上でもやれぬ。歩兵許りならどこでゞもやれるが、大砲と云ふ始末に終へない品物があるからそんな奇抜な事も出来ない。随つて毎年の事で迷惑とは知りながら略同じい(ママ)地方で実施するより仕方がない。まあ、何とかしてまだやつた事のない地方でと思つて居る」云々と語つて衷心から地方の軍隊に対する誠意を感謝して御坐る。斯うなると、毎年荒されたとて決して軍隊に対し冷静に出でず、此の負つたり抱かれたりするの止むなき軍隊当局の心にもなつて欲しい。陳腐の言葉だが「窮鳥懐に入ば猟師之れを殺さず」とさへあるよろしく、此点に鑑みて精神的歓迎が望ましい。(以下略)(8)

この記事(以下、本章ではこの記事を「河村談話」と称す)の論旨を要約すれば、演習が集中する地域の住民が迷惑がっていることに対して、河村師団長がその原因を釈明するとともに師団として具体的な解決策を提示、それを受けて猪田記者が師団を擁護し、地域住民の理解と協力を呼びかける、というものである。わざわざ師団長が談話を出すこと自体、住民の「迷惑」が深刻なものであるとの当局の認識を示しているが、さらに異様なのは猪田記者の論調である。「窮鳥懐に入ば猟師之れを殺さず」という表現は、師団の窮状を地域住民が救う、という意味にとれ、通常想起される陸軍の強大なイメージとは大きくかけ離れている。このような表現では、擁護どころかかえって師団の権威を貶めているのでは、との感想を禁じえない。なぜこのような記事が掲載されたのであろうか。

そもそも「河村談話」の指摘する演習地住民の「迷惑」とは何か。田畑を「荒される」ことは勿論だが、演習時に部隊が宿営することも深刻な問題であったと考えられる。

演習場の外で行われる演習の場合、夜間の宿営には屋外で野宿する「露営」と、一般家屋や学校などに宿泊する「舎営」の二種がある。舎営の場合、師団規模の演習であれば平均約一万人の将兵が演習地周辺の民家等に分宿することになる。必要な家数が多いこと、宿舎を分散すると指揮・連絡に支障を来たすことなどから、舎営場所はある程度大きな都市・宿場町に限られていたと考えられる。この舎営の際、宿舎側は寝室の清掃や寝具の準備、規定額以内での食事の饗応などが求められていたが、往々にして饗応が過剰になる傾向にあり[9]、第一三師団でも既に一九一一(明治四十四)年には、郡役所から各町村に対し「軍隊ノ待遇ニ付テハ誠意親切ヲ旨トシ待遇スヘキ事ハ屢々注意シ置クル所ナルモ、尚旧来ノ弊習ヲ脱セスシテ往々酒食ノ饗応ヲ為スモノアリ。為メニ軍隊ニ於テハ頗ル迷惑ヲ感シツヽアリト云ヘリ。(中略)宿舎給養ノ場合ハ、軍隊ヨリ支給セラル、金額ノ範囲ニ於テ賄フ事[10]」との通達が出されるなど、衛戍当初から過剰な接待を禁じる方針が示されていた。

また、一九一六年十月、師団機動演習時に宿営をめぐって騒動が起きた際にも、宿舎の接待内容が問題になった。報道によればこの事件は、松本衛戍の歩兵第五〇連隊が機動演習中、新潟県新井町・鳥坂村(現妙高市)に宿泊した際、町村側の冷淡な態度に憤激して宿舎を引き揚げた、というものであった。当初は、町村側の態度が冷淡であった理由として、当時新井町で行われていた東本願寺別院の「報恩講」との関係で「廿四五六日の三日間は書入日なるに、軍隊に宿営されては打撃決して鮮少ならざるのみならず、甚だしきに至つては全く営業をなし能はぎる者もある」、「附近町村と雖も、従来度々軍隊の宿営するのみならず、農繁期の関係より軍隊の欲する如き厚遇はなし能はず[11]」であったことが指摘されていたが、その後の報道で、事件の前日「此の隊長さん柏原でも村民と喧嘩し『然らば腕づくでも宿まつて見せる』とサーベルを握つた」と、連隊長が暴力的な強要行為を行ったことが明らかになった[12]。このことからして、事件の原因は町村の対応それ自体というより、連隊側の過剰な反応にあったと思われる。また、類似の強要行為に町村側が反発した可能性もあろう。

このような強要行為については、師団当局が事前に「尚軍隊が今日の如く精神教育の至らざりし当時は、宿営等に際し其舎主の饗応するもの少なき場合、兵卒は予期に反せる鬱憤を□らすべく畳、壁、其他建具を毀損する事ありたるを以て、或は此種の恐怖の念より、損失を顧みず酒肴を供する向きも亦なきにあらざるも、今日の軍隊に於て斯の如き暴行の絶対に之無きは勿論、縦しありたるにもせよ、軍隊の出発後憲兵隊は厳重なる調査をなし、之等に厳罰を科する事となれるを以て、地方民は斯の如き配慮は全く無用なり、と某当局者は語れり[13]」と、住民に対し不当な要求に応じないように呼びかけており、傍線部にあるように、陸軍では強要行為は取締りや処罰の対象であった。

ところが、この事件に対する師団当局の見解は意外なものであった。翌一九一七年の四月と十月の二度、地域住民に対し部隊の宿営に際しての注意事項を呼びかけたが[14]、そこでは一連の報道にもかかわらず、宿舎側の対応が事件の原因であるとしたのである。談話のなかで師団当局は、「舎主が所謂物質的の待遇をする。或地方の如きは之を殆ど競争的にやつてゐる」、「之（演習部隊）を厚遇するの意味に於て、往々膳部の賑かなるを競ふの風習あり。之が為め一回の宿営毎に尠からぬ支出をなすものなきにあらざる」、その結果「宿営の度数を重ぬるに従ひ、形式の厚遇を続くる能はずして、遂には軍隊の宿営を恐るゝに至り、出来得れば之を避けんとするの念切なるの余り、両者意思の疎通を欠き苦々しき取沙汰となる」と、事件の原因を町村や舎主による「物質的待遇」（過剰接待）に帰したうえで、より簡素な接待に改めるよう指導している。その一方、師団としての管理不行届きについては「警告を与へ置」いたとの言及があるのみであり、「河村談話」に類する師団側の具休的な対応策には言及されていない。

このような論理は、事件の経過からすればまったく理解しがたく、町村側が完全に納得したとは到底思えないが、宿営トラブルの原因を「物質的待遇」に求める理解は他地域の部隊でもみられる当時の陸軍では広く普及していた理解だったと考えられる[15]。また、師団の面子を考えれば、連隊側の責任を公式に認めることに抵抗があったのかもしれない。

この事件で示された「物質的待遇」の論理は、「河村談話」直前の一九二一年四月に開催された「中頸城郡各町村兵事主任会同」での「注意及希望事項」でも、「軍隊行軍ノ際今尚物質的待遇ニ腐心セラル、跡ヲ絶タズ。此際軍隊演習ノ主旨ヲ徹底的ニ普及セシメラレ、単ニ精神的待遇ニ重キヲ置ク如ク指導セラレタシ」[16]として表明されており、師団の論理が一貫していたことがうかがえる。

ところが、「河村談話」の翌年、一九二三年三月に行われた「中頸城郡各町村兵事主任会同」での「歩、騎、砲、工、輜重各隊希望並ニ要求事項」では、「二、秋季演習中臨時宿営ニ際シ、軍隊ノ宿営ヲ避クルガ如キモノヲ見受ケタル所アリタルモ、秋季演習等ニアリテハ状況上突然宿営ノ止ムヲ得サル場合生スルハ免レサル所ナルヲ以テ、斯ノ如キ際ハ兵卒ノ最モ疲労困憊セル時ナルヲ以テ、殊ニ同情ヲ寄セラレ宿営ノ便宜ヲ与ヘラレンコトヲ望ム」[17]と、突如として演習地住民による「宿営拒否」を戒める要望が提示されているのである。「自大正四年兵事主任会議記事綴」に編綴されている兵事主任会議の記録のうち、このような「宿営拒否」について言及しているのは一九二三年のみであり、他の年はすべて前引した一九二一年の史料同様、「物質的待遇」を戒める趣旨の指示であった。また、史料中には「臨時宿営ニ際シ軍隊ノ宿営ヲ避クルガ如キモノ」とあり、具体的な状況を明示して注意を与えている。これらのことから、「河村談話」および二三年の指示は、二二年の秋季演習において「臨時宿営」に対する宿営拒否事件が発生したことにともなうものである可能性が高いと考えられるのである。

「臨時宿営」とは、演習の日程や内容の急な変更にともない、当日になって急遽宿営を依頼する場合を意味すると考えられるが、目立った新聞報道がないことから、新井の事件のような大きなものではなく、個別に依頼を行い、拒否される事例が多発したと考えるのが自然であろう。また「臨時宿営」については、たとえ交渉で住民側が難色を示したとしても、「地方吏員、在郷軍人等ハ心中軍隊ノ宿営スルヲ嫌厭スル人民ヲ諭シテ宿舎タルヲ承諾セシメ」[18]るのが通例であったことからすると、地方吏員や在郷軍人による説諭事案が急増した、あるいは彼等の予防措置にもかかわらず宿営拒否が発生していた可能性が考えられる。そして師団は一連の動向から地域住民の態度硬化を読み取ったのであろう。なお、「地方吏員、在郷軍人等」の姿勢自体にも問題があったことについては後述する。

また、師団当局の認識の背景としては、この時期の地域社会の演習に対する認識が存在していたと考えられる。それを示すのが、「河村談話」の翌年、一九二三年三月に長野県の上田で発生した、騎兵連隊の将校ら一行の「非礼」事件である。報道によれば、同月十四日に上田市に宿泊した「高田騎兵十七連隊壱岐中佐の率ゆる将校十五名下士廿名馬匹二十四頭の一隊」が、「従来各種の演習を行ふ場合、歩兵なり砲兵なり何れも副官級のものが市役所を訪ふて、言葉の礼を述べて引揚ぐるを例として居るのに、今回の騎兵隊は釆た時も出発の時も何等一言の挨拶をもなさずに引揚たので、余りに礼を知らざる行為であると非難の声が高い」[19]というもので、出発の挨拶を忘れただけで記事にされたのでは彼等も立つ瀬がなかろう。[20]恐らく報道された原因は、上田市当局が一行の行動を声高に非難したためであろう。市当局の過剰反応の直接的原因は不明だが、この時期地域社会内部での演習部隊の行動に対する印象が芳しいものではなかったことは推察できる。

師団当局は日常的に憲兵隊を通じて地域社会の思想動向に目を光らせており、地域の演習部隊に対する感情についても、具体的な事件が発生する以前から把握していたと思われる。そのようななかで宿営拒否が多発したとすれば、師団当局が強烈な危機感を抱いたとしても不思議はない。

また、第一三師団の高田入城を機に改称し、演習をセンセーショナルに報道するなど、元来どちらかといえば親軍的色彩の強い新聞であった[21]『高田日報』が、上田市の事件を報道するなど師団への批判的姿勢も有していたことは注目される。記事を書いた記者の個性の違いも考慮すべきだが、少なくとも現実として演習部隊に対する反感が広範に存在しており、同紙もそれを無視できなかったのであろう。また、演習をとりまく状況を認識していたからこそ、「河村談話」の筆者猪田夢清は師団と危機意識を共有し、過剰に擁護的な記事を書く必要があったのであろう。

なお筆者は、本章で取り上げた以外にも演習部隊をめぐる事件は発生しており、師団当局は憲兵隊などを通じてある程度把握していたと考えている。それが新聞報道に発展しないのは、前述したように「地方吏員、在郷軍人等ハ心中軍隊ノ宿営スルヲ嫌厭スル人民ヲ諭シテ宿舎タルヲ承諾セシメ」たため、トラブルが秘密裏に処理されることが多く、また演習関連の情報が、師団司令部や憲兵隊から番記者が入手するものに偏っていたことなどによると考えられる。

以上の分析により、「河村談話」の背景に第一三師団管下での演習に対する地域社会の強い反感・忌避感情が存在し、師団当局（および親軍的な新聞記者）がそれらに強烈な危機意識を抱いていたことが判明した。その危機意識とは、従来の「物質的待遇」の回避など地域住民に責任を転嫁する方法によっては問題が解決しえない、ということであり、師団側に一定の対応と譲歩を要求するものであった。

2　演習支持基盤の動揺

師団当局の危機感は、地方行政や各種団体の演習に対する態度によっても助長されていたと考えられる。演習場の内外を問わず、演習の円滑な実施には行政当局や青年団・在郷軍人団体の協力や、学生をはじめ多数の参観団体による「熱意」という演出が不可欠であったが、この時期これらの諸団体の演習に対する態度は芳しいものではなく、それが師団当局の危機感を高めていったと考えられる。

まず、学生の観戦態度が問題であった。元来一三師団管下の地域のなかで、新潟県側の住民は長野県側よりも演習に対し冷淡な傾向があったようであるが[22]、第一次大戦後には、例えば新潟県下の名門である高田中学校の生徒の態度は「演習の見物に来て駄評を加へ」、「『それ飛べ〳〵……アツキツチヤあの面』なんて冷笑する」という「不真面目」なものであった[23]。他の学校も、「柏崎の戦闘には中学生農学生は勿論、女学生も程近い団子山に来て観戦する。中でも女学生の元気と来たら凄じい、木に昇つて観戦する」[24]との報道があるように、原則として教師の引率による団体観戦であったにもかかわらず、必ずしも整然とした観戦態度ではなかった。また学生を指導・矯正すべき引率教師たちも、見学の際には学生たちの勝手に任せていたと考えられ、演習の雰囲気作りに協力する姿勢は希薄であった[25]。学生のこのような観戦態度は、他の観戦者、特に一般住民の演習認識に影響するだけでなく、演習参加兵卒の士気を低下させかねない点で問題であったことは間違いない。

しかし、師団当局にとってより深刻であったと考えられるのは、青年や在郷軍人の意欲低下である。演習地在住の青年・在郷軍人には、演習での演習地の警備や宿営地での事務など演習の補助業務を下請け的に行う役割が、また他地域の青年団や在郷軍人分会には、団体で演習見学に来ることで、彼等自身や他の一般民衆に対して「国防意識」を養成するという効果が期待されていた。しかしこの時期、彼等の動向はその期待に沿うものとは言い難かった。

例えば、一九二三年の八月に関山演習場で行われた「陣地攻防演習」の際、演習観戦の呼びかけに青年団と在郷軍人が呼応せず、「其の締切りは二十日限りと云ふので、昨日統監部の師団司令部に就て参観申し込み団体を調査すると、僅に五ヶ団体で其れも学校のみである。軍人分会青年の申し込み更になく[26]」というありさまであった。その後師団から督促が行われたとみえて、当日は青年団や在郷軍人なども観戦したが、従軍記者の観察によれば「そこらの観覧者席からは、イビキの声やアクビが頻々として耳朶に響くが、炎熱と戦ふ兵卒の身上を思へば失礼な話ではないか。国家の干城たる在郷軍人ですら、そんな不心得なものを見出したのは頗るなげかはしい[27]」というのが実態であった。

この演習は、歩兵操典草案の改正にともない実施されたもので、「新兵器」を総動員した「未曽有の」演習であっただけに、参加団体の消極的態度は深刻である。特に在郷軍人の場合、本来軍人会本部や各連隊区司令部の指導下にある建前であったが、大戦後の全国的傾向として、在郷軍人が米騒動や小作争議に参加するなど統制が乱れ、個人単位での自主的な活動が目立ってきており[28]、演習をボイコットする在郷軍人が出現した可能性も否定できない。

師団当局としては、演習に対して関心・熱意が低下していた青年団や在郷軍人が、演習の補助業務を意欲的に行うとは到底考えられなかったのではないか。「河村談話」との関係でいえば、彼等は前述のように宿営拒否者を説得する役割を担っており、特に在郷軍人の場合、舎営先となる家々との交渉に際して、設営担当者が来る前に「其宿営地と極まつた町村で炊事場、馬繋場、それから舎主となるべき家の姓名を記入した略図を一枚作つて置いて設営隊に示せば日の暮れ方になつてマゴ〳〵する必要も無く、立ち所に宿営の準備が成る。此略図一枚が軍隊では非常に有難いのであるとの事、炊事場又は馬繋場の位置指定は在郷軍人に相談すれば直ぐに分ると思ふ[29]」といった「根回し」が期待されており、それが十分に機能していれば「河村談話」の原因となった臨時宿営拒否は未然に予防されていたはずであった。

よって、「河村談話」の原因となった臨時宿営拒否事件の背景として、青年団や在郷軍人分会の演習への意欲が低く、それが師団と住民との調和を乱している、との認識が師団当局にあった可能性を考慮に入れる必要があるだろう。

青年や在郷軍人ばかりか、本来の事務担当者である郡市町村の兵事係も消極的であった。一九二三年二月「二十一二十二の両日に亘り、高田偕行社に於て高田支部管内の兵事主任会議を開催されたが、連隊区司令官土橋大佐に就てその状況を聞くに、兵事主任者の方より之れと云ふ提出事項もなく、司令部当局より指示した事のみ協議した位なものだ。極めて平々凡々なものであつた」という。この時連隊区司令部は「癈兵問題」や「雪害」対策などについての提案を期待していたようであるが、それらを含めてまったく議題が出なかったということは、兵事係の消極的姿勢を示していよう[30]。彼等の姿勢の原因は判然としないが、演習事務の遂行にあたっても彼等が同様の消極的態度で臨むのでは、との危惧を師団当局が抱いたとしても不思議はない。

なお、地域住民一般の演習に対する意識について言及しておくと、報道をみる限り一定の関心・熱意は維持されていたと考えてよいであろう。ただし、先に確認した一九二三年八月の「陣地攻防演習」の記事によれば、一応演習には多数の一般観戦者が集まったが、「明日は久邇宮殿下の御観戦あり、本日から地方より数万の観客が押し寄せる[31]」との表現があり、観戦者の目的が演習そのものというよりも、この演習を見学する久邇宮邦彦王とその一家、特に当時皇太子妃に内定していた良子女王であったことをうかがわせる。また、前述のように在郷軍人をはじめ「そこらの観覧者席からは、イビキの声やアクビが頻々として耳朶に響く」という状況であったことや、一般陪観者に解説担当の将校を配し、「頗る巧妙な言辞を使つての説明」を加えたにもかかわらず「普通人には新兵器の偉力々々と唱へられても、只其れと見たゞけでは一向感心しない点も多少は窺はれた[32]」と評されたことなどから、一般住民の関心の程度についても疑問の余地はある。

3　第一三師団の対応策

以上、「河村談話」の背景として、①演習に地域住民が反発し、宿営などを忌避する状況が発生、演習の円滑な実行に支障を来たすおそれがあった、②演習を支えるはずの青年団・在郷軍人・兵事係などの意欲が低下し、演習事務の遂行や地域住民との仲介役などの任務に支障が出るおそれがあった、という二つの事態が進行していた。演習をとりまく一連の問題は、師団の軍事的能力の維持を困難にするという点で、存在を基底から揺るがす事態であると認識

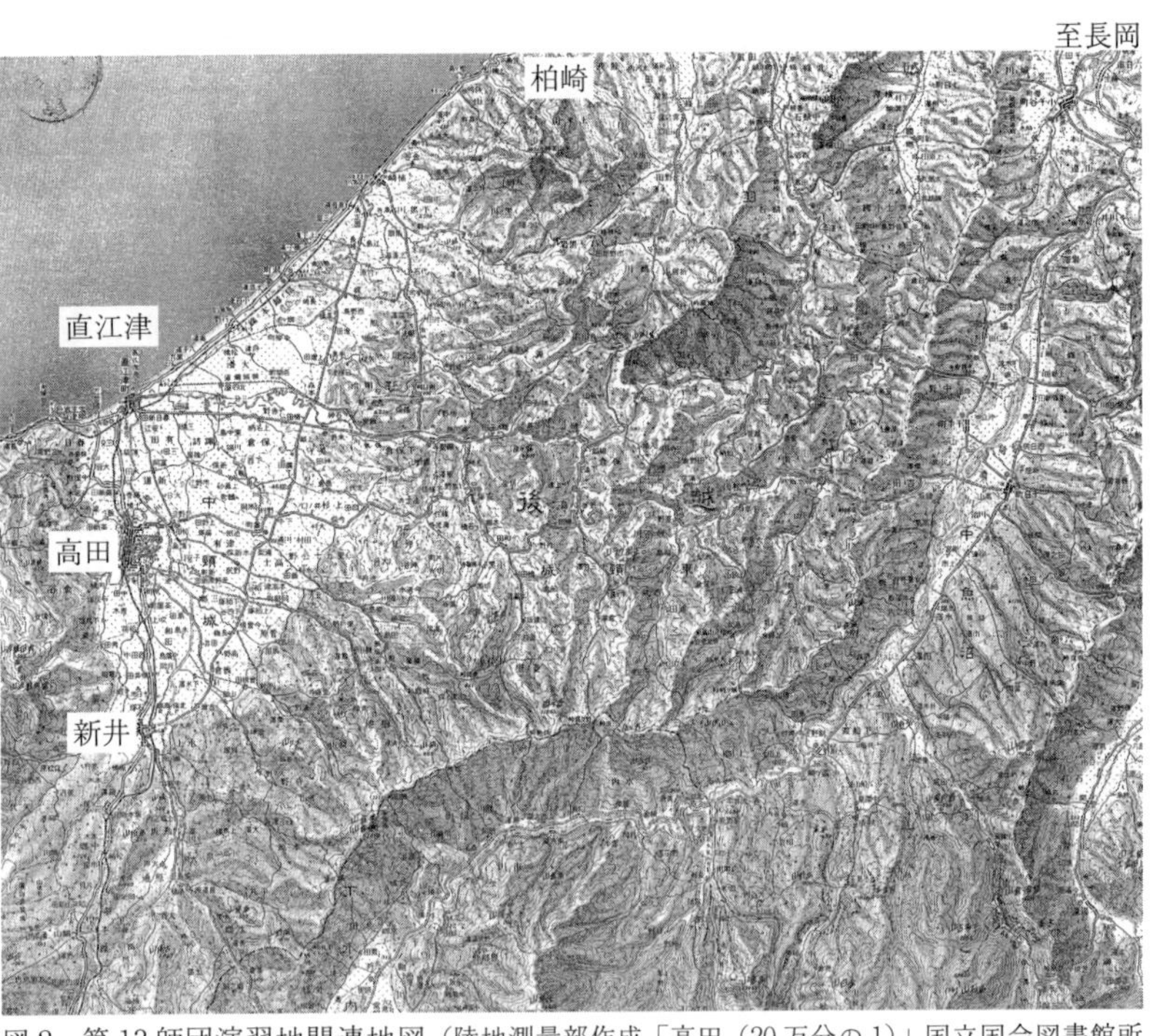

図2　第13師団演習地関連地図（陸地測量部作成「高田（20万分の1)」国立国会図書館所蔵，YG1-Z-20.0-55より作成）

されたと思われる。「窮鳥」という表現は、師団が置かれた危機的状況を象徴するものであったといえよう。

では、師団当局はこの「危機」をいかに解決しようとしたのであろうか。以下、「河村談話」に示された対応策を検討してみよう。まず「迷惑」を与えている原因についての理解であるが、第一三師団管内の地形が狭隘で、砲兵を含めた大規模な演習を行いうる地域が限定されるため、同じ地方に負担が集中している、ということに原因を求めている。そして対策として打ち出されているのは、「まだやつた事のない地方で」演習を行うことにより、特定地域に演習が集中するのを防いで負担を均霑する方法である。

確かに、第一三師団が衛戍する高田は南北に細長い頸城平野にあり、実際の演習想定を報道から確認すると、ほとんどの演習が必ず頸城平野を縦断する場面を含んでいる。よって負担が集中する地方とは主に頸城平野であると理解できる。また、越後平野へ出て演習を行う場合も、行軍路は基本的に柏崎から長岡へ抜けるルート（現在の信越本線ルートであろうか）しかなく、演習地も信濃川沿岸が中心となるため、それらの地域にも該当する論理であろう（図2）。また、別の部隊に勤務していた将校の言説でも、「近時軍隊ノ数逐次増大シ行軍演習頻繁トナリ、同一地方ニ宿営スル度数著シク増加シ」[33]と、宿営トラブルの原因に演習の頻度の増加を指摘するものがあることから、当時の陸軍軍人の発想としては、必ずしも極端なものではなかろう。また、青年層や在郷軍人の反応も、同一地域での反復により彼等に演習に対する飽きが生じていたとすれば一応の説明はつく。

ただし、この理解は住民の反感自体の説明としては不十分であろう。当該期の反軍世論や将兵・在郷軍人の軍紀の弛緩など、現在の研究で当時の社会情勢理解として通説化しており、しかも当該期の陸軍自身も一定程度認識していた理解との関連性が不明確である。対応策としても「軍紀の引締め」や「国防思想の普及」などを挙げるほうが一見説得的である。[34]

では、第一三師団当局の理解（および背景としての演習頻度原因説）はどこから来たものだったのであろうか。著者は、陸軍が独自の演習に対する認識にもとづいて地域での事態を解釈し対応しようとしていたのではないか、と考える。だとすれば、その陸軍独自の理解を明らかにするためには、当該期の陸軍における演習運用の実態を検討する必要があろう。そこで次章では、陸軍中央に視点を移し、当該期の演習運用の実態を分析することで、「河村談話」の背景にある事情を明らかにする。

それである。

二　演習の欠陥とジレンマ

1　「河村談話」の根拠

実は、「河村談話」で示された理解と対策は、既に陸軍が示していたものであった。当該期の「演習令」[35]の規定が具体的にいうと、「河村談話」の当時使用されていた『秋季演習令』によると「第六十三　秋季演習ヲ構成スルニハ、達成スヘキ目的ヲ定メ実戦ニ鑑ミ典則ヲ基礎トシテ周到ニ計画シ適切ニ実施シ、以テ其効果ヲ十分ニ収得スルヲ図ルヲ要ス。而シテ年々同一ノ地形ニ於テ同種ノ演習ヲ行ヒ、或ハ其計画ノ常ニ同一形式ニ陥ルハ、特ニ之ヲ避ケサル可カラス。又同一ノ地方ニ於テノミ演習ヲ行フコトナク、適宜其地方ヲ変更スルヲ可トス。然ルトキハ啻ニ演習ニ利益アルノミナラス、地方ノ負担ヲシテ偏重ナラシメサルコトヲ得ヘシ」とあり、演習地変更の軍事的および住民対策としての意図と効果が示されている。「河村談話」で示された解決策は、傍線部の焼き直しであったと理解できる。というより、この規定が実際には守られず、「河村談話」が言うように同一地点での演習が繰り返されていたということが推察できよう。

なお、このほか演習令では演習への反発を防ぐ対策として、演習にともなって家屋や農地などに対して発生する危害の防止と損害賠償が、『秋季演習令』の「第百六十二」「第百七十三」に示されていた。また、前節で述べたように、憲兵による横暴軍人の取締りも不充分ながら実施されていた。「河村談話」ではこれらについては具体的な言及がないが、演習令の規定どおり演習地を変更すれば、これらの問題の発生頻度もある程度緩和できるという認識だったのではないだろうか。

では、演習令の規定にもかかわらず、なぜ同一地点で演習を繰り返さねばならなかったのか。以下では当該期の『偕行社記事』の演習に関する論説を用いて、演習運用の実態と問題点を明らかにする。

2　演習の欠点とその原因

大正期の『偕行社記事』誌上では、実際に演習の運用に携わる将校たちによって、演習の実戦とかけ離れた実態を批判する一連の論説が掲載されていた。その中心的な議題は「演習戦術」に対する批判であり、その論調からはかなり深刻な問題であったことがうかがえる。

ここでいう「演習戦術」とは、「演習ニ於テノミ然ルヲ得ルナリ、実戦ニ於テハ決シテ有り得ヘカラサル(36)」戦術・戦闘経過のことである。そして「吾人僚友間ニハ、演習ノ弊ヲ絶叫シテ軍紀ヲ破壊スルモノトシ、或ハ徒ラニ厖大ノ経費ト貴重ノ時日トヲ費シテ、得ル所之ニ伴ナハスト痛論スル者ナシトセス(37)」と、陸軍内で「演習戦術」に対する批判が噴出していたことがうかがえる。

では、「演習戦術」とはどのようなものであったのか、以下に具体例を挙げてみる。

①「水田戦術」。水田地帯での演習の際、畦道にそった進軍により「道路狭小ニシテ、歩兵ハ二列若クハ三列ヲ以テ行軍スルヲ得ルニ過キサルコト屢々ナルヲ以テ、行軍縦隊ノ長径延伸ス。又一方ニ於テハ、道路外ノ運動困難ナル為メ軍隊ヲ側方ニ移スコトハ殆ト不可能ナリ(38)」というものである。これでは状況に応じて隊形を変化させる訓練は不可能であり、極度に単線的な運動に終始してしまうであろう。例えば一九〇九（明治四十二）年改正『歩兵操典』では、最前線部隊は密集隊形で前進ののちやや前方で散開隊形に移る、と規定されているが(39)、引用

史料にあるような条件では密集隊形も機動的な散開隊形への変化も困難であり、実戦での要求と大きく矛盾する。

②演習全体の進行や演習部隊の行軍の不自然さ。この時期の演習は、演習全体の進行や各部隊の行軍速度が実戦に比して不自然に迅速である、と認識されていた。例えば、「戦術上至当アルヘキ第一線トノ距離ヲ保チ、若シクハ地形ヲ利用スルトキハ、間断ナキ第一線ノ行動ニ随伴スルコト能ハサルカ故ニ、第一線トノ距離ヲ短縮シ、且地形ノ利用ニモ顧慮スルコトナク、只々捷路ヲ取リテ第一線ノ後方ニ近ク跟随シ、実戦ニ於テハ第一線ト同時ニ敵砲弾ノ損害ヲ蒙ルヘキ距離ニ在リ[40]」といった失敗が多発したというのである。これは、演習想定が指定するルートを進軍した場合には途中に丘陵などの障害物が存在して行軍が困難であると判断し、それらを避けて近道を行軍した結果、かえって想定より早く、しかも必要以上に前方に進出してしまったということである。また、一般に演習では期間が限られることから実戦に比して戦闘時間が短くならざるをえず、「戦闘ノ継続時間ハ実際ノ数分ノ一ニ短縮スルモ、行軍及移動ノ為ノ速歩及ヒ駈歩ノ速度ナルモノハ、平時ノ演習ニ於テモ毫モ異ナル所ナキヲ以テ、結局全体ノ情況ヲ不合理不自然ナラシムル」こととなり、「斯ノ如ク演習ノ経過力迅速ナルコトハ、戦闘ノ継続時間ト各種ノ行軍及ヒ軍隊移動時間ノ関係ヲ不合理ナラシム」と指摘されている[41]。

③「歩砲協同動作」の不徹底。①②から派生する問題であるが、前述のように「水田戦術」を余儀なくされる結果、「狭小ナル道路上ニテ縦隊中ヨリ野戦砲兵ヲ前方ニ抽出スルコト困難[42]」であることと、歩兵の行軍速度を緩めると「演習ノ気勢ヲ減殺シ、攻撃戦闘ノ要素タル猛烈果敢ナル前進ヲ為スカ如ク養成スルコト困難トナルノ害アリ。故ニ某程度迄ハ実戦的光景ヲ没却スルニ至ルハ、亦已ムヲ得サルヘシ[43]」という精神練成上の要請のため、歩兵と砲兵の速度が食い違う事態が多発していたという。陸軍は日露戦争の教訓から、決戦時の「歩砲協同動作」による突撃を重視していたため[44]、演習の段階で協同動作の訓練が十分行われないという事態は許容できなかったと考

えられる。

④敵情や敵火力を無視した攻撃の多発。「敵火ノ効力テフ観念ニ乏シク」、必要な敵情偵察を怠るなど敵火力を正確に把握していない演習部隊が多く、「従ツテ敵火ヲ蒙ムレル際、之ニ応スル軍隊ノ運用妥当ナラスシテ、往往火力ヲ無視スルノ行動ニ出テ」その結果必要以上に攻撃を受けるなど、「遂ニ甚タシク実戦ト異ナレル価値少キ演習ニ終ルコト尠カラス」という状態であった。その原因としては「平地及岡阜地ハ周囲ニ樹木ヲ有スル村落、農厦、神社及桑園散在シ、展望及偵察ハ之カ為メ著シク困難ト為ル」ことが指摘されている。(45)

以上のように、各種「演習戦術」はいずれも当時の陸軍にとっては実戦感覚の体得を阻害するものであった。そのうえ日常的に「演習戦術」を繰り返し、それが当然視される状況が続けば、「演習ニ依リテ待クル習慣ハ第二ノ天性トナリ、往々ニシテ実戦ニ臨ミ演習戦術ニ陥」る危険があり、実際「幾多ノ失敗ヲ重ネタル例証ニ乏シトセス」という指摘がなされている。(46)「第二の天性」とは典範令の常套句であるが、この場合は強い危機感の表明として使われている。

このような「演習戦術」が発生する原因については、日本の地形的特性が考えられていた。ドイツ参謀本部編纂の『四季報』の分析は、ドイツの演習を念頭に置きつつ、日本の地形的特性について次のように述べている。

日本ニ於ケル機動演習ノ経過ハ、我カ独逸ニ於ケルヨリモ地形ノ影響ヲ受クルコト更ニ大ナリ、日本ハ山国ナルヲ以テ、大部隊ノ運動ハ、海岸及大河ノ河谷ニ在ル狭小ニシテ平坦ナルカ、若クハ岡阜ノ地帯ニ限定セラル。此ノ地帯ニ於テモ亦交通網ハ不完全ナリ。殊ニ吾カ国ニ於ケル大街道ニ乏シ。其ノ他尚ホ平地ハ殆ト田ヲ以テ充サレ、秋季演習ノ頃ニモ猶ホ水ヲ以テ蔽ハレ、其ノ灌漑ノ為メ多数ノ河流溝渠アリ。大ナル河流ノ多クハ高キ堤防ヲ有ス。

平地及岡阜地ハ周囲ニ樹木ヲ有スル村落、農厦、神社及桑園散在シ、展望及偵察ハ之カ為メ著シク困難ト為ル。山岳ハ険峻ニシテ通過シ難ク極メテ住民ニ乏シ。欝蒼タル樹林ト密生セル下生トハ運動ヲ妨害シ、斜面上ニ砲兵陣地ヲ発見スル事稀ナリ(47)。

この指摘によれば、日本は「山国」のために大部隊が運動できる地域が限られ、それらの地域にしても交通網が不完全で、水田とその灌漑施設が障害になるという。また樹木や山岳も行軍や偵察の障害になるという。さらに、傍線部の指摘を踏まえれば、日本国内においては、日本陸軍が範を仰ぎ各種典範令をも模倣しているドイツのような演習を行うのは困難だということになる。それはすなわち、日本陸軍の演習が彼等が想定する大陸での戦闘に適していない、ということを示唆するのである。

日本の地形的制約については、日本陸軍の軍人たちも同じように認識していた。『偕行社記事』の一連の論文においても、「我カ国ノ地形ハ陸軍演習場、未開墾ノ原野又ハ何等特別ノ変化ナキ水田等然モ其ノ多クハ泥濘ニシテ、適当ナル演習地ト云フヲ得ス僅少ノ部分ヲ除クノ外、旅団又ハ師団ノ展開面ヲ有スル千米以上ノ開闊地ヲ求ムルコト極メテ困難(48)」、「本邦ノ地形ハ著シク錯綜シアリテ、平地ニ於テモ水田、細流及ヒ溝渠等ノ地障相参差シ、啻ニ整然タル運動ヲ演習部隊ニ許ササルモノアリテ、計画上幾多ノ支障ヲ伴フ(49)」といった指摘がなされている。

実際、日本列島は平野に乏しく山がちであり、また農業の主要作物は稲作で、広い水田地帯は日本の典型的風景といえるものである。また、戦前までの稲作では湿田での耕作が一般的で、排水工事や耕地整理の進んでいない地方では、一年中水田は泥田であった。また、屈曲した畦道や用水路が水田の周囲に張りめぐらされ、それらを無視しての行軍を困難にしていたと考えられる。よって、当時の陸軍の志向する戦略・戦術と国内の地形との間には、現実に大きな懸隔が存在していたとみて間違いないだろう。

地形が障害となるもう一つの理由は、地形そのものを変更することができないということである。山川や畦道の位置を変更することが不可能であるのはいうまでもないが、例えば田畑やその附属設備が障害となるとき、それを改変・除去するに際しては一定の損害賠償が必要になる。また、実際に危害を蒙る住民の印象も悪く、「反軍感情」の原因になりかねないという危険性も、大正期には問題となってこよう。(50)

3　陸軍の「演習戦術」対策のジレンマ

では、この地形的特性にもとづく「演習戦術」問題を解決するにはどうすればよいのか。理屈からいえば、地形そのものを変更できない以上、演習の想定そのものを変更し、日本国内の現実に適合する演習を行うのが最も有効な方法であろう。

例えば、ドイツ参謀本部『四季報』は、日本の地形を客観的に分析し、「地形ノ困難ナル為メ、各兵種、殊ニ歩兵ヲシテ極メテ地形ノ利用ニ巧妙ナラシメ、又一二ノ特別ノ兵種ヲシテ、卓越ナル効果ヲ奏スルヲ得シムルノ利益アリ」、あるいは「日本ノ地形ハ持久戦、村落、森林及河線附近ノ戦闘ヲ演スルニ最モ適当トス」など、日本の地形を逆手にとることで、特殊な能力を練成し、個性的な軍隊を作り上げるよう提言している。(51)

また、北原一視という将校の論文では、「最初より一方軍全部をして、全然防禦せしめ」たり、「最初より、追撃、退却の状況から演習を始むる」など、従来の遭遇戦型想定に代えて防禦戦や退却戦を想定することが提言されており、(52)日本陸軍のなかにも、想定自体を改革するという発想をもった軍人が存在したことがわかる。

演習令においても、『野外要務令』の「第三」には「殊ニ地形ノ価値ヲ顧慮スルヲ緊要トス」と規定され、「第四十六」にも「軍隊ヲシテ全ク地形ヲ応用シテ任意ニ運動セシムルヘシ。機動演習ニ在テハ決シテ地形ヲ想像スヘカラス」とあり、元来参謀本部も、現実の地形を生かした演習を行うべき、という意見であったと考えられる。しかし、『秋季演習令』や後述する『陸軍演習令』では北原らのような改革は実施されなかった。そもそも『偕行社記事』での議論のなかで、想定の改革を主張したのは先記二論文にとどまっていたことから、具体的な改革案として議論されるには至らなかったようである。そのため、現実の演習の想定は一貫して「遭遇戦ニ次クニ退却、追撃幷ヒニ攻撃防禦ヲ反復スル」という野戦主体の内容が採用され続けていることが批判されている。[53]

では、なぜ演習想定の改革は行われなかったのか。その原因として考えられるのは、第一に「最初の第一日に於て両軍を衝突（相対峙）せしむるに至らないと云ふ様な指導は、正味二日しかなく、而も戦闘動作に重きを置く場合に於て適当でない。為に、どうしても相衝突（相対峙）せしめなくてはならぬ」という技術的制約である。また、北原の構想を実現するには、「攻防の地位直に判明する」という「演習戦術」の防止のため「兵力の移動、転用、脅威牽制、奇襲等有らゆる機動を行ひ得る如き地形」が必要になる。[54]しかし、前述したように日本の地形は北原が要求する機動には適さない地域が多く、北原の考える演習想定が実現できる可能性は低いといわざるをえない。

第二に、当該期の陸軍における戦略・戦術思想の影響が考えられる。前述した「遭遇戦ニ次クニ退却、追撃幷ヒニ攻撃防禦ヲ反復スル」という演習想定は、同時に「大陸攻勢戦略」のミニチュア版でもあった。すなわち、一九〇七年策定の「帝国国防方針」での対ロシア戦で採用されていた「韓国縦貫鉄道から安東—奉天線を主幹線として迅速に戦力を奉天付近に集中し、ハルビンを攻略して東清鉄道を遮断する。その後兵力を転用してウラジオストック要塞を攻略し、戦争を終結させる」[55]という戦略は、単純化すれば「平原地帯への兵力集中→敵野戦部隊との遭遇、会戦→敵軍を追撃、要塞をめぐる攻防戦」となり、それを戦術に置き換えたのが前記「遭遇戦……」の演習想定と考えられる。つまり、「帝国国防方針」の戦争イメージにあわせて演習を行っていた可能性が考えられるのである。

そもそも、当該期の陸軍の典範令は「攻勢戦略」を偏重する傾向にあり、持久戦や退却の方法に対する関心は低かったと考えられる。[56]陸軍がロシア・中国など大陸国家を仮想敵国とし、基本的に「攻勢戦略」を採用していた以上、日本の地形に即した持久戦想定を策定する意義は認められなかったのではないか。[57]

また、『偕行社記事』で「演習戦術」批判を展開した将校の軍事思想にも同様の限界を指摘できる。例えば、金谷範三は参謀次長時代に「演習次長」と陰口を叩かれたほど演習に熱心だった人物として知られているが、「戦術思想は日露戦争以来のもので、おそらく第一次大戦の教訓をば、十分に研究されていなかったのは事実であろう」[58]との評価があることから、「演習戦術」克服のために遭遇戦中心の演習想定に代わる新想定を提示する可能性は低かったと思われる。他の将校の議論についても、北原以外は抜本的な改革提案がみられないことから、思想的には金谷と大同小異であったと考えてよかろう。

以上のように、演習想定が変更できないとなれば、細部の運用で対応するほかない。この点を端的に示すのが、『秋季演習令』の規定である。同令の第二は、「(演習において現実に)示シ得サルモノハ危険ノ光景、悲惨ノ情状及勝ヲ争フノ実敵ナリトス。演習中宜シク此数者ヲ脳裡ニ描キ、決シテ忘ル可カラス。此観念ヲ欠ケル演習ハ全ク価値ナキモノトス」と、前述した『野外要務令』の方向性とは正反対に、現実と想定との食い違いを、将兵個々が「想像」することにより想定を貫徹させようとしていた。しかし、すべての部隊や兵卒にこの「精神論」を順守させることは不可能に近く、部隊間の対応の違いから行動の齟齬が拡大することが予想される。

『秋季演習令』ほど極端ではないが、『偕行社記事』の諸論文でも、精神論や技術論による解決策が提言されている。まず、多くの論考が触れているのが審判官の強化である。審判官とは「典範令ノ原則ヲ基礎トシテ各部隊ノ動作ヲ監察シ之ニ実戦的感想ヲ与ヘ要スレハ機ヲ失セス勝敗ノ判決ヲ為」(『秋季演習令』八七)すことを命じられた将校である。地形的制約から「演習戦術」に陥りがちな日本陸軍では、多数の審判官を各部隊や演習地一帯に配し、演習部隊の行動を「実戦的」なものとするよう指導する必要があった。また、演習場外での演習では火器の使用に制限があったため、演習中には次のような光景がみられたという。

但し機関銃は実際に撃つのじやない。石油の空缶をヒツ叩くのだが其音が又ガンガン響いて火事場の様だ。けれども弾丸は一発も来ないのだから北軍工兵は平気な面をして仲々退けない。其度毎に南軍の将校は憤慨して『誰か審判官は居りませんか、審判官は何してゐるんです！』と腹を立てゝ怒鳴る。(59)

このように、当時の演習は戦場のリアリティには遠く及ばず、審判官による指導なしでは演習への意欲を喚起することすら難しかったのではないかと思われる。この意味で審判官は演習の成否を分ける重要な存在であった。しかし、実際の審判官の「多クハ之ニ特別ノ教育ヲ施スコトナク直チニ、秋季演習ニ於テ過剰トナレル将校ヲ以テ之ニ充テ、甚タシキニ至リテハ、歩兵ノ戦闘ニ充分ナル智識ヲ有セサル他兵科ノ将校ヲ、歩兵ノ重要ナル戦闘ノ審判ニ充ツル」ため、審判に説得力を欠き、しばしば指導が無視されることとなったという。そこで「重要ナル部分ニハ、配属部隊ト同一兵科ノ将校、或ハ特ニ戦術ニ卓越ニシテ審判勤務ニ熟達セル他兵科将校ヲ配属スル」(60)などと、『偕行社記事』上では必ずといってよいほど審判官の強化が提案されている。しかし、一九二四（大正十三）年制定の『陸軍演習令』にはこのような審判官強化策は見出せず、演習実施に際して個別に審判官強化策が実施された形跡も、管見の限り見出せない。よって、少なくとも大正末年までは、審判官制度は改善されなかったとみられる。その理由は史料からは判然としないが、「戦術ニ卓越」した優秀な将校を審判に転用することにより、演習参加将校の質が低下することに、各兵科が反発したのではないかと想像される。

このほか、他兵科に先行しがちな歩兵部隊の進行速度を他兵科や演習想定全体に適合するよう調整するという提案(61)

などもあったが、この方法の場合、必要以上に歩兵の進行速度が遅くなり、歩兵にとっては「演習戦術」になってしまう。また、この種の技術論でも、「仮想」や「計算上の速度」などを徹底するには、結局は審判官の権威を必要とすることから、たとえ実現したとしても効果があったかどうか疑問である。

以上のように、陸軍内で具体的に提起された改善策は、何れも実現しなかった。そのためもあり、演習計画作成の現場では一種の妥協策がとられていたと考えられる。

例えば、「地形カ演習ノ統裁及軍隊指導ノ上ニ及ホス所ノ非実戦的制限ヲ償フニ宿営、給養及警戒其ノ他運動ノ開始並ニ中止ニ関スル自由ヲ以テスルコトヲ努ム」(62)と、戦闘部分のリアリティ不足を宿営などの場面で穴埋めし、実戦感覚を鍛えようとする配慮をしていたとの指摘がある。しかしこの方法は、戦闘能力の練成という演習本来の目的にはほとんど効果がないうえに、宿営を実戦的に行うということは、前節でみたような「臨時宿営」の場面が増加し、演習部隊と地域住民との摩擦が発生する要因となりかねない。

そこで、より一般的には、「地形ノ不利ナル為メ、大抵ノ師管ニ於テハ大部隊ノ演習ヲ為シ得ルハ若干ノ地方ニ限ラレアリ」(63)、その結果として「計画者カ限定セラレタル地域内ニ於テ、演習ニ便利ナル少数ノ地区ヲ利用」して演習が計画・実施されていたのである。演習を妨げる要素が少ない地域を選択すれば、多少なりとも「演習戦術」を回避できると期待されていたのであろう。この方法にしても、「一般ノ計画多クハ千篇一律ニシテ遭遇戦ニ次クニ退却、追撃幷ヒニ攻撃防禦ヲ反復スルニ過キ」ないという、前述した野戦主体の想定ばかりが繰り返される状況では、「演習ハ一種ノ模型ニ陥り、為ニ縦ヒ地形ヲ異ニスト錐モ、指揮官幷ヒニ軍隊ハ概ネ其ノ為スヘキ動作ヲ予想スルヲ得」(64)と、演習がマンネリ化することは避けがたかった。これ自体「演習戦術」の一種にほかならないのであるが、他の「演習戦術」を軽減するためにはやむをえなかったのであろう。

以上のように、日本陸軍の演習では、地形的特性や戦略上の要請から演習地や演習想定に選択肢が少なく、そのなかで「実戦的」な演習を曲がりなりにも行うためには、演習に比較的適した地域を何度も使うほかない、という事情が存在していたのである。これこそが、「河村談話」で河村が指摘した「同じい地方で実施するより仕方がない」という事情の背景にほかならないのである。第一三師団が直面したのは、「実戦的演習」という軍事的要求と、地域住民との関係改善という政治的要求のジレンマだったのである。

4　新たな解決策の模索

以上の検討の結果、「河村談話」が当該期の演習が内包するジレンマの表現にほかならないことがみえてきた。同時に、これまでの経緯からして、河村の提示した演習地変更策は実現が困難であることも明らかであろう。演習不適地域で演習を強行すれば「演習戦術」を助長することになりかねないからである。

また、「負担の均霑」という方法は地域住民の反発を「根絶」するどころか、「迷惑」をかける地域を増やすという欠点を有し、数年後にはそれらの地域でも反感を醸成する可能性を否定できない。また、前述のように「河村談話」は住民の反発のより根深い背景と考えられる「反軍世論」や、それを助長する演習部隊の言動などに対する具体的対策を欠いており、政治的配慮の不十分な技術論であるとの印象が拭えない。

「河村談話」をみる限り、陸軍は演習をめぐつて袋小路に陥っていたようにみえる。しかし、解決方法は模索されつつあった。史料的制約から限定的な分析にとどまらざるをえないが、陸軍中央と地域レベルでの新たな対応の萌芽が認められるのである。

最初に、「河村談話」以後に制定された『陸軍演習令』の規定から、参謀本部の新たな対策とその有効性を考察する。まず「第七十五」では「同一ノ地形ニ於テ屢々同種ノ演習ヲ行ヒ、或ハ其ノ計画ノ常ニ同一形式ニ陥ルハ、特ニ之ヲ避ケサル可ラス。然レトモ陸軍演習場ハ、諸般ノ関係ヨリ概シテ真摯ナル戦闘動作及作業等ヲ演練スルニ適当ナルヲ以テ、成ルヘク之ヲ利用スルヲ可トス」という新たな規定がもりこまれている。この条文について、参謀本部名義の『陸軍演習令』に関する説明文によれば「民間権利観念の発達は、損害賠償の関係上耕作地に於ける演習を避くる必要を増加した」[65]ためにこの条文を設けたという。つまり、常設の演習場を多用することで演習場外での演習自体を削減し、演習に起因する損害賠償など、地域社会への負担を軽減するための規定である。このような手法はこれ以前に『偕行社記事』などで提案された形跡がなく、参謀本部が地域社会との摩擦軽減を意図して新たに立案した方針の可能性が高い。

しかし、この条文はいくつかの矛盾をはらんでいた。まず、「第二十七」の規定により、他の師団と協議のうえ「師団ノ仮設敵演習ニ代フルニ両師団ノ対抗演習ヲ行フコト」が可能となったこととの関係である。常設演習場を極力利用するということになれば、演習場の規模によっては「第二十七」が空文化し、「演習戦術」に陥りやすい仮設敵演習を実施せざるを得ない。

第二に、演習場の運用に関する問題が挙げられる。まず、演習場を多用すれば演習場の地権者や地元農民の負担が増加するのは避けられず、彼等との条件交渉に一層慎重かつ丁寧な対応が求められ、演習場での紛争を回避しなければならなくなる。しかも当該期の演習場をめぐっては地元側の条件闘争が強力に推し進められており[66]、演習場といえども陸軍の思い通りになる状況ではなかった。また、一九二三年の報道によれば、第一三師団当局は関山演習場を「軍隊で使用するのみならず、一般地方人も体育熱旺盛になつた今日、競技場として使用」するという構想を立てており、反軍感情を鎮静化させるための師団のなりふり構わぬ姿勢がみてとれる[67]が、このような形で地域への宥和策に演習場を用いるとなれば、『陸軍演習令』「第七十五」はむしろ足かせとなろう。

参謀本部も「第七十五」の限界は自覚していたらしく、『陸軍演習令』においても、「第七十六」で「前項ノ如キ演習地ハ、毎年同一地方ヲ用フルコトヲ避ケ、以テ一方ニ於テハ軍隊ノ生地ニ於ケル演習ノ機会ヲ増シ、他方ニ於テハ軍隊対地方関係ヲ普遍ナラシムルコトニ注意ス可シ」という従来どおりの規定が設けられているのである。「第七十六」の説明によれば①「軍隊ノ生地ニ於ケル演習ノ機会ヲ増シ」、②「軍隊対地方関係ヲ普遍ナラシム」というのが理由であるが、このうち理由②は「河村談話」の理解と同一のものである。また理由①について、軍隊の「生地」という表現には、「初めての土地」と「出身地」との二通りの解釈が考えられるが、前掲の参謀本部による説明文によれば、「旧令第六十四を改正し、尚同第六十三演習地方変更の必要を本条に移されたり[68]」とあり、『秋季演習令』同様「初めての土地」での演習を行うことで、同一地での反復によるマンネリ化を防止するという意味であることがわかる。「第七十六」は「河村談話」の方向性と軌を一にしていたといえよう。

しかし、これまでみてきたように、「演習戦術」防止のためには、同一地での反復以外選択肢がないはずではなかったか。この点に関して、説明文は「第七十六」について、「従来秋季演習は機動的に行ふを本則とし、従つて其演習地域も或る（ママ）べく広大なるを可とする主旨なりしも、本令にては従来の所謂秋季演習に相当するものと雖、必しも常に大規模の機動を主とせざるを以て、之に応ずる如く本條を改められ[69]」と、『陸軍演習令』が秋季演習を必ずしも機動的に行う必要がないことを表明しているのである。

「第七十六」本文では鉄道・船舶の利用が推奨されており、徒歩による機動の訓練の必要が減じると想定されたことが一因とみられる。これにより機動訓練用の広大な土地が不要になり、戦闘訓練用の広さがあれば演習が可能になることが予想されたと考えられる。よって、「演習戦術」を起さない演習適地が増加し、演習地変更が容易になるとの予想が、「河村談話」路線の追認につながったのであろう。

しかし、前項でみたように、演習地を増加させることは、「迷惑」をかける地域の増加につながることから、将来の反発を阻止するには陸軍への支持の回復も必要となる。この点については、第一三師団での具体例から考察したい。まず、演習そのものへの支持取り付け策としては、地域住民参加型の演習を行うことにより、演習の意義や国防思想などを普及させるという方法がある。そのような演習の実例が、次に挙げる史料である。

昨朝直江津並に附近村落に宿営した歩兵第五十八連隊は早朝同地を出発、第一大隊は先発で北陸街道を浜風に吹かれつゝ前進、殊に今回は西頸郡人の懇請によりて同地に行軍する事とて、各地の歓迎中々盛んである。千余の将卒の行を祝福してか、秋空名残りなく晴れて爽快此上もなく、場慣れぬ西頸万手の演習も□らしく勇みに勇んだ将卒は、羽入統裁官より与へられた想定により随所に砲火を交へつゝ、午後二時近く糸魚川町附近に到着、此地に於て糸魚川中学校四五年生は第一大隊田中少佐の指揮の下に属し、若い兵士は本物の兵士に負てなるものかと奮戦する。糸町附近は砲声轟々として天地も為に裂けんばかりにて、糸魚川中学生の見学を初め物珍らしさに観客は押寄せ頗る雑沓を極め、糸魚川東方平野に於て一大激戦を試み、同夜は盛んなる歓迎裡に糸魚川町に宿営、斯くして第二日は終了し、本日は帰路山手を通過して能生方面に向ふと。(70)

この演習の最大の特徴は、中学生との対抗演習であろう。報道が正しいとすれば、演習見学者の大半は中学生目当てだったことになるが、結果として演習に人が集まり、住民の軍隊や演習に対する関心・理解が喚起されると期待できよう。

なお、糸魚川町(現糸魚川市)は日本海沿いの狭隘な海岸部に位置し、大部隊の戦闘演習には平地の面積が不足するため、演習の頻度は低かったと思われる。その結果地域住民が演習に対する新鮮な意欲・関心を維持していた、という事情も勘案する必要があろう。また、この演習は「河村談話」が出される一ヵ月ほど前に実施されており、談話中の「稀に七年とか五年振にお鉢が廻る地方はヤンヤと歓迎する」との指摘は、このような反応を念頭に置いたものであろう。糸魚川行軍は、河村の論理の有効性をも裏づけるものであったといえそうである。

糸魚川行軍は行軍演習の一環として中学生を参加させていたが、当該期には軍事思想の普及と国防意識の涵養を目的に、学生や青年団を参加させた連合演習が行われており、地域住民・各種団体の軍事演習への意欲の喚起や、演習への支持回復も期待されたと考えられる。またこれらの演習は、在郷軍人会の思想動員をも兼ねることにより、演習事務への協力をより確実にするという効果も期待されていたと思われる(71)。

また、前述したように、第一三師団では関山演習場を地域住民に開放することにより、軍隊に対する地域住民のイメージを改善しようとしていた。これに類似する施策としては、一九一七年以降師団司令部構内の桜が一般に公開され、観桜会に発展したという事例があるが(72)、軍事利用を優先すべき演習場の開放には大きなインパクトがあるといえよう。この構想が実現したかどうかは定かではないが、師団の目指すところはうかがい知れよう。

結局、第一三師団は前述のように宇垣軍縮により廃止され、新潟県は第二師団管下に移管された。軍縮後の第二師団は宮城・福島・新潟三県を管区とし、演習もそれら各県内で行われた。旅団・連隊衛戍地となった高田周辺は勿論、新潟県全体としても、大規模演習の実施頻度が低下し、各部隊の演習が特定箇所に集中する頻度も減少したと考えられる。

しかし、宇垣軍縮はあくまで量的な変化に過ぎず、本節で明らかにした演習の構造的欠陥が解消されたわけではない。演習改革か支持回復が達成されない限り、演習と地域社会との矛盾は他の衛戍地に残存しており、常に破綻の可能性を有していたのである(73)。

おわりに

以上本章で明らかにしたように、大正期の日本陸軍が直面したのは、「反軍世論」に後押しされつつ、直接的には同一地域での演習の反復に対する地域社会の反発・関心低下と、「実戦的演習」実現のためには演習適地で演習を繰り返すほかないという、軍事上の要求とのジレンマであった。それに対して大正期の陸軍は、民衆や社会との関係を円滑化し、反軍の動きに対抗しようと試みたが、彼等に内在する「軍事の論理」や教条主義が克服できない以上、民衆や社会との「調和」は困難だったといえるだろう。第二節第四項では新たな演習改革の萌芽について指摘したが、現実の歴史をみると、そのような方向性が追究されたとは考えにくいのも事実である。昭和期の陸軍の方向性は、民衆や社会との「調和」を断念して「軍事の論理」を貫徹させるものだったといえるのかもしれない。

また、「はじめに」で述べたように、このジレンマは大正期固有のものというよりむしろ、日本陸軍が近代的常備軍の制度を採用する限り、常に直面しうる通弊だったと考えられる。近代的常備軍である限り、大規模な演習は不可欠だからである。そして、日本の地形的性格は近代を通じて大きく変化していないし、具体的な要求をするかどうかは別にして、演習地には住民が存在し続けていた。だとすれば、他の近代的常備軍における実例との比較が必要になってこよう。具体的には、他の時代の日本陸軍はこの問題にどのように対応していたのか、また他の近代国民国家における演習問題の発現のありようなどが、今後明らかにすべき課題といえよう。

註

（1）戸部良一『日本の近代九　逆説の軍隊』（中央公論社、一九九八年）、黒沢文貴『大戦間期の日本陸軍』（みすず書房、二〇〇〇年）などを参照。

（2）黒沢同右書、三二頁。その理由は、一般に軍隊においては戦略や作戦の立案と実際の戦闘が重視され、演習特にその運用には関心が向かないという傾向があり、研究者も自然と前者の研究に関心を集中させてしまうからであろう。

（3）「軍隊と地域」研究動向については、本書序章を参照。

（4）この点は、吉田裕「戦争と軍隊―日本近代軍事史研究の現在―」（『歴史評論』六三〇、二〇〇二年）四九～五〇頁の指摘も参照。

（5）荒川章二『軍隊と地域』（青木書店、二〇〇一年）。

（6）以下の記述は、『軍都高田の成立とその変遷』（新潟県社会科教育研究会、一九八〇年）、『新潟県史』通史編・近代二（新潟県、一九八八年）五八四～五九四頁、『高田市史』第一・二巻（高田市、一九五八年）によった。また、師団廃止の経緯については、土田宏成「陸軍軍縮時における部隊廃止問題について」（『日本歴史』五六九、一九九五年）も参照した。なお、『上越市史』通史編五・近代（上越市、二〇〇四年）は、上越市域と第一三師団との関係や「軍都高田」の諸相を論じており、示唆される点も多い。

（7）本章で登場する軍人の経歴・役職については、特記したもの以外は、外山操編『陸海軍将官人事総覧（陸軍篇）』（芙蓉書房出版、一九八一年）によった。

（8）『高田日報』一九二二年十一月十七日「これでも干城／機動演習から帰つて　猪田夢清」。『高田日報』は、一九〇七年創刊の日刊紙。創刊当初は『上越日報』と題していたが、翌年十一月に第一三師団が高田に入城したのを期に『高田日報』と改称した。発行部数は、創刊当初は一八〇〇部、一九一〇年には五五〇〇部であった。同紙の論調や読者層については、一九一三年「高田連隊」（連隊名不明）調べで、論調は「稍激」、「政友会機関新聞ニシテ各階級ニ読者ヲ有ス」との見解がある（以上のデータは、前掲註(6)『新潟県史』八〇二～八〇六頁によった）。なお、本章で使用した『高田日報』は、新潟県立文書館所蔵のマイクロフィルム版であるが、第一三師団が廃止された一九二五年前後が欠落しており、師団廃止と演習との関係を明確にできなかった。

（9）河内茂太郎歩兵大佐「軍隊カ民家ニ宿営セシ際物質的待遇ハ絶対ニ之ヲ受ケサル如ク指導教育スルヲ要ス」（『偕行社記事』五二三、一九一八年三月）。河内は当時近衛歩兵第二連隊長であった。同論文の詳細については、本書第一部第三章を参照。なお、本章で使用した『偕行社記事』はナダ書房発行のマイクロフィルム版である。

（10）「機動演習ニ関スル件」（「明治四拾四年兵事関係雑書」旧中頸城郡和田村兵事史料〈上越市公文書センター所蔵〉）。

（11）『高田日報』一九一六年十月二十七日「軍隊と地方の衝突／冷遇を憤つて転宿す／新井では迷惑といふ」。

(12)『高田日報』一九一六年十月二十八日「掃塵録」。
(13)『高田日報』一九一六年十月二十二日「演習地方の注意」。
(14)『高田日報』一九一七年四月二十七日「演習と軍隊の待遇／優遇すべからず」、同年十月一日「厚遇不必要」。
(15)河内前掲註(9)論文。「物質的待遇」という認識枠組の特徴と問題点については、本書第一部第三章を参照。
(16)「注意及希望事項」(『自大正四年兵事主任会議記事綴』旧中頸城郡和田村兵事史料〈上越市公文書センター所蔵〉)。
(17)「歩・騎・砲・工・輜重各隊希望並ニ要求事項」(同右史料所収)。
(18)河内前掲註(9)論文。
(19)『高田日報』一九二三年三月十七日「礼儀を知らぬ騎兵隊／上田地方で非難さる」。
(20)陸軍歩兵大尉根本喜三郎「歩兵第四十三連隊留守隊一泊行軍実施記事」(『偕行社記事』四一八、一九一〇年十月)によれば、演習実施にあたって「投宿ト出発ノ際ハ各自舎主ニ相当ノ挨拶ヲ述フヘシ」との注意事項が兵卒に与えられており、陸軍では挨拶をするのが慣行になっていたとみられる。住民や行政当局もそれが当然と考えていたのであろう。
(21)前掲註(6)『新潟県史』六六～七一頁。
(22)『高田日報』一九一一年十一月七日「演習観覧者少し／信越気風の比較」。
(23)『高田日報』一九一七年十月三十一日「硝煙に親しみて(四)途上雑感　六々生」。
(24)『高田日報』一九二二年十一月十日「演習地から／石油の原産地では油も売れぬ／樹上の女学生を狙ふ」。
(25)当該期の中等学校では、同盟休校が頻発するなどデモクラシー思想が普及しており、演習動員に対する反感も広がっていたのではないかと考えられる(前掲註(6)『上越市史』六五四～六六四頁)。
(26)『高田日報』一九二三年七月二十一日「不人気な攻防演習／参観申込みは五校だけ」。なお、五つの学校のなかには、前述の高田中学校は入っていない。
(27)『高田日報』一九二三年八月十七日「氷水一杯廿銭／演習場は大入りで」。
(28)藤井忠俊『在郷軍人会』(岩波書店、二〇〇九年)第三章を参照。頸城地方の在郷軍人団体の場合、功刀俊洋「一九二〇年代の軍部の思想動員」(『一橋論叢』九一―三、一九八四年)によれば、当該期には在郷軍人会としての活動が活発化する一方で、在郷軍人層の弛緩状況も続いていたという。

(29)『高田日報』一九一一年九月十五日「軍隊歓迎の注意」。

(30)『高田日報』一九二三年三月二日「気がきかぬ郡市の兵事係／自発的に活動する者がない／高田連隊区大こばし」。当該期の町村が軍事救護の申請に消極的な傾向にあったことについては既に指摘があるが（郡司淳「軍事救護法の受容をめぐる軍と兵士」『歴史人類』二五、一九九七年、一〇七～一〇八頁）、ここではそれ以外の事案についても消極的であり、兵事係の態度そのものの問題とみてよかろう。

(31)『高田日報』一九二三年八月十九日「金城鉄壁に拠つて毒瓦斯攻め／怪物は何処に潜んだ！／いよ〳〵基本演習に入る／観衆三万を突破す」。

(32)前掲註(27)『高田日報』「氷水一杯廿銭／演習場は大入りで」。

(33)河内前掲註(9)論文。

(34)黒沢前掲註(1)書、第一部第三章などを参照。

(35)本節では、演習について包括的に規定した典範令を「演習令」と呼び、その条文について検討する。以下、引用にあたっては条文数のみを本文中に注記した。なお、本章が対象とする時期の演習令は、a『野外要務令』の「第二部秋季演習」（一九〇七年改正）、b『秋季演習令』（一九一五年制定）、c『陸軍演習令』（一九二四年制定）の三種である。うち前二者は、秋季の旅団・師団規模の演習について規定したもので、各兵科単位の演習については個別の操典等で規定されていた。しかし、それらで「演習令」とまったく異なる方向性が志向されたとは考えにくく、本章では「演習令」の条文により演習規定一般を代表させることとする。また、演習令は参謀本部によって編纂・制定され、陸軍大臣によって上奏裁可および公布の手続善がなされるものであり、主に参謀本部の意見にもとづいて作成されたとみなしうる。なお、演習令全般の変遷については、本書第一部第一章を参照。

(36)陸軍歩兵大佐早川新太郎「演習ノ計画及ヒ実施ニ関スル一節」（『偕行社記事』五一二、一九一七年三月）。早川新太郎大佐は当時第一師団参謀長、のちに少将、第三一旅団長。

(37)陸軍歩兵大佐金谷範三「秋季演習ニ関スル所感ノ一節」（『偕行社記事』五一九、一九一七年十月）。金谷は当時参謀本部作戦課長、前年まで歩兵第五七連隊長であった。周知のように満洲事変当時の参謀総長である。

(38)ドイツ参謀本部編纂『四季報』三、左剣生訳「日本ノ機動演習」（『偕行社記事』四三四、一九一一年十一月）。ただし、『四季報』の原書について、著者は未見である。

(39) 遠藤芳信『近代日本軍隊教育史研究』(青木書店、一九九四年)一四三頁。
(40) X生「軍隊教育ニ就テノ雑感」(『偕行社記事』五一四、一九一七年五月)。
(41) 同右論文。
(42) 左剣生訳前掲註(38)「日本ノ機動演習」。
(43) X生前掲註(40)「軍隊教育ニ就テノ雑感」。
(44) 遠藤前掲註(39)書、一二二～一二三・一四八頁。
(45) 左剣生訳前掲註(38)「日本ノ機動演習」。
(46) 金谷前掲註(37)「秋季演習ニ関スル所感ノ一節」。
(47) 左剣生訳前掲註(38)「日本ノ機動演習」。
(48) 早川前掲註(36)「演習ノ計画及ヒ実施ニ関スル一節」。
(49) 金谷前掲註(37)「秋季演習ニ関スル所感ノ一節」。
(50) 演習にともなって生じる損害賠償の問題については、本書第一部第五章を参照。
(51) 左剣生訳前掲註(38)「日本ノ機動演習」。
(52) 陸軍歩兵少佐北原一視「秋季演習後に於ける所感の一端」(『偕行社記事』六〇五、一九二五年二月)。北原の当時の役職は不明であるが、のちに歩兵第七連隊長。一九二〇年代初頭より、精神教育の論客であったことが知られている(広田照幸『陸軍将校の教育社会史』世織書房、一九九七年、四四二頁を参照)。
(53) 早川前掲註(36)「演習ノ計画及ヒ実施ニ関スル一節」。
(54) 以上、北原前掲註(52)「秋季演習後に於ける所感の一端」。
(55) 黒野耐『帝国国防方針の研究』(総和社、二〇〇〇年)一〇〇頁。
(56) 前原透『日本陸軍用兵思想史』(天狼書店、一九九四年)一六九～一八二頁。
(57) 当該期陸軍の戦略的特徴として、黒野前掲註(55)書、一七八～一八一頁にあるように、一九一八年の第一次国防方針改定において「長期戦」戦略が導入されていたが、管見の限り演習想定にこの変更が影響した形跡は見出せない。
(58) 額田坦『陸軍省人事局長の回想』(芙蓉書房、一九七七年)二九〇頁。

(59)『高田日報』一九一六年十月十七日「連合演習見物三　六々生」。
(60)以上、早川前掲註(36)「演習ノ計画及ヒ実施ニ関スル一節」。このほか、金谷前掲註(37)「秋季演習ニ関スル所感ノ一節」でも審判官強化についての言及がある。なお、『秋季演習令』の規定自体は『野外要務令』に比して審判官の規定を強化したものであった。本書五二頁を参照。
(61)早川前掲註(36)「演習ノ計画及ヒ実施ニ関スル一節」。
(62)左剣生訳前掲註(38)「日本ノ機動演習」。
(63)同右論文。
(64)以上、早川前掲註(36)「演習ノ計画及ヒ実施ニ関スル一節」。
(65)参謀本部「陸軍演習令制定（秋季演習令改正）に関する説明」(『偕行社記事』五九八、一九二四年七月)。
(66)荒川前掲註(5)書、二二八〜二三一頁。
(67)『高田日報』一九二三年五月十八日「演習場の整理／八斗蒔原を競技場として一般にも公開する」。
(68)参謀本部前掲註(65)「陸軍演習令制定（秋季演習令改正）に関する説明」。
(69)同右論文。
(70)『高田日報』一九二二年十月二十三日「糸中の学生軍と歩兵隊の演習／糸魚川を中心に／けふは山中の行軍」。
(71)連合演習の国民動員政策に占める意義、および在郷軍人会に対する思想動員については、功刀前掲註(28)論文を参照。
(72)前掲註(6)『上越市史』三九〇〜三九二頁。
(73)演習への支持回復に関しては、満洲事変にともなう陸軍の発言力回復や民衆意識の転換が画期ではなかったかと推測される。荒川前掲註(5)書、二三一〜二三六頁によれば、静岡・浜松では演習地での条件闘争が満洲事変を境に大きく変化し、交渉が地権者側に不利な展開をみせている。演習場外での演習についても同様の画期が想定できるのではなかろうか。一九三〇年代への展望については、今後の課題である。

第五章　演習被害に対する損害賠償の可能性と限界

——主計将校の議論から——

はじめに

本章の目的は、一九二〇年代の陸軍主計将校が、軍事演習における損害賠償や宿舎料の支払いに関する法適用の問題について『陸軍主計団記事』[1]誌上で展開した論争を検討することにより、当該期の陸軍による演習地の民衆との協調策の可能性と限界を明らかにし、第一次大戦後の陸軍の特質に迫ることである。

本書序章で整理したように「軍隊と地域」研究は、生活のなかで軍隊の占めていた位置や、戦前社会において軍隊の存在を支えた要因の形成と崩壊の過程を考察するものであり、軍事演習に関しては、演習場の住民や地権者が積極的に展開した軍との条件闘争や、演習場に依拠した地域振興策の検討などが明らかになりつつある。著者も演習場の外で実施された陸軍の演習について論じている[2]。しかし、「軍隊と地域」研究においては地域社会における具体的事象の解明が中心となるため、各地域において展開された諸関係が軍事史や政軍関係史に与えた影響については、検討が十分になされているとは言い難い。また、地域における兵事史料の残存状態が必ずしも良好ではないという現状から考えれば、使用する史料の面でも新たな研究手法が模索される必要があるだろう。

そこで本章では、陸軍側が社会との関係をどのように構築・改善しようとしていたのかを、主として陸軍中央の史料によって解明することで、社会の動向が陸軍に与えた影響を考察し、「軍隊と地域」研究の新たな局面を切り開く手がかりとしたい。

次に、本章の具体的な課題について、当該期の軍事史の先行研究を踏まえて明らかにしていく。一九二〇年代の陸軍と社会・民衆との関係については、従来ファシズム論に立脚する一連の研究において、ファシズム化・総力戦体制構築の起点であるとの評価がなされ、また在郷軍人会による思想動員政策の展開過程が明らかにされてきた(3)。これに対し黒沢文貴は著書『大戦間期の日本陸軍』のなかで、陸軍将校層に民意や新たな思想動向への対応を模索する「柔軟な」主張が広がっていたことを指摘し、単純なファシズム化傾向として評価する従来の研究を批判した(4)。しかし、黒沢の場合陸軍の「柔軟性」を一般的傾向として指摘するにとどまり、将校たちの主張の具体的文脈や実際の軍政・戦略思想等への影響に関する検討が不十分である。また、現実に民衆が抱いていた軍隊に対する意識との比較もなされておらず、「柔軟性」の実効性が不明である。

そこで本章では、「軍隊と地域」研究の視点を活用しつつ、一九二〇年代の陸軍の民衆観を検討することにより、陸軍の「柔軟性」が具体的にいかなる協調策へと結実したのか、またその実現を阻み、陸軍「ファシズム化」を間接的に規定した要因について明らかにしていきたい。

そこで本章では、陸軍の経理業務を担った将校相当官である主計将校の組織が発行した『陸軍主計団記事』を用いて、軍事演習をめぐる地域との関係改善についての陸軍内での模索を明らかにする。主計という兵科や主計将校という集団については、全体的に先行研究が手薄な状態にある。参照文献としては、主計自身による『陸軍経理部』(芙蓉書房、一九八一年)などの著作や、十五年戦争期の戦地での活動に関する回想や手記などがある程度である。しかし、筆者は「軍隊と地域」研究や演習の観点から、平時における主計の活動にも大きな意味があると考える。主計は会計業務の特性上、強い遵法観念や凡帳面さなどの精神的特性を有していた。さらに後述するように待遇面で差別を受けており、いわば非主流派であって兵科への対抗意識も強かった(5)。そうした特性が、本章で扱う独自の協調策を生み出したと考えられる。

また、物資調達など地域社会との関係も深く、兵科に比して現実的な認識が可能な立場にあったことも注目される。特に演習においては、住民との交渉や損害賠償などの中心的存在であり、その過程で常に民意の動向に直面していたのである。他兵科と異なり、主計にとって演習での業務は単なる戦時の予行ではなく、実際に金銭出納や交渉をともなう実務の一環であった。このことから、主計の展開する議論は、演習の実態を踏まえた現実的なものになることが予想されるのである。

表11　主計・兵科階級対照表

主計の階級		主計総監	主計監	1〜3等主計正	1〜3等主計	計　手
兵科の階級	大　将	中　将	少　将	大佐〜少佐	大尉〜少尉	下士卒

一　主計論争の歴史的前提

1　大正期の主計制度と演習における業務

本項では、議論の前提として陸軍経理の制度や、各部隊における業務内容について、簡単に述べておく。

陸軍主計の所属していた陸軍経理部は、陸軍省経理局—各師団経理部—隊附主計のピラミッド型組織を形成していた。将校団に相当する主計団も、陸軍省経理局長を頂点として各師団・廠に分団を配置するという形をとっていた。主計将校の人事については、経理局長—師団経理部長の系統で処理され、考課表も経理部長が作成した。すなわち、実際の業務を指揮する師団長や連隊長が人事考査に関与できない制度だったのである。また、階級についてみると（表11）、主計将校は厳密には将校相当官であるため、最高位は中将相当と兵科に比べ低く扱われていた。補充については、計手は他兵科からの転科でまかなわれ、主計以上は日露戦後に創設された主計候補生制度により補充されていたが、兵科将校の人員過剰・進級停滞を転科により解消することを目的に、一九二〇（大正九）年に廃止された。その後は下士官の昇級や他兵科からの転科に加え、少数ながら大卒を主計将校に養成する「乙種学生」制度などにより補充された。ちなみに、主計候補生制度が廃止の標的にされた背景には、「東大出やその他の大学出を持って来て、それを少し附加教育すればいい」という経理教育観が存在したとされている。

これ以外にも、陸軍における主計の待遇には差別的要素が強く、「雑物」などと罵倒される、将校と同列に扱うことを拒否される、敬称や敬礼が粗略、といった扱いを受けていたとの証言が多数残されている。そのことが要因で殺人事件にまで発展する深刻なものであり、主計たちは個別的に待遇改善の運動を展開していたといわれる。

次に、演習に関与する隊附主計の業務についてみると、平常は部隊ごとに主計と将校・下士官からなる経理委員（金櫃・糧食・被服の三委員）が組織され、各部隊長の指揮のもと業務を遂行していた。主計将校は各部門の会計経理・出納を担当したが、部隊によっては、兵科将校委員が経理の職務を放棄することもあり、その結果主計に本来業務以外の仕事が集中することになったという(6)。

また、演習における主計の業務についてみると、大きく分けて以下の四つであった。①演習旅費の支給、演習費の管理・出納、②糧秣の調達（現地調弁や商人からの購入などによる）。③民家への舎営の際の交渉、賠償金の支払い、田畑・人馬への危害の損害賠償事務、④決算書類の作成で、本章で扱う損害賠償問題は、このうち③にかかわるものである。

より具体的に演習業務の実態をみると、演習地で物資調達や宿舎手配を行う際は基本的に主計単独で行動し、戦闘中は大行李等に随従して後方に待機するのが普通であった。損害賠償の手続きにあたっては、小規模な演習の場合は主計がその場で、機動演習など部隊の移動が迅速な場合は、住民の申告をもとに評価委員が損害額を査定して賠償していた。評価委員には、兵科将校や主計のほか、町村吏員や物価などに詳しく演習被害と関係のない地元住民も加わっていた。(7)

2　一九一〇～二〇年代の演習と社会情勢

次に、当該期の陸軍演習が直面していた社会情勢について、著者の認識を改めてまとめておく。なお、日本陸軍の演習は多岐にわたるが、関係する町村が多数にのぼり、宿営等の事務が繁多なものとしては、春から夏にかけて行われる各部隊の行軍演習と、十月から十一月に行われる秋季機動演習および特別大演習があり、本章ではこれらを主な検討対象としている。

まず、陸軍演習に対する民意についてみると、第一次大戦頃の機動演習では、演習の頻度により地域住民の反応が二分され、過剰な「歓迎」に走る地域が多い（「物質的待遇」問題）一方で、演習が度々行われる地域においては宿営拒否が発生していた。(8)また、演習部隊による農作物被害の水増し申請により多額の賠償金を得ようとしたり、(9)「不破郡青墓村及関ケ原町附近ハ一般冷淡ニシテ虚偽ノ損害ヲ要償シ又湯茶ノ饗応サヘ惜ムノ状況ニシテ甚シキハ濡藁ヲ納入シ或ハ俵数不足ノ炭ヲ納入セントシテ係官ニ発見セラレタリ」(10)など軍隊に対する「嫌がらせ」をする住民が出現し、演習部隊や憲兵を悩ませていた。

さらに一九二〇年代になると、シベリア出兵後の「反軍世論」の高まりを反映して、各地で演習部隊の宿営が露骨に拒否されるようになってきた。また、学校や在郷軍人会を通じた演習への民衆動員も不活発で、思想動員の手段としてはその機能を十分発揮できない状況にあった。[11] またこの時期は、荒川章二によれば、演習場の利用交渉も地元に比較的有利な展開をみせるようになった。[12]

次に、第一次大戦後の陸軍で展開された総力戦への対応をめぐる議論と演習との関係についてみておくと、一九二〇年代前半の陸軍はいわゆる山梨・宇垣軍縮により反軍世論の沈静化を図りつつ、実際には陸軍の近代化を推進するという立場をとった。演習についても、軍内外での特別大演習批判に対し、参謀本部が大演習を大規模化して満洲で行うという改革案を記者にリークし、大演習廃止論の沈静化を図るなど、[13] 陸軍近代化問題が一定の影響を与えていたことがわかる。

他方、当該期の『偕行社記事』誌上では、実戦と乖離して教育上有害な「演習戦術」が蔓延しているという批判が根強く、実戦に即した演習構成が求められていた。このため、地域に配慮して演習の内容を修正するという雰囲気にはなかった。[14] また、『偕行社記事』では民衆の負担軽減を主張する論文は絶対数が少ないのも特徴である。前述のように総力戦への対応として軍隊が近代化した場合、さらに「実戦的」な演習が難しくなることが予想された。

二　演習をめぐる論争

本節では『陸軍主計団記事』（以下、『記事』と略す）誌上における演習に関する議論を二つ紹介する。まず損害賠償問題では主計が共有していた民衆観を、次に宿舎料問題では民衆への配慮が法適用段階で直面した困難について検討する。なお、『記事』の論文の順番とデータについては、表12を参照のこと。

ここで本節の前提として、当時の陸軍の公式見解において舎営・損害賠償を行う法的根拠がどのように認識されていたかを確認しておくと、当時の主計向けの教科書やマニュアル、例えば当該期の陸軍経理学校の教科書『大正六年改訂一般経理教程』などでは、一八八二（明治十五）年太政官布告第四十三号「徴発令」にもとづいて演習時の宿舎確保や物資供給を行い、使用料や損料等を「賠償」（実質上は補償にあたる）すると規定されていた。[15] すなわち、第一条「徴発令ハ戦時若クハ事変ニ際シ陸軍或ハ海軍ノ全部又ハ一部ヲ動カスニ方リ其所要ノ軍需ヲ地方ノ人民ニ賦課シテ徴発スルノ法トス　但平時ト雖トモ演習及ヒ行軍ノ際ハ本条ニ准ス」とあるように、演習・行軍にともなう物資調達等には徴発令が適用されることが明記されており、第一二条「徴発ス可キモノ左ノ如シ　一　米麦秣芻塩味噌醤油漬物梅干及ヒ薪炭　二　乗馬駄馬駕馬車輛其他運搬ニ供スル獣類及ヒ器具　三　人夫　四　宿舎厩圄及ヒ倉庫　五　飲水　六　船舶　七　鉄道汽車　八　演習ニ要スル地所　九　演習ニ要スル材料器具」とあり、傍線部のとおり演習に必要な地所や物資は徴発令により調達することが可能とされていた。なお、徴発に必要な文書の書式や具体的数値は、同年制定の「徴発事務条例」に規定されていた。

1　演習被害の損害賠償

この問題は、演習の過程で田畑や家屋などに危害を加えた場合の賠償の法的根拠を問うものである。集中的に取り上げられたのは一九二〇年以降であるが、それ以前に損害賠償問題をとりあげた論文としては、「蛙鳴蟬噪生」という筆名の人物が、損害賠償に関する徴発令の不備を批判した論文がある（蛙鳴蟬噪生、七）。具体的には①徴発令による賠償に必要な徴発書（徴発令第二条「徴発ハ陸軍若クハ海軍官憲ノ徴発書ヲ以テ之ヲ行フ」および第三一条「賠償ハ徴発区毎ニ一括シ府知事県令郡区長停車場長船舶会社ノ店長ヨリ之ヲ請求ス可シ」）の条件につき、軍隊からの演習実施通達を

執筆当時の役職	備　考
	筆者の所属，階級等は不明
第1師団経理部部員	イニシャルから陸軍2等主計森田親三と推定．森田は最後の陸軍省経理局長として知られる
第1師団経理部部員	主候10
関東軍副官部	169号の和田論文への質問状
	同上への回答文，4月30日脱稿
同月に陸軍省経理局に転任，以降同局に勤務	
憲兵司令部附	和田説への反論？　契約説への批判あり
陸軍東京経理部附兼陸軍省経理局課員・陸軍経理学校教官	和田説を意識して執筆
大阪衛戍病院附	陸軍2等主計飛弾基
第1師団経理部部員	乙種学生1，東北帝大法文学部出身．1927年6月30日，陸軍2等主計に任官．陸軍中野学校教官，「経済謀略」を担当

徴発書と認めるか否かが曖昧で、徴発令を適用しなかった場合の被害補償法令もない。②徴発令による賠償額に不服があっても、司法裁判所への訴訟が不可能（この点については後述）、という二点を問題にした。彼は非徴発物件への賠償の法的根拠について、後述するような民法の契約概念や不法行為概念などの法理の適用も検証しているが、いずれも適用できないと結論づけている。他方、法改正など具体的な改善策は提示できていない。

一九二〇年代になると、この問題に関する論文が『記事』誌上にたびたび掲載されるようになる。まず「明星会々員」の論文(16)では、「演習行動其の物は公法関係に立つとは雖も、之が為め土地耕作物に損害を与へたる事柄は、軍隊の不法行為に基き、臣民の受けたる損害として、

表12 『陸軍主計団記事』誌上の論争経過

号数	発行年月日	筆　者	タイトル
7	1910年4月25日	水野原　蛙鳴蟬噪生	演習ノ為メ田畑ノ作物ニ損害ヲ生セシメタル場合ニ於テ其所有者ハ要償ノ途アリヤ否ヤニ就テ
123	1920年3月1日	明星会々員（C. M.）	秋季演習間の損害賠償に就て
169	1924年3月1日	2等主計　和田芳男	宿舎料の市町村長払に就て
170	1924年4月1日	2等主計　和田芳男	宿舎料に就て
171	1924年5月1日	2等主計　和田芳男	宿舎料の支払方法に就て
172	1924年6月1日	3等主計　佐々木信義	宿舎料の支払に就て
172	1924年6月1日	2等主計　和田芳男	佐々木主計に答ふ
174	1924年8月1日	2等主計　和田芳男	演習に基く損害賠償に就て
180	1925年2月1日	2等主計　大石勝郎	演習と宿舎
181	1925年3月1日	1等主計　清水菊三	演習に基く損害賠償の問題に就て
194	1926年4月1日	飛驒主計	宿舎料の支払に就て
195	1926年5月1日	飛驒主計	行軍演習間の宿舎徴発に就て　附　演習に基く損害賠償
237	1929年11月1日	2等主計　高橋柳太	国家の賠償責任に就いて（1）
238	1929年12月1日	2等主計　高橋柳太	国家の賠償責任に就いて（2）
239	1930年1月1日	2等主計　高橋柳太	国家の賠償責任に就いて（3）

当然私法の適用を受け軍隊は損害賠償の責に任ずべきを至当と信ずるのである」と主張されている。また彼は住民の不満を和らげる方法として、賠償標準額の精査や賠償委員による統一的な査定などの必要を訴えた（明星会々員、一二三）。

次に和田芳男主計は、まず演習被害の賠償を「官吏の職務上の不法行為に対する官吏及国家の賠償責任」と定義したうえで、以下のように通説を整理している。すなわち、官吏個人には責任がなく、国家の責任一般については諸説あるが、演習には公法上の不法行為の法理を適用し、演習にともなう損害に対しては賠償責任がない、と[17]。

しかし、和田自身は通説を疑問視しており、「如何なる不法行為も公法的のものであれば無責任であると云ふのは甚だ不当なものである」と通説を批判している。彼は「演習の如く不法なることが明瞭なることを不断に行つて居ることは、不法なる職務執行を行つて居る」も同然だとし、民法にもとづく損害賠償の必要性を主張した。

その根拠として和田は以下の事実を指摘している。まず、近年の大審院判決が公共的な公法行為に対し国家の民事上の責任を認めつつあること。次に行政法理、特に「公法人の私法行為」に関する研究が現在過渡期にあること。最後に、第一次大戦後「不可抗力である戦争に依て受けた損害」に対しても国家賠償を行うべきだという意見が出現したことを挙げる[18]（以上、和田、一七四）。

和田の論文を受けて、彼と同様の主張を行う者が現れるようになった。例えば清水菊三主計は、「軍隊の演習は全く軍隊内部の行動であつて、対一般臣民関係に於ては一の国家機関の私事」に過ぎず、臣民に対し何ら優越性も拘束力もない。「一切の麗しき感情を抜きにしたる純法理論のみから謂ふと、中学校や小学校生徒の行ふ野外演習と少しも異る性質はないのだ」と述べ、演習の公共的性格を否定している。そして損害賠償については、私法的に討議究明する必要があり、民法の不法行為にあたるか否かをもって決すべきだと主張したのである（清水、一八一）。

最後に、飛驒主計は損害賠償を二つに分類し、それぞれについて法的性格を検討した。まず地所使用については、軍隊は徴発令第一二条第八項により、演習に要する地所の使用権を有し、原則無賠償であるが、第四六条（「第十二条第八項ノ徴発ニ係ルモノハ其植物ニ損害ヲ加ヘ又ハ地形ヲ変更シタルトキニ限リ賠償ス其金額ハ評価委員ノ評定ニ任ス」）により、植物に対する損害か地形の変更に限り賠償する、とした。その他の損害、具体的には砲車の通過にともなう家屋の損壊や、爆発や放馬、飛行機の墜落などの人畜や建造物に対する危害については、「演習実施のため必然に生ぜしむるものではなく、全く不慮に属するもので前者とは成立を異にするものである」とし、これらの損害は「私法上の不法行為たることは明にして、従て賠償を伴ふこと又自明である」と指摘した（以上、飛驒、一九五）。すなわちのである。

飛驒主計は、徴発令の適用範囲を限定し、不慮の事故に対する陸軍の民法上の損害賠償責任を認める議論を展開した

このように、一九二〇年代の論者はいずれも演習被害を私法上の不法行為ととらえ、徴発令の適用範囲外の被害に対しても民法にもとづき損害賠償すべきと主張するようになったのである。では、彼らはなぜ民法の適用を主張するようになったのであろうか。[19]

彼等の法観念の前提として、損害賠償に対する主計の認識に注目する必要がある。例えば和田主計は、従来国家的観念・倫理的義務感に頼った演習運営を続けてきた陸軍当局に対し「国民の権利観念・法律思想は昔日の比ではない。それを度外視して以前の観念を以て之に対するならば、此処に軍隊の威信の失墜がある。軍隊と国民との意思の疎隔を生ずる、又官僚的な非常識な非難も受ければ、反軍隊的な気分をも生ずる」という危機感を表明した。そして、「私等の従来の遣り方は（中略）唯従来の仕来りを墨守して、保守的な消極的な事勿れ主義的な気分で、其の日暮しをして居るのである」と現状に対する痛烈な批判を展開しているのである（以上、和田、一七二）。

また、飛驒主計も以下のように演習に対する批判的民意について具体的な発生メカニズムを明らかにするとともに、深刻な危機感を表明している（飛驒、一九四）。[20]

和田主計は軍隊の宿営は、国民の国家的観念・倫理的義務心の上に立つてゐるものである、と再三述べられておる。私も軍隊の一員としては、斯く考へ斯く心得へてゐるべきで、その方を好しとする。がこれは、われ〳〵としての一の心掛けであつて、観念や好意などゝ権義を混同してはならない（中略）方今の権義主張の時代にあつて、一般社会の思想亦波瀾重畳を極むる時代にあつて、かの混沌たる世相を見るとき、猶吾人は国家的観念・倫理的義務心の上に晏如たり得るか。〔それも亦時と場合によつて程度の問題ではあるが〕法の保障を得てはじ

めて遺憾なきを得るのである。（中略）

軍隊の練習は時に興行物的色彩を与へられ、所に依つて国家的観念や道徳的義務心の強壮剤とせられる。即ち生地に於ては文字通り物質的に精神的に大歓迎を受ける。斯く軍隊の宿営が物珍しい所はまだよい。けれども、熟地にあつては事実歓迎されない。然るに地形は演習を制して軍隊の宿営をして弥が上にも熟地を重ねて選ばしめる。所によつては一秋数回の宿営を引受ける所も尠くない。こゝに於ては軍隊は全く厄介視される。精神的には狎れ、物質的には負担を嵩めるからである。

このように、論争に参加した主計たちは国民や地域住民の意識に関して深刻な危機感を共有しており、陸軍の従来の演習運営を厳しく批判する立場をとっていたのである。

次に、民法の適用を主張した背景として、和田主計も指摘している当該期における法秩序の変化が挙げられる。戦後の法学界においては、戦前には「国家無答責の法理」（国家に民法上の損害賠償責任を認めず、損害賠償裁判を一切受け付けない）が存在したとされているが、実際には大審院は一九一六（大正五）年六月一日、「徳島市立小学校遊動円棒事件」に対して下した判決を画期として、一部の公法行為に関して民法を適用し、損害賠償を命じる判決を下すようになったのである。[21] 和田主計がこれらの判決を論文中で引用しており、主計たちは大審院判決を前提に損害賠償問題を検討していたのである。さらに前述した社会の権利意識の高まりへの警戒を踏まえれば、彼等の民法への関心は単なる遵法観念の産物ではなく、将来的に民法にもとづき陸軍が提訴されることへの危機感の表れと解釈すべきものだといえよう。

このように、主計の民衆への配慮は、同時代の法秩序の変化をも踏まえ、従来の陸軍のあり方を大きく変革する可能性を有するものであった。これは法律にのっとり、民衆との接点の多い業務を行う主計ならではの議論だといえるだろう。しかし、次節で述べるように、そのような主計特有の議論には一定の限界が存在したのである。

2　宿舎料の市町村長払い

本項で扱う宿舎料の市町村長払いをめぐる論争の発端は、陸軍から町村に対して支払われた宿舎料を舎主に支払う前に兵事係が横領してしまうという事件が発生したことである。前出の和田主計がこれらの新聞記事[22]を取り上げ、市町村長払いの改善を主張したのである（和田、一六九）。

和田は、それまで「慣例」であった市町村長への宿舎料の一括払いが、横領等の不正の温床になっているとして、改善策を提案したのだが、その際宿舎の借用それ自体の法的性格を検討し、通説である徴発令の適用を含めさまざまな解釈をすべて否定してしまったのである。そのうえで和田は、「軍隊の宿営は双務契約であるか片務契約であるかは別とするも、契約であることは明白で」あり、「宿舎の提供、燈火の消費、寝具の借用、入浴の提供、薪炭の消費、飲料の使用等の各種の行為を包含して居つた此等の合して一つの観念として居るものであるが故に、現行の有名契約を以て説明することが出来ない。従て宿屋営業の説明の如く無名契約中の混合契約であると言はなければならないと思ふ」と宿営の性格を規定し、そのうえで宿舎料については「軍隊の宿営は賃貸借契約の規定を以て解釈すべきものであると言はなければならぬ。故に宿舎料の法的性質は賃貸借に於ける借賃に相当するものである」とするなど、民法を適用したまったく異なる法解釈を提示した（和田、一七〇）。ちなみに彼は第一項で扱った損害賠償についても、まったく徴発令を適用していない。

そのうえで、市町村長払いについては、宿舎料の支払いは正当債主＝舎主に支払うべきだが、物理的に個別支払いが困難である以上、市町村長払いを続けるほかない。横領防止策としては、「確実に市町村長に支払」い、「兵事係や書記等に支払ふことは将来絶対に避けなければならぬ」と主張した（和田、一七一）。

なお、和田と同意見の事例として、清水主計は宿舎料を私法上の性格を有するものと認識して議論を展開しており（清水、一八一）、和田の考え方を支持する主計はある程度存在したのではないかと考えられる。

しかし、和田の主張は従来の通説とはあまりにかけ離れたものであった。このため、徴発令による公式見解の立場からの反論が寄せられることとなった。まず大石勝郎主計は、宿営は徴発令の準用により臣民の所有権を制限したものであり、民法上の契約ではないとした。宿舎料については、所有権の制限に対する賠償額であり、その支払いは徴発区たる市町村に対して行われるべきだとした。なお大石は他の主計とやや社会へのまなざしが異なるようで、町村における横領事件は「自治行政体内の問題で軍には何等の関係ないものである」と、まるで他人事のような冷淡さであった。（大石、一八〇）。

次に、飛驒主計の反論が掲載された。彼はまず市町村長払いの性格に関する実務担当主計の不勉強を指摘したうえで、和田が徴発令の適用を否定したことを批判。宿営は徴発であり、宿舎料を舎主ではなく市町村長に支払うのは適法だとした。

以下、具体的に批判点をみていくと、まず和田が「徴発令は非常法であり、平時の演習・行軍には当てはまらない」としたのに対し（和田、一六九）、飛驒は徴発令の条文（第一・三・一二条等）から、演習の宿営が徴発にあたると指摘した（飛驒、一九四）。次に、和田が徴発には徴発書や受領証票の交付が必要であり、「軍隊の宿営に際して斯かる手続を行つて居ないのは宿営が徴発に依るものでないと云ふ反証になる」と指摘したのに対し（和田、同前）、飛驒は徴発令や徴発事務条例では徴発書や受額証票の書式は要式（規定以外の書式は無効）とされておらず、軍隊からの通達が徴発書として機能すると主張した（飛驒、同前）。そのうえで宿舎料の性格については「宿営行為の目的ではない。宿営が目的である。即ち公益を目的とする権力関係に依るものとしてわたくしは公法行為と解する」と述べ、和田の借賃説を否定したのである（同右）。なお、飛騨は大石と異なり横領等の不正防止策についても具体的に言及しており、宿舎料の早期分配の励行と、宿営・宿舎料に対する国民の理解を得ることが有効だと主張している。かかる飛騨らの批判に対し和田主計等からの反論が掲載されることはなく、『記事』誌上での演習をめぐる論争は終息した。

以上のように、宿舎料問題では損害賠償と異なり、法適用をめぐつて正反対の意見が出現したのである。著者のみるところ、条文解釈としては和田の主張は成立し難く、宿舎料は徴発令にもとづく所有権制限への損料と解釈すべきだと考えられる。他方で徴発令派の意見は、社会との関係に対する配慮が不足している（大石）、横領問題の解決策としては説得力が弱い（飛騨）などの問題点があることも否定できない。

ここで注目すべきは、民法派が第一師団や陸軍東京経理部など、エリートコースを歩み、陸軍経理学校の教官も務めている[23]のに対し、徴発令派は憲兵司令部や衛戍病院附など、末端で演習の計画や運営にもあまり関与しないポストに就いている者たち（表12の役職欄を参照）だということである。つまり、民法派の主張は演習の円滑な実施という大局的見地から展開されたものであり、政策的に拡大解釈を行おうとしたものであること、その議論を論破したのが、末端でデスクワークをになう事務官僚の教科書的理解だったという構図が浮かび上がってくるのである。このように、法の適用段階での操作によって政策実現を図ろうとする主計たちの議論は、既存の法を前提とするがゆえのパラドックスに陥っていたのである。

以上の論争の結果、現行の徴発令のままでは、民法派の解釈は適用できないことが明らかとなった。また、第一項でみた損害賠償問題における民法適用の方向性も、大審院判例に依拠するだけでなく、法の条文においてより明確化することが望ましい。よって、もし和田たちが本当に社会との関係改善を望んでいたなら、他兵科の将校や省部の官僚層を巻き込み、より整合性の高い制度に改正していくことが必要だったはずである。では、実際には法改正はなされたのであろうか。また、そこにはどのような障害が存在したのであろうか。

三　法適用論争の可能性と限界

そもそも、当該期は経理部や行政官僚にとって、大きく環境が変化する時期であった。

まず注目したいのは、高橋柳太主計による国家賠償責任の研究である（高橋、二三七〜二三九）。高橋論文は論争とは無関係に国家賠償問題を研究したものであるが、彼は佐々木惣一の学説に依拠し、現行法のもとでは公法行為に対する賠償は難しいとしながらも、将来は公法的行為に対する損害賠償責任も認められ、国家賠償法や「国家賠償庁」が成立するという予想を立てた。実は高橋は東北帝大法文学部出身で、第一期乙種学生を経て一九二七（昭和二）年に二等主計に任官した人物である。すなわち、前述した乙種学生の創設にともなって、一般大学の学歴を有する人物が経理部に入り、その学識や教養を発揮するようになっていたのである。おそらく行政法学の変化にも、主計候補生出身の主計以上に敏感に対応できる資質を備えていたであろう。また、彼等の人脈を通じて他省の官僚との議論や法改正の研究も可能だったのではないだろうか。

実際、行政訴訟については他省の官僚の間でも問題になっていた。当時、臨時法制審議会（一九一九〈大正八〉年設置）において行政訴訟法案が検討されており、内務省警保局ではその対策として、国家賠償訴訟を不可とする法令につき意見集約を行い、行政訴訟の対象範囲をできるだけ限定しようと図っていたのである[24]。このことから考えて、主計による論争は主計団内で孤立した動きではなく、当時の内務官僚が直面していた課題と通じるものだったことがわかる。

このように、損害賠償問題は文官との幅広い連携が可能な命題であり、特に高橋ら大学出身主計の増加は、陸軍主計と法制・行政官僚との連携を可能にする環境形成のチャンスだったといえるだろう。

ところが、論争を通じて徴発令の問題点が明確になったにもかかわらず、最終的に徴発令や事務条例の大幅な改正には至らなかった。昭和期の陸軍の教科書や注釈書をみても、損害賠償に関する解釈にも変更が加えられた形跡は見出せない(25)。和田たちの議論は具体的な行動にはつながらなかったのである。

なぜこのような結果になったのであろうか。史料的限界から具体的に検証することは困難だが、原因を推測するとすれば以下のような事情が考えられるだろう。

まず主計や徴発令をめぐる当時の状況から、以下の三点が指摘できる。第一に、主計の地位低下については第一節で述べたが、主計OBの上法快男によれば、その画期は日露戦後の時期であり、この時期から主計など後方担当兵科に対する評価が低下していったという。上法は特に統帥への発言力が低下したことを重視しており、その結果主計自身も積極性を減退させ事務官僚化したと指摘している(26)。このことから、『記事』での論争は陸軍全体の議論に発展しにくい環境にあり、いわば「蛸壺化」していたといえる。

第二に、徴発令への関心の低下が挙げられる。徴発令はそもそも、一八八二(明治十五)年の壬午軍乱のような海外への緊急派兵の際に徴発を行うために制定された法令である。当時はいまだ物資動員システムが整備されていなかったためこのような法令が必要だったのであるが、日清・日露戦争の過程で大規模な動員システムが整備されると、その必要性は大きく減じることとなった。また、総力戦対策が政治課題になった第一次大戦期には、生産段階からの一貫した動員を目的とした軍需工業動員法が制定されたことにより[27]、徴発令は戦時における存在感をますます弱め、演習用あるいは非常事変のための緊急法というイメージが強くなったと考えられる[28]。

第三に、判例や法秩序をめぐる問題として、徴発事務など軍の公法行為それ自体への民法適用が実現せず、大審院判例としては「徴発賠償金請求ノ件」（一九〇七年五月六日）が敗戦まで生き続けたことが挙げられる[29]。つまり、陸軍が徴発をめぐって提訴され、裁判に敗れるような事態が現実化しなかったため、主計の抱いた危機感が陸軍全体で共有されるまでには至らなかったのである。

また、主計自身の思想にも問題があった。過剰なまでに民意に敏感だった和田でさえ、演習の「不法状態」をいかに改善するかという問題をめぐつては、現行法制の範囲内でなるべく危害を加えない安全な演習を行うという妥協策ではなく、軍が「合法的に権利を侵害しうる」法制を制定すべきと主張したのである（和田、一七四）。

演習に依つて個人の田畠を荒し、樹木を折傷することは不法行為に違ひない。之を行はずしては軍隊の演習なるものは行ひ得ないのである。軍隊が後に此の不法行為を行はずして演習が出来ないものとすれば、此の不法行為を不法行為とせずして当然の行為として演習を行ふべきが至当ではなからうか。（中略）警官が法律で公認せられた其の警察権を以て人民を拘束して其の権利を侵害するものも、執達吏が強制執行をなして人民の権利を拘束するのも、法律の認めた結果である。之と夫とは其の性質が違ふが、其の根本は同じである。私は軍隊の演習が不法行為的に行はれず、軍隊が演習をなす時には適法に国民の権利を侵害して、其の所有権に侵入し得るが如き法制を欲する。

たしかに当時、演習における補給活動を「実戦的」にすべきとの議論が『記事』で提起されるなど[30]、主計にとっても実戦と乖離した演習を行うべきではないという考え方が存在しており、被害軽減のためとはいえ実戦とかけ離れた規模の演習を主計が提唱するのは困難だったという事情はあろう。しかし、和田の立法構想は、社会の演習に対する反発を強制力のある法制により防遏するという発想であり、論争で展開された陸軍への批判精神とはいささかズレがあるように思われる。思うに、いくら非主流派とはいえ、主計も軍事官僚である以上、陸軍の利益をいかに守るかということが優先されたということであり、結果的に民衆を抑圧する一九三〇年代の陸軍へのカウンターにはなりえなかったのである。

おわりに

以上みてきたように、『記事』における論争は、陸軍の演習が社会との間に生ずる法的な問題点を浮き彫りにした。徴発令と民法との齟齬は、理論的には一八九六（明治二十九）年の民法施行と同時に発生したものだが、日露戦後の軍拡を経た民衆と陸軍との接点の増加を背景として、二〇年以上が経過してやっと具体的な検討が加えられたのである。しかし、結果として両者の整合性をつける法改正には至らず、敗戦後まで徴発令は改正されることはなかった。

では、このような経過をたどった主計による論争は、いかなる意義を有するのだろうか。まず、第一次大戦後の陸軍における軍改革論議のなかでの位置については、彼等もその一翼を担っており[31]、「柔軟」な議論にある程度現実的な裏づけがあったことが確認できたと思う。その一方、同じ「柔軟」な議論といっても、演習地の住民との関係をめぐっては、兵科将校と主計将校の民意に対する姿勢には、大きな隔たりが存在したことも確かである。兵科将校にとっては演習の軍事教育上の実用性を維持することが重要な目的であり、地域の民意はその阻害要因に過ぎなかったのに対し、主計将校にとっては、現実に交渉や金銭関係を生ずる対象であり、その意向を軽視することはできなかったのである。

しかし、法令を前提にした議論である以上、法の条文を無視しえないという限界があり、最終的には法改正による解決が求められるのは当然である。その際問題になるのは、第一に法改正の方向性が本当に民意を踏まえたものだったか、第二に主計将校主導による改正が現実的であったのか、という点である。結論からいえば、両者とも否である。まず、第三節で指摘したように、和田主計が提示した法改正の方向性は、かならずしも民意を反映したものになっておらず、むしろ地域住民の不満を法によって抑圧する性格のものであった。また、飛騨主計のように、徴発令の厳格な運用によって適正な徴発を行い、民衆を納得させるという意見もあったが、そこからは現行法制の枠組を大きく改編する発想は出にくかったであろう。

また、当該期の主計は陸軍内で法改正を主導するだけの発言力をもちえなかったため、もし民衆の意向に沿った改正構想を主計が抱いたとしても、それが実現する可能性は非常に低かった。その原因は日露戦後以降一貫していた日本陸軍の後方軽視の思想であり、その副産物である主計差別であった。大戦後の軍改革構想は国家規模の物資動員と国民動員をともなうものであり、後方業務も民衆との協調が不可欠であった。にもかかわらず、このような思想が横行し、その結果物資動員の基本法令が問題を抱えたまま存続し、民衆との乱轢の原因となっていたことは、主計のみならず兵科将校による「柔軟な」議論の限界を示すものであったといえるだろう。

註

（1）『陸軍主計団記事』は、一九〇九年十月二十五日創刊の陸軍主計団の機関誌である。発行部は陸軍経理学校に置かれており、編集に当たる幹事は主計団長が任命した。また、投稿にあたっては上司の査読を受けることが一般に行われていたようである（W生「主計団記事の改善について」『陸軍主計団記事』一二二、一九二〇年）。現在大部分が靖国偕行文庫に所蔵され閲覧可能である。

以下、『陸軍主計団記事』の引用にあたっては、(和田、一六九)のように表記する。

(2) 荒川章二『軍隊と地域』(青木書店、二〇〇一年)第二・四章、佃隆一郎「戦前軍縮期の高師・天伯原における『演習地賠償問題』について」(豊橋技術科学大学人文・社会工学系紀要『雲雀野』二七、二〇〇五年)、池山弘「演習場の設置及び損害賠償問題をめぐる陸軍と地域住民」(『四日市大学論集』一七—二、二〇〇五年)、本書第一部第二～四章。

(3) 吉田裕「昭和恐慌前後の社会情勢と軍部」(『日本史研究』二一九、一九八〇年)、纐纈厚『総力戦体制研究』(三一書房、一九八一年)、功刀俊洋「日本陸軍国民動員政策の形成」(『鹿児島大学社会科学雑誌』九、一九八六年)など。

(4) 黒沢文貴『大戦間期の日本陸軍』(みすず書房、二〇〇〇年)の主に第一部第三章を参照。

(5) 若松会編『陸軍経理部よもやま話　正編』(同会、一九八二年)を参照。

(6) 以上の記述は、同右書、柴田隆一・中村賢治『陸軍経理部』(芙蓉書房、一九八一年)、一九〇二年制定の「軍隊経理規程」(『陸軍給与全書』小林又七、一九〇五年)による。

(7) 陸軍省経理局編『陸軍経理提要』(川流堂、一九〇八年)三七～三九・二一〇～二一三頁、各種演習令、および若松会編前掲註(5)書より。

(8) 本書第一部第三章。

(9) 「秋季機動演習状況ノ件報告」(JACAR Ref. C03022357800『陸軍省密大日記　大正三年　四冊の内　弐』防衛省防衛研究所戦史研究センター、所収の京都憲兵隊報告書〈第一六師団所属〉)。岐阜県関ヶ原附近の事例。

(10) 「機動演習状況ノ件報告」(JACAR Ref. C2003022384２『陸軍省密大日記　大正四年四冊の内　弐』防衛省防衛研究所戦史研究センター、所収の名古屋憲兵隊報告書〈第三師団所属〉)。註(9)(10)の憲兵隊報告書については、本書第一部第三章を参照。

(11) 本書第一部第三・四章を参照。

(12) 荒川前掲註(2)書、一八五～一八八・二二八～二三一頁。

(13) 本書第二部第一章、一七四～一七五頁を参照。

(14) 本書第一部第四章を参照。

(15) 以下、徴発令の条文の引用は、吉雄敦『徴発令註釈』(金港堂、一八八三年)による。なお、徴発令の評価や注釈書については、遠藤芳信氏のご教示を参考にした。

(16) 明星会は一九一九年に設立された若手主計将校の研究団体。本論文は例会における研究報告。論者については、表12の備考欄を参照。

(17) 具体的には、清水澄・鳩山秀夫・美濃部達吉・佐々木惣一の学説を引用している。

(18) フランスでは「戦時損害の補償に関する法律」（一九一九年四月十七日）が制定された（田中二郎『行政上の損害賠償及び損失補償』酒井書店、一九五四年、二二頁を参照）。

(19) 具体的には、国家は軍隊の与えた被害に関して、民法第七〇九条（不法行為の要件）ないし第七一五条（使用者責任）における不法行為の主体ないし使用者（主体は部隊や兵卒）に相当するという解釈をしていると考えられる。

(20) 演習地選定と民意との関係については、本書第一部第四章を参照。

(21) 岡田正則「大審院判例から見た『国家無答責の法理』の再検討（一）」（『南山法学』一一五―四、二〇〇二年）一〇五～一〇六頁を参照。「徳島市立小学校遊動円棒事件」とは、一九一三年十二月二十六日、徳島市立の小学校で遊動円棒の支柱が折れ、遊戯中の学童が重傷を負い、のちに死亡した事件について、徳島市の責任が問われた裁判。徳島市は学校設備の管理は営造物の管理権の一環として「行政法上ノ行為」に該当し、民法の適用範囲外であると主張したが、大審院は小学校の管理自体は「行政権ノ発動」だとしながらも、管理権に包含される設備の占有権は私法上の占有権と同様だと位置づけ、当該設備に起因する損害について民法第七一七条（土地の工作物の占有者・所有者の責任）を適用し、市の責任を認めた。今日の国家賠償訴訟や行政法の概説書などでも、有力な判例として言及されることが多い。なお、損害賠償を認める判例は、一九一八年六月二十九日「鹿児島市水道工事事件」、一九一八年十月二十五日「築港工事瑕疵汽船沈没事件」など類似の判決が下されることにより定着していった。これらの判決については、岡田前掲論文、一〇七～一〇九頁を参照。ただし、一連の判決は公法行為自体に民法上の損害賠償責任を認めたわけではなく、事件の一部に私法的性格があると判断し、その部分について賠償責任を認める、という論理を用いている（田中前掲註(18)書、四七頁を参照）。なお、この問題については、岡田正則『国の不法行為責任と公権力の概念史』（弘文堂、二〇一三年）も参照。

(22) 引用されている新聞記事は二点で、一つは『東京朝日新聞』一九二二年一月一日朝刊に掲載されたもので、静岡県内で行われた第三師団の演習の宿舎料が、浜松市役所の兵事係に渡されたままで住民に支払われず、憲兵隊が官金横領の疑いで捜査しているというもの。もう一つは掲載紙不明、内容から一九二三年上半期の記事と推定できるものだが、甲府市内で行われた演習の宿舎料を、兵事係内田某が横領したとして、在郷軍人会や警察が調査中であるという。

(23) 紙幅の関係で詳細は省略するが、当該期の『記事』では毎号のように和田の論文が掲載されており、たびたび論争を巻き起こしていた。またW生なる人物（文体が和田に類似）の投稿で、『記事』への投稿が売名行為だと批判されたとの記述がある（W生前掲註(1)論文）ことから、彼の人事上の評価に『記事』の論文が関係している可能性がある。

(24)「行政訴訟事項ニ関スル件　八　行政訴訟事項ニ関スル改正案（一）」（JACAR Ref. A05020104300『種村氏警察参考資料第四集』国立公文書館）。同史料の所在、および臨時法制審議会との関係については、中澤俊輔氏のご教示による。

(25) 例えば、中井良太郎『兵役法綱要　附　徴発令大要』（松華堂書店、一九二八年、徴発令に関する部分は明治大学講師の安澤喜一郎執筆）では、論争で指摘された問題点についてほとんど言及されていない。

(26) 上法快男「陸軍経理部の功罪」（柴田・中村前掲註(6)書所収）五七五～五七九頁を参照。

(27) 軍需工業動員法の制定過程については、纐纈厚「軍需工業動員法と陸軍」（『日本陸軍の総力戦政策』大学教育出版、一九九九年）、佐々木久信「『軍需工業動員法』の成立過程についての一考察」（『日本大学文理学部（三島）研究年報』三五、一九八七年）などを参照。なお同法では、物資の動員については徴発令を準用すると規定されており、これ以後も法制上は戦時に徴発令が適用される建前である。

(28) 防衛庁防衛研修所戦史室『戦史叢書陸軍軍需動員（一）計画編』（朝雲新聞社、一九六七年）五～九頁。

(29) 具体的な賠償請求の事情は不明だが、判決によれば原告は、「徴発令における賠償制度は私人の賠償獲得権を規定したもので、賠償は権力作用ではなく私権関係である。よって、原院（大阪控訴院）判決のように本件を行政処分として扱い、普通裁判所の管轄に属さないとしたのは不当である」と主張したが、大審院は「①国家行政機関たる行政官が徴発令に遵由して臣民の物件を徴発し賠償金を下付する行為は、公法の支配を受けるべきであって私法の支配を受けない。②徴発についての賠償に関する訴訟は司法裁判所の管轄に属さない」として上告を棄却した。

(30) 三等主計正二瓶貞夫「演習の給養を実戦的ならしむる方法」（『記事』一四五、一九二二年）。物資集積方法の改善や、地方車馬によらない正式な輜重部隊の編成など、できるだけ実戦に近い補給方法を採用すべきと主張している。

(31) 和田と清水は『偕行社記事』にも以下の論文を掲載（和田「時代思潮ニ鑑ミ世人ヲシテ益々将校ヲ信頼セシムル方法」『偕行社記事』五六三、一九二一年、清水「軍人の不人気を論し吾人の覚悟に及ぶ」『同右』五九六、一九二四年）。論文の内容は大戦後低下していた陸軍のイメージをいかに回復させるかというもので、特に和田は懸賞論文の当選作であるが、主計将校の立場は反映されていない。なお、これらの論文は、黒沢前掲註(4)書も史料として使用している。

第二部　陸軍特別大演習と天皇・軍隊・地域

第一章　特別大演習と行幸啓の構図

はじめに

第一部では、日本陸軍が日常的に、あるいはもっぱら現実的な軍事力の演練のために実施していた演習について論じてきた。それに対し第二部では、軍事力の演練に加えて、日本陸軍が天皇、すなわち日本軍の統帥権者＝大元帥の下にあることを示す権威表象としての性格が濃厚であった演習について論じる。すなわち、日本陸軍の軍事演習のなかで唯一天皇が統監することが定例化していた陸軍特別大演習（以下「大演習」と略記）を対象とし、軍事演習を通じた天皇権威の発揚が国家・軍隊と地域社会との関係にもたらす影響や、地域の諸主体の大演習への対応を論じる。本章では、一九二五（大正十四）年十月宮城県北部地域において挙行された大演習を対象とし、一九二〇年代という天皇制の動揺期に、国家側が大演習を通じて体現しようとした秩序や、地域社会側の受け止め、特に天皇権威を媒介とした経済的利害の追求の諸相を考察した。また、本章の宮城県という地方の事例と、次章の大阪周辺という大都市圏の事例をあわせみることで、大演習をめぐる地域特性の違いをも浮き彫りにする。

大演習は、年一回（「概ネ四日」）、「天皇親ラ之ヲ統監」し（大正後期には摂政裕仁が大正天皇に代わり統監）、「二箇以上ノ師団及其ノ他ノ部隊ヲ適宜ニ区分編組シテ相対抗セシメ軍又ハ師団ノ作戦ヲ演練スル」[1]という軍事演習である。一八九二（明治二十五）年に創設された大演習は、対外戦争等によりいく度か中断した年もあったが、基本的には毎年行われ、最終的に一九三七（昭和十二）年、日中全面戦争の勃発によって中止され、以後敗戦に至るまで二度と行われることはなかった[2]（表13参照）。

大演習は、平均して三～四個師団が参加する大規模な演習であり、天皇の行幸という近現代の日本社会にとってかなりの重みをもつ行事をともなっていたことから、他の軍事演習に比べて注目度は相対的に高い。大演習が実施された地域の自治体史で言及されることが多く、一般的な軍事演習に比べて論文の数もわずかながら多い。そのうち、大演習自体を単独で扱った最初の学術的研究である山下直登「軍隊と民衆」[3]は、日本軍国主義批判や在郷軍人会研究な

表13　陸軍特別大演習一覧

回	年次	演習地	参加師団
1	1892	宇都宮地方	GD, 1D, 2D
2	1898	大阪地方	3D, 4D, 9D, 10D
3	1901	仙台地方	2D, 8D
4	1902	熊本地方	6D, 12D
5	1903	姫路地方	5D, 10D, 11D
6	1907	結城地方	GD, 1D, 3D, 15D
7	1908	奈良附近	4D, 9D, 10D, 16D
8	1909	宇都宮附近	2D, 7D, 8D, 13D, 14D
9	1910	岡山附近	5D, 10D, 17D
10	1911	久留米附近	6D, 12D, 18D
11	1912	川越附近	GD, 1D, 13D, 14D
12	1913	名古屋地方	3D, 9D, 15D, 16D
13	1914	大阪地方	4D, 10D, 11D, 18D
14	1915	弘前地方	2D, 7D, 8D
15	1916	福岡地方	5D, 6D, 11D, 18D
16	1917	彦根附近	3D, 4D, 9D, 16D
17	1918	栃木附近	GD, 1D, 2D, 8D, 13D, 14D, 15D
18	1919	摂播地方	4D, 10D, 11D, 1D
19	1920	中津地方	6D, 20D（朝鮮軍）, 18D
20	1921	武相平野	GD, 1D, 3D, 13D, 14D
21	1922	讃岐地方	5D, 11D
22	1924	加越地方	9D, 13D, 16D
23	1925	仙台地方	2D.7D, 8D
24	1926	佐賀平地	6D, 12D
25	1927	中京地方	1D, 3D, 4D
26	1928	盛岡地方	2D, 8D
27	1929	水戸附近	GD, 1D, 14D
28	1930	岡山附近	5D, 10D
29	1931	熊本地方	12D, 特設 21D, 6D, 特設 101B
30	1932	近畿地方	4D, 16D, 5D, 3D
31	1933	福井県	9D, 11D
32	1934	北関東3県	GD, 1D, 2D, 14D ほか
33	1935	宮崎・鹿児島	6D, 12D, 混成 101B
34	1936	北海道	7D, 8D

（出典）1932年までは桜井忠温編編『国防大事典』（中外産業会，1932年）154頁，1933年以降は演習地道府県の記録等を参照した．

（註1）GD＝近衛師団，D＝師団，B＝旅団．

（註2）1904～06年は日露戦争のため実施されず．1923年は関東大震災のため，1937年は日中戦争のため中止．

どが主流であった当時の軍事史研究の動向を反映したもので、一九〇三年の兵庫県での大演習を対象に、主に町村文書や区有文書を分析し、日露戦争への予行演習としての性格と、大演習が地域社会に与えた「負担」の大きさを明らかにした。その後、本章の原型となった論文を含め、「軍隊と地域」研究が盛んになった二〇〇〇年代以降、さまざまな研究視角から取り上げられるようになった(4)。

また、一九九〇年代以降の日本近代史では、天皇をめぐる歴史研究が大きく進展した。天皇行幸をともなう大演習についても、そうした研究成果を踏まえる必要がある。そのなかでも本書で参照したのが、行幸啓（天皇が「行幸」、皇后や皇太子が「行啓」）など、天皇が主宰者となって実施された諸行事や、国家やメディアによって社会的に発信・流布された天皇のイメージをめぐる諸研究である(5)。大演習が天皇統監であり、大演習の前後の行幸啓等が、地域社会にいかなる影響を与えるのかを考えるうえで有効であると思われるからである。

こうした研究動向を踏まえて、本章と次章で大演習と地域社会との関係を論じるのであるが、まず本章では、一九二〇年代前半という第一次大戦後の君主制動揺期に、宮城県という大都市圏から離れた地方で実施された大演習を取り上げ、大演習を通じて進められた地域統合や、地域の有力者層や商工層が追及した利益の内実について論じた。具体的に、宮城県で発行されている代表的な「ブロック紙」である『河北新報』（以下『河北』と略記）を主要な史料とし(6)、当該期の陸軍や行政が大演習を通じて実現しようとした政策的意図を確認するとともに、それらと向き合った地域社会の諸集団にとって一九二五（大正十四）年の大演習がもった意義と、その歴史的位置を明らかにした(7)。

一　一九二五年大演習の歴史的位置

1 「宇垣軍縮」と大演習

最初に一九二五（大正十四）年の大演習の概要について、演習実施後に宮城県が編纂した宮城県編『陸軍特別大演習記録』により示しておく。[8] この年の大演習は、十月十九日から二十二日まで、第七師団（旭川）、第八師団（弘前）基幹の北軍（司令官は陸軍大将久邇宮邦彦王）と、第二師団（仙台）と歩兵第一〇一旅団基幹の南軍（司令官は陸軍大将菊池慎之助）により、仙台北方地域（志田郡古川町〈現古川市〉—仙台市周辺）を戦場として行われた。摂政裕仁は、仙台偕行社（一日目のみ古川町の古川高等女学校）を大本営とし、戦線を巡視した。本来は、演習終了後に仙台市内で観兵式と賜饌が行われ、さらには仙台市内と金華山への「地方行啓」が行われる予定であったが、摂政が感冒に罹ったため、観兵式と賜饌は閑院宮載仁親王（軍事参議官）が代行し、「地方行啓」については、仙台市内は中止、金華山へは侍従を差遣することで代えた。

一九二五年は、いわゆる「宇垣軍縮」が行われた年である。「宇垣軍縮」は、四個師団・兵員三万四〇〇〇人が削減されるという、日本近代史上最大の軍縮であった。その目的が、軍備縮小を要求する反軍世論を静めるとともに、軍備近代化の予算を捻出することにあったことはよく知られている。[9] そして「宇垣軍縮」は、大演習にもその影響が及んだのだった。そもそも大演習に対しては、当時の『河北』でも、その巨額の経費に比して「演習の効果は陸軍当局すら疑問とする」（『河北』一九二四年十月八日朝刊）と報じられ、『宇垣一成日記』にも、一九二五年の大演習について、「交通網に固着する旧式である。狭き演習地を広く使はずして広き舞台を狭く使ふの旧態を脱せざるのは、計画指導に於ても実地に於ても同様である」[10] などと、大演習批判が記されるほどであった。そして、一九二四年末頃から、大演習の縮小の予定が実際に報道されるようになったのである（『河北』一九二四年十一月十三日夕刊）。

しかし、事態は意外な方向へむかった。『河北』の大演習に関する報道のなかで、単なる規模縮小とは異なる二つの改革案が存在するらしいことが明らかになったのである。一つは、満洲において隔年で大演習を行うという構想が軍内で有力である、という観測記事である。

陸軍では軍制整理の結果各種演習費に対して約三百万円を削除したので、従って演習回数を整理し特に特別大演習の如き隔年一回とすべしとの議論が相当有力で、その主なる意見は大要左の如きものである。

特別大演習は作戦用兵の訓練と兵の持久力の試験であるから、必ずしも毎年これを施行する必要なく、隔年又は二年置に一回でも相当効果を納める事が出来る。今後の戦争は欧洲戦に鑑み大兵を動かす訓練が必要であるから、二年三年に一回満洲などで大々的の規模で演習するなどは最も実戦についても必要な事であつて、特に新兵器応用についても内地等では実弾使用不可能であり、十サンチカノン等も満洲では自由に使用し得るから、此の点から見ても必要である。

との意見が有力であるから、大演習は今年を最後として隔年別に改正される模様である。（東京電話）[11]

もう一つは、演習初日の十月十九日、『河北』紙上に「参謀本部当局談」として掲載された、「国防デー」式の青少年参加型大演習の構想である。

世上陸軍特別大演習を廃止するとか或は隔年一回にするとか頻りに風説してゐるが、これは全く訛伝であつて、陸軍々部においては斯くの如き意見を持つてゐるものはない（中略）米国は陸軍大演習を行はないが（中略）毎年行つてゐる国防デーはその内容において我特別大演習と異るところがなく、少くともその実質は同じである。陸軍特別大演習は陸軍の独占すべきものではなくて内務、外務、大蔵、逓信、海軍共に密接な関係を有つてゐるものであつて、国防の必要がないといふ結論に到達しない以上大演習は廃止又は隔年に施行するやうなことは絶対にない。故に陸軍々部においては近く実施される予定になつてゐる青少年軍事訓練が好成績を挙げるやうになつたら、青少年を参加せしめて大規模な国防デー式の大演習を行はんとする意嚮を有つてゐるのである。故に本年度以降も毎年本年度程度若しくはそれ以上の特別大演習を行ふ予定で、巷間の浮説に惑はされないやう希望する。(12)

この二つの記事は明らかに関連しており、前者の記事が掲載されたことを重くみた参謀本部が、「火消し」のために後者の談話を発表したものとみられる。また内容的にも、一見二つの構想は相反するもののようにみえる。しかし、二つの構想には、ある共通したモチーフが含まれている。それは、当時の陸軍将校の間で広く共有された、「総力戦」に対応するための軍近代化と国民動員の思想である。そして、「宇垣軍縮」はそのなかの一案にすぎなかったのである。(13)実際に参謀本部でいかなる議論が行われたのかは、参謀本部の内部史料が現存しないため、明らかにすることは現時点では不可能であるが、少なくとも、当時の参謀本部が従来の大演習に限界を感じ、総力戦時代に即した演習を模索していたことがこうした談話に反映されたものであろう。

結局、大演習改革は規模縮小ということに落ち着いたようで、具体的な変更としては、それまで両軍あわせて三個師団以上の参加が原則であったものが、一九二六年には二個師団に削減され、その後も二〜三個師団の規模で推移したのである。(14)単純な軍縮路線が選択されたわけだが、これにより、事実上「師団対抗演習」を年二回行うのと同然の年もあったことになる。このことは、ますます大演習の存在意義の希薄さを示す結果になったといえよう。

2 「思想善導」と大演習

前項では、陸軍の大演習改革をめぐる動向から、大演習の軍事的意義低下を明らかにした。しかし、大演習の目的は、単なる軍事演練にのみ存在したのではない。既に山下は、大演習が「国民統合の象徴としての天皇」を民衆にアピールする場でもあったことを指摘している。[15] これは、大演習が天皇統監の演習であることに由来し、行幸啓としての性格・機能とほぼ同一のものである。[16] そして、このような性格は、大正後期になると、ある種の危機感をともないつつ、その重要性を高めていたといえるのである。

その最大の要因は、ロシア革命の衝撃と社会主義の本格的流入、そして大正天皇の病状という、いわば天皇制そのものの危機であった。特に、一九二一年に大正天皇の病状が公表されたことは、天皇権威を大きく傷つけるものと考えられ、天皇制国家の危機が支配層に意識されるようになったという点で重要である。[17] このような状況に対処するために登場したのが、新たに摂政となった裕仁皇太子（のちに昭和天皇）であった。政府は摂政を、「健康な身体」をもつ新たなカリスマとして、さまざまな機会を通じてアピールしたが、[18] その一環として一連の行啓が活用されたのであった。[19] それは行啓の一種である大演習も例外ではなく、摂政就任直後の大演習から、「大元帥」としてのカリスマ性を打ち出す場として活用されたのである。[20] ところが、二五年の大演習の場合、大演習や摂政に新しい意義が与えられるようになったのである。それは、地域行政やマスコミ、在郷軍人会などが、社会主義などの「外来思想」から地域民衆を守るための「思想善導」の機会として、これまでの宣伝戦略により高まった摂政の（大元帥としての）権威を利用しようとしたことである。例えば、石巻警察署長三浦平之進は、大演習終了後に新聞記者に対して談話を発表し、そのなかで次のように語った。

□□□□□（統監宮殿下カ）御統監に当たらせられては、御野立所にて御椅子にも倚らせられず、絶えずご起立のまゝ御精励遊ばされた御事によつて、多大なる感激を覚えた。而も天資御備へ奉ると拝する御優しき中にも一種崇高の威風と御高徳とは、幾万の赤子をして自ら頭の垂れるのを覚えしめる御事は、如何に我等をして心強からしむるか（中略）如何に外来の思想が澎湃たるも、赤化思想が侵潤するとするも、我国は一天万乗畏れ多くもあの御高徳と御仁慈を御備へ遊ばし、幾万の民衆が静まり返り自ら頭の下るを覚える様を見る時、赤化も我国民性には及ばず、外来思想何等恐るゝことなしとの、即ち我国体性と国民性とを最も信頼すべきであると、深く感ぜざるを得なかつたのである。(21)

ここで彼は、摂政の「御精励」への感動から「国体性」の優越を導き出し、地域社会を「外来思想」から防衛しようと呼びかけているのである。また、演習終了後に『河北新報』が掲載した社説は、次のように述べている。

此度皇太子殿下の奥羽地方に行啓あらせられたるにつき、殊にわれ等東北地方の臣民として深く感動したことを腹蔵なく披瀝すれば、地方民一般に純情を以て皇室を仰ぎ奉ることが、すべてに於て歴々と発露して居たことであつて（中略）関東関西地方の設備や思ひつきなどは、如何にも気の利いた抜け目のない点が目に付き、軽俊活達とでも形容すべき気象が現れて見える、それに伴ふて思想の方面などにも、咀嚼せられざる外来の考察が新しき色彩として添加せられてゐる傾向がある（中略）此点について東北地方の民俗は率むね鈍重にして移り難き代りには、濫りに新に就き旧を厭ひ、半熟の外来思想や、怪しげなる新考察に飛びつくやうな風は見えない（中略）奉迎の企ても、台覧に供する地方の特色や方物も、華々しいものとてはなく、至って鄙び味な（ひた地味なカ）地ものばかりであつたけれど、そのすべてに於て東北人らしき純情の現れが失はれては居なかつた（中略）所謂文化の進展に伴ひ国民思想の上に一大変化を生じ、此の間に胚胎する危機をも憂慮せらるゝの時に当り、われ等は東北における此の風尚の現れを見て、心強く頼もしく感ずるものである。(22)

この史料で特徴的なのは、他の地方との比較により、「東北人」の欠点として語られるような部分を、思想的安定として読み替えることで、「東北人」の自尊心を鼓舞し、天皇・皇室への忠誠を引き出そうと試みていることである。

いずれにせよ、このような言説のなかに、彼らが地域民衆と向き合うなかで、社会主義などの「外来思想」の流入に大きな危機感を抱いていたことが読み取れるであろう。

また、現実の教育行政においても、青少年の教育に大演習を活用しようとする動きがみられた。例えば、雑誌『宮城教育』では、十一月号で大演習の特集を行い、大演習の全行程を詳しく説明するとともに、児童の模範的な作文なども掲載した[(23)]。この雑誌は主に教員向けの教育研究の記事を載せる雑誌であったことから、大演習を教育の素材として授業などで活用させる意図があったと考えられる。また、次の史料のように、地方教育行政レベルで、青少年らを大演習の関連行事に動員しようとする動きもみられた。

牡鹿郡教育総会における森田郡長諮問案「今秋の特別大演習を機として児童青年の士気を鼓舞する良案」に対しては、委員倉沢、山本、真野、佐藤、吉田、都築、千葉の七氏に附託され委員において慎重考究中であつたが、要するに

一、自己反省、イ国民的信念の確立、ロ職務服務に関する自覚と責任感

二、持続的努力、イ環境との連絡

であるが、之に対する大要の項目は左の如きものである。

実施上の眼目

詔書、軍人勅諭の徹底を期すること一、(ママ)忠君愛国の精神を涵養し世界の形勢、国際間の情義に対する正当なる見解を持すること

二、尚武の精神を高潮し、軍事教育普及智識と理解を持すること

三、組織の威力を知らしめ秩序、規律を尚ぶの念を養ふこと

四、風俗匡励、道徳尊重綱紀粛正

実施上の方法および要目　直接大演習を利用すべき施設として伝達、掲示、通信集会等にて理解を図ること。特に統監宮殿下の御動静を知らしめ、深甚なる敬慕の念を捧げ奉るやう、在郷軍人と連絡して軍事智識の普及、進んで教練発火演習実弾射撃等を行ふ。(24)

ここで語られているのは、規律の強化による思想的引き締め策に外ならないが、特徴的な点としては、まず「詔書」即ち「国民精神作興に関する詔書」と「軍人勅諭」がその精神的よりどころとして援用されていることである。「国民精神作興に関する詔書」（一九二三年発布）については、この時期全国的な奉読キャンペーンが行われていたことが知られているが、(25)「軍人勅諭」については、軍隊精神を民衆に理解させることで反軍感情を緩和し、「良民良兵主義」にもとづく国民動員につなげようという社会教育的意図によるものと思われる。それは、この構想のもう一つの特徴である「在郷軍人と連絡して」という部分からも読み取ることができ、教育行政と在郷軍人会支部・分会レベルの連携があったことがうかがえる。ちょうどこの年には、帝国在郷軍人会が規約を改正し、本格的な思想動員活動に着手しており、日露戦後から大正期にかけて懸案であった陸軍の国民動員政策が本格的に始動している。この思想動員政策は、当初教育行政に大きく依存しており、前掲史料の事例もその典型であったといえよう。(26)

以上のように、地方行政やマスコミ、在郷軍人会は、大演習を「思想善導」の機会ととらえ、一大キャンペーンを展開していたのである。それは、彼等の危機感が生んだ大演習の新たな存在意義にほかならなかった。

二　地域社会と大演習

1　大演習の負担の内実

前節では、一九二五（大正十四）年という時期に、国家・地域の権力にとって大演習がどのような存在意義を有していたかを明らかにした。本節では地域社会に目を転じ、地域社会の諸集団にとって大演習がいかなる意味をもったかを明らかにしたい。まず、負担の問題から確認しよう。

山下直登が指摘したのと同様に、一九二五年の大演習にともなう経費は莫大であった。具体的には、県の関係予算だけで三〇万円に達し、「戸数割は二十四万六千円の増額を示し、県民一戸当り従来五円三十銭の負担にさらに一円五十銭の増加を見る次第」（『河北』一九二五年七月十日朝刊）であった。

また、演習参加部隊は、演習中は基本的に野営であったが、演習の前後は、宿舎に一般家屋を使用したため、それにともなう諸般の出費があった。一応、軍から宿泊代金は支給されるのだが、予備の布団や接待用の諸道具を余分に購入するなど、それなりの経費がかかっており[27]、それ以外にも当時の反軍的世論からくると思われる忌避感情が存在した（具体例は後述）。そもそも通常の民家に兵隊が何人も武器をもって泊まること自体、家人に精神的負担を与えるであろうことは容易に想像しうる。

さらに、大演習においては、警察が大きな役割を果したが、主なものに、摂政の鹵簿（行列）や演習地の警衛、犯罪者や精神病者・危険人物の監視・発見、衛生などがあった[28]。それらの取締り自体も、地域民衆にとっては迷惑なものであったろうが、そのほかに、警衛の不足人員を供給する「警衛補助」や、警衛要員として警官が出張中の町村における治安維持のために、青年団や消防組などの地方団体が動員された[29]。このような警察の民衆動員には、社会主義等の運動に直面した当時の地方警察が、「自警精神」[30]の喚起により、暴動や争議等の鎮圧への地方団体動員のため、その演習を試みたという側面もあったと考えられる。しかし、大演習への動員は、「自警」的側面がやや薄く、民衆の主体性を十分に引き出せたかどうかは疑問の残るところである。日常の治安維持では隠蔽されている「民衆の警察化」の負担的側面が、大演習において浮かび上がってきた、というところであろうか。

このように、住民の物的・人的負担はかなり大きかった。しかも、前年に大演習を行った石川県と富山県においては、通常では議会の反対で予算の付かないような事業を、大演習の予算と抱き合わせで計上することで、議会を通してしまうということがあり(『河北』一九二四年十月八日朝刊)、宮城県も大演習予算と北上川改修予算を組み合わせた予算編成を行った[31]。さすがにこのような行為は問題があったとみえ、石川県と富山県は内務省に指導を受けたとされ、宮城県の場合も、通常は「天皇イベント」に関して「批判的な情報は雑音として掲載しない傾向を有する」[32]はずの地方新聞、すなわち『河北』が「某県会議員の批評」として県を批判する内容の記事を掲載したのである。

大演習ならびに行啓諸費はいとも畏し、さりながら今回の追加予算中、大演習関係の予算は仔細に点検すれば、僅かに二十二三万円に過ぎず、他は北上川改修追加予算その他である、即ち知事は昨秋の県会に大緊縮を加へて六十二万円削減し得た旨を誇らかに説明したが、当時政府の方針が不明で計上し得られなかつた北上川改修分担金等を計上しなかつたまでの話で、かうなつて見ると緊縮もおかしなものだ(ママ)…県民の負担もなかなか楽ではない[33]。

ここで『河北』があえて大演習の準備を批判した理由としては、県の手法を等閑に付すことで県民の不満を醸成するよりも、県を批判することで大演習の体面を守ることを選んだ、ということではないだろうか。重要なのは総合的な評価なのである。

では、陸軍は地域住民と大演習の関係を円滑にするため、どのような対策を講じたのであろうか。まず、演習地に対する損害賠償である。当時の「陸軍演習令」の規定に従って、参加部隊が演習中に与えた損害を賠償することになっていた。しかし、軍縮による経費削減もあってか、実際には甚だしいもののほかは請求を控えさせたという。また、観戦者の移動による損害は賠償の対象外であり、実際は行政指導により住民による自衛に委ねられるなど、不十分であることは明らかであった。県の記録では、損害賠償要求件数二三件、賠償金額は一九二円一三銭五厘となっているが、前述の方針から察するに、実際の被害はこの数倍であったと思われる。(34)

そのほか、陸軍では在郷軍人会や各種学校などの演習観戦団体に引率将校を付け、社会教育的配慮を行った。(35)また、『河北』に掲載された「大演習近づく　観戦のために」(『河北』一九二五年十月二〜六日朝刊)という、大演習の意義や見所、観戦上の注意などを紹介した連載記事についても、陸軍省新聞班(班長は桜井忠温)などから材料提供を受け、「観戦マニュアル」として読まれることを想定したものであろう。これらの施策は、前章で述べた教育行政や在郷軍人会の「思想動員」政策と同じく、大演習への民衆の関心を高めて軍の存在意義をアピールし、反軍世論に対抗する思想動員を図ったものと評価できる。

しかし、このような陸軍の対策自体が、地域社会にとって大演習の負担が重いものであったことを示していることはいうまでもない。

2　大演習の「利益」

前節では地域社会の蒙った負担を確認した。その一方で、大演習にはいくつかの利益を生み出す側面が存在したのである。

まず、地域有力者が大演習、特に演習の前後に行われる摂政の「地方行啓」や皇族の「御成り」、侍従の「御使差遣」によって受けた「利益」である。[36]これらの行事の具体的内容については、一連の行幸啓研究で既に詳細な分析があるので、事例分析は省略するが、ただその意義に関して、例えば若林正丈の理解では、各地の臣民がその営みの成果を「台覧に供する」ことで、天皇・皇太子から「権威的捺印」を受け、天皇と臣民との君臣関係を確認する「コートシップ・ドラマ」(求愛劇)であるとされている。[37]しかし、若林の場合、対象となる地域が台湾であり、被支配者たる台湾人を「帝国」へと包摂する側面が重視され、本章が重視する地域社会にとっての「利益」に対する関心は薄い。少なくとも、「内地」の地域有力者の立場から解釈した場合、これら一連の行事は、自分たちの統治・企業活動・生産活動が天皇権威によって「公認」されるという「名誉」ある儀式といえる。特に企業家にとっては、天皇権威による「お墨付き」は、その生産品の価値を高めることになり、大きな宣伝効果をもたらすのであり、[38]実際、いちいち例示しないが、大演習前後の『河北』は、拝謁者の名簿記事や「台覧」「献上」「御買上げ」などの文句を付した広告で満ち溢れた。

そのようなこともあり、各地の町村や有力者は、さまざまな手段を講じて行啓や「御使差遣」を実現しようとした。例えば、牡鹿郡石巻町(現石巻市)では、「護良親王生存説」なる伝説まで動員して行啓を要望し、最終的には「御使差遣」を獲得したのである。[39]

このように地域の有力者は、行啓や「御使差遣」を求めて東奔西走したが、それが地域民衆にとっても意義のあるものであったかどうかは検討の余地がある。例えば先の石巻町は、演習計画では第二師団の出発地点にあたり、各部隊の宿泊先を確保する必要があった。当然民家がその対象となるのであるが、町当局の交渉にもかかわらず、町民のなかに軍隊の宿営を拒否する者が続出し、歩兵第一六連隊(新発田)などは、結局現地到着の後になっても宿舎が確保できないありさまであった（『河北』一九二五年十月十一日朝刊、十月十九日朝刊）。石巻町民にとって、町の「光栄」と実際の演習負担とは別物だったのだろう。

では、地域の民衆にとっての大演習の「利益」とは何であろうか。まず、大演習や行啓にともなう土木事業によって、悪路が改善（仙台市）されたり、上水道が整備（古川町）されたりした。[40]前述のようにこれらの事業には通常の予算審議で否決されるようなものもあり、大演習が格好の説得材料になったのである。無論これらの費用は住民に課税されるのであるから、利益と負担のバランスが取れているとは断言できないが、インフラ整備の好機会ではあったといえよう。

次に、職人を中心に、雇用が拡大したことが挙げられる。震災後の不景気のあおりを受けたのか、仙台市でも一九二五年の前半は職人の仕事が激減したが、六、七月頃から大演習関係で雇用が回復したのである。

どの親方にたづねて見ても去年と比べてお話しにならない不景気であり、この春以降仕事が滅切り減つて人間が余つてゐる、それに米価が高いと来てゐるので労働者級は実際みじめなものであつたが、今秋の陸軍特別大演習が幸ひして、先々月あたりから仕事がだんだん殖えて来たので、昨今に至つては一時的だとしても実際は景気がよくなつたと喜んでゐる、九月になつたら更に忙しからうと見越されてゐるが、これは道路普請の如きものから各商店の店頭修繕改飾、旅館飲食店の大修理等が盛んに行はれるためだといふ。[41]

さらに、仙台だけでは職人の需要をまかないきれず、県外からも多くの労働者が流入したのである（『河北』一九二五年九月二十一日朝刊）。数ヵ月前とは正反対の光景が展開されたことになる。

しかし、大演習は臨時のイベントであるため、この雇用回復が短期的なものにすぎないことも認識されていた。前掲した九月一日記事は最後に「これ等の労働者級は十一月中頃から二月中頃までは所謂冬眠期であり（中略）大演習のお蔭で九月頃まで助かつてもその先がどうなることかと気遣つてゐる」と結んでおり、大演習の「利益」がもつ限界がみてとれる。

このほか、地域にとってより大きな「利益」が存在した。大演習では、演習や演習後の観兵式をみるために各地から演習地や仙台へ多くの人々が集まった。それらの大部分は在郷軍人会などの動員による「団体拝観」であろうが、後述の仙台市内での彼等の行動からして、多分に「物見遊山」「観光ツアー」感覚であったことは確実である。彼等にとっては、大演習は一つの娯楽であり、日々の仕事の息抜きであったのだろう。また、大演習は摂政の統監があるため、彼を一目見ようという心理も働いていたと思われる。

注目すべきは、そのような「観光客」が各地で消費する金銭が、いわば「観光収入」として、大きな経済効果をもたらすものであったことである。鉄道の旅客収入だけみても、県全体で前年比二倍、岩切駅（現仙台市宮城野区）では一〇倍にも達していた。[42] 観兵式会場となった仙台市を具体例にとると、観客で旅館は満員、「観兵式の拝観を終った群集（ママ）期せずして名掛丁通りより大町筋へ繰り込んだので、正午頃の大通りは身動きもならぬほどの大混雑であつた……東一街へなだれ込んだものはお土産品を漁る口であつた。されば各商店とも午後に至つては大入り満員で、藤崎大内の両呉服店などは郡部の人達ですしつめであつた」（『河北』一九二五年十月二十四日夕刊）という。

また、一般商店だけでなく、飲食店や花街などのなかにも大きな売り上げを示すものがあった。やや雑多な記事だが、具体的な状況を示すため引用する。

第一花柳界方面はといふに、芸妓衆にはサッパリお蔭がなく、大演習中は時々宴会芸妓が動いたきりで一般お茶をひきつゞけ、二十三日の観兵式賜饌のあつた日の夕刻から俄にいそがしくなつて、翌日も同様繁昌したが、タツタ二日二晩きり二十五日となつてはバッタリ御座敷がなくなり、これから選挙騒ぎの終るまでは駄目だとあきらめてゐる（中略）これに反して目のまはるやうないそがしさを続けたのは、格子裏からチョイトチョイトをきめこむ白首連中で、どの店でも大人満員の盛況を続け、一晩に百円内外の収入を得た店もあつたといふ、番街一円の料理店待合は前記通りの閑散を続けたが、食気一方の洋食店は比較的繁昌し、カルトンの如きは開業以来の大繁昌で、ボーイ連中は目をまはしたといふが、客種は顔なじみの土地客が少く十中の八九は他地方人だつたと語つてゐた、一二流の料理店の閑散さにひきかへて小料理店飲食店が繁昌し、殊に腰掛茶屋式の店が客をよんだ（中略）一番繁昌したのは名掛町のたらく茶屋だといふ。一杯二十銭のあんころ餅やお雑煮などを売つて、一日八百二十円売上げを示したといふから、一日に四千百名のお客があつたわけである。(43)

ここでみる限り、飲食店にしろ花街にしろ、概して庶民的なタイプの店が収益をあげているようであるが、おそらくは、観客の大部分が郡部の農民層であったためであろう。

さらに、行啓や「御使差遣」を受けたり、大本営での「御召品」に選定された商品を、人々が新聞広告等をみて買った可能性が高いことや、「紀念絵葉書」などの商品を販売する「投機商人」のような便乗商法まで出現した（『河北』一九二五年十月二十一日朝刊）ことなどを考え合わせると、大演習にともなう収益は裾野の広いものであり、その総額は莫大なものであったと考えられる。そのためこれらの収入に対する商人たちの関心も高く、利益獲得のための企業努力がなされた。仙台商業会議所が「商店繁栄講演会」や「店頭装飾競技会」を開催したり、当時悪評のあった仙台市内の商店に対して接客法の改善を指導したりしたのはその一例である（『河北』一九二五年九月十五日朝刊・九月十九日朝刊）。また、前述した職人の需要にも「店頭修繕改飾」が含まれており、これらも広義の観光収入といっても差し支えないであろう。

ただし、マイナス面もないわけではなかった。まず、観光客の流人や宿営用の物品購入などで一時的に大量の消費がなされることにより、品不足から急激な物価の上昇を招いた。ある年の大演習では、例えば鶏卵が四倍、草鞋が八倍になったという（『河北』一九二五年九月十四日朝刊）。

また、町村によっては利益獲得に失敗するケースも存在した。ここでは、演習計画において第八師団の通過地点にあたっており、温泉地として当時も現在も有名な、玉造郡鳴子町の事例を検討する。(44)

鳴子町では、警察分署長と宿屋組合長が、内外の高官を初めとする観戦者が温泉を利用することを期待し、歓待計画を立てるため旅館主を招集したが、人数が集まらず流会になるという事態になった。実際、大演習期間の旅客数も、鳴子駅の乗降者数だけみても関係者の予想の三分の二から半分にとどまった。そのうえ、第八師団司令部の宿舎に二重指定があり、その利権をめぐって旅館同士が対立、組合脱退問題にまで発展した。『河北』は、この一連の失敗に批判的で、特に脱退問題については、「長く記念すべき東北特別大演習に際し紛擾を残す等の事ありては、当町のため一大恨事」となるとし、円満解決を呼びかけている。このような事件が大演習に汚点を残すことになるのを避けようとしたのであろう。

この事例のように、「利益」の獲得にはいくつかのリスクが存在した。そもそも、行政のお膳立てだけでは地域商工業層は動かず、彼等が主体性を発揮して初めて「利益」が生まれるのである。また、利益は常に公正に配分されるわけではなく、限られた利益をめぐって対立・騒動が発生すれば、大演習そのものの評価に響きかねないということも明らかである。

このように、大演習は観光収入という副産物により、地域の商工業者に多くの利益をもたらした。同時にそれは、不況下にあって、地域商工業層の主体的営為として生み出されたという側面をももっていた。また、利益が地域にどのように配分されるかが、大演習の評価を左右する可能性すらあったのである。(45)

おわりに

最後に、本章で明らかにした内容をまとめるとともに、その意味を考察したい。

本章では、一九二五（大正十四）年の大演習が、軍事的に大きな転換を迎えつつあるとともに、天皇権威の強化と、「外来思想」から地域社会を守ろうとする「思想善導」の場として活用されていたことを明らかにした。一方、そのような大演習を迎えた地域社会は、大きな負担を強いられながらも、地域有力者は行啓などの「名誉」と「お墨付き」により、それ以外の、特に商工業者は雇用や「観光収入」により、一定の利益を享受し、それが大演習の評価につながる可能性をも有したことを明らかにした。

これらの「利益」は、主に大演習が行幸啓としての性格を有し、当該期に天皇権威のアピールという側面が際立って強調されることから生まれたものである。そのことが、地域社会において、大演習の利益的側面をいわば天皇（摂政）から与えられる「恩恵」として認識させたのではないかと思われる。そのために大きな役割を果たしたのが、一連の新聞報道であったろう。また、地域が蒙った「負担」についても、一定の「恩恵」を受けた人々にとっては、摂政を迎える「光栄」の代価として甘受された可能性すら想起される。ただし、石巻町の事例で明らかにしたように、そのような論理は必ずしも地域住民のコンセンサスを得られていなかった、あるいは反軍感情を解消するまでに至らなかったという限界にも留意する必要があろう。

以上のような大演習をめぐる諸相は、厳密には軍隊と地域というより皇室と地域との間に生じた関係と評価すべきなのかもしれない。しかし、その結果として大演習が種々の批判を浴びながらも延命したことは、天皇権威による統合が当該期の陸軍演習を支えていたという構図を浮び上がらせ、陸軍にとっての天皇の存在意義について改めて考えさせるものといえよう。また、さまざまな「利益」を通じた統合という演習のあり方は、吉見義明のいう「草の根のファシズム」[46]の基底にある民衆意識を考えるうえで重要な素材を提供してくれるのである。

註

(1)『陸軍演習令』(一九二四年)より。

(2) 原武史『可視化された帝国―近代日本の行幸啓―』(みすず書房、二〇〇一年)を参照。

(3) 山下直登「軍隊と民衆―明治三十六年陸軍特別大演習と地域―」(『ヒストリア』一〇三、一九八四年)。

(4) 大演習の準備のなかで兵庫県内の地域間対立や地域利害が調整される過程を論じた、中村崇高「大正八年陸軍特別大演習と兵庫県」(『東洋大学人間科学総合研究所紀要』五、二〇〇六年)、大演習の実施が地域の学校教育に与えた影響を論じた、三羽光彦「陸軍特別大演習と教育―一九一七年滋賀県の事例―」(『芦屋大学論叢』五三、二〇一〇年)、大演習を通じた青少年動員に注目した、長谷川栄子「昭和六年熊本の陸軍特別大演習」(熊本近代史研究会『第六師団と軍都熊本』熊本出版文化会館、二〇一一年)など。なお、海軍にも三年に一回の頻度で実施される特別大演習が存在し、連合艦隊の規模で実施される一大演習であったが、地域との接点としては大演習終了後に沿岸部で行われる観艦式がある程度である。日本海軍の観艦式については、木村美幸「大正期における日本海軍の恒例観艦式」(『メタプティヒアカ』一一、二〇一七年)、小倉徳彦「日露戦後の海軍による招待行事―恒例観艦式の創設―」(『日本歴史』八二七、二〇一七年)などを参照。

(5) 一九九〇年代以降の「天皇研究」は膨大な成果があるが、本書が直接的に参照した「行幸啓」研究や天皇の表象やイメージに関する研究は以下のとおりである(なお、一部一九八〇年代の研究を含む)。まず、天皇の行幸啓や皇族の「御成」については、以下の研究を主に参照した。タカシ・フジタニ『天皇のページェント』(NHKブックス、一九九四年)、若林正丈「一九二三年東宮台湾行啓の〈状況的脈絡〉」(『東京大学』教養学科紀要』一六、一九八三年)、同「一九二三年の東宮台湾行啓」(平野健一郎編『国際関係論のフロンティア2　近代日本とアジア』東京大学出版会、一九八四年)、原前掲註(2)書、後藤致人「花巻温泉と皇族」(『昭和天皇と近現代日本』吉川弘文館、二〇〇三年)、佐々木克『幕末の天皇・明治の天皇』(講談社学術文庫、二〇〇五年)、茂木謙之介『表象としての皇族』(吉川弘文館、二〇一七年)。このうち、行幸啓の基礎的事実に関しては原の成果を参照した。また、地域社会への影響や経済的利害関係については、若林と後藤の研究から多くの示唆を得た。また、天皇・皇室のイメージや表象の社会的発信については、以下の研究を参照した。多木浩二『天皇の肖像』（岩波新書、一九八八年、岩波現代文庫、二〇〇二年）、フジタニ前掲書、波多野勝『裕仁皇太子ヨーロッパ外遊記』（草思社、一九九八年、草思社文庫、二〇一二年）、古川隆久『皇紀・万博・オリンピック―皇室ブランドと経済発展―』（中公新書、一九九八年）、若桑みどり『皇后の肖像』（筑摩書房、二〇〇一年）、坂本一登「新しい皇室像を求めて」（『年報近代日本研究』二〇、一九九八年）、片野真佐子『皇后の近代』（講談社選書メチエ、二〇〇三年）、右田裕規「戦前期「大衆天皇制」の形成過程」（『ソシオロジ』四七、二〇〇二年）、梶田明宏「「昭和天皇像」の形成―大正十年皇太子洋行と出版物―」（鳥海靖・三谷博・西川誠編『日本立憲政治の形成と変質』吉川弘文館、二〇〇五年）、坂上康博『昭和天皇とスポーツ』（吉川弘文館、二〇一六年）、森暢平「大正期における女性皇族像の転換」（『成城文藝』二三六、二〇一六年）。特に、本書が重視する地域社会による天皇イメージの受容や天皇権威を媒介とした利益追求については、古川の研究から多くの示唆を得た。なお、本章と次章が対象とする時期を含め、近代の天皇をめぐる制度や政治過程、政治思想についても膨大な研究があるが、本書ではさしあたり以下の諸論考を参照した。渡辺治「天皇制国家秩序の歴史的研究序説」（『社会科学研究』三〇―五、一九七九年）、鈴木正幸『皇室制度』（岩波新書、一九九三年）、安田浩『天皇の政治史』（青木書店、一九九八年）、伊藤之雄『日本の歴史22　政党政治と天皇』（講談社、二〇〇二年、講談社学術文庫、二〇一〇年）、同前掲『昭和天皇と立憲君主制の崩壊』、同『明治天皇』（ミネルヴァ書房、二〇〇六年）、同『昭和天皇伝』（文藝春秋、二〇一一年、文春文庫、二〇一四年）、古川隆久『大正天皇』（吉川弘文館、二〇〇七年）、同『昭和天皇―「理性の君主」の孤独な生涯―』（中公新書、二〇一一年）、西川誠『天皇の歴史七　明治天皇の大日本帝国』（講談社、二〇一一年、講談社学術文庫、二〇一八年）、加藤陽子『天皇の歴史八　昭和天皇と戦争の世紀』（講談社、二〇一一年、講談社学術文庫、二〇一八年）、河西秀哉『近代天皇制から象徴天皇制へ』（吉田書店、二〇一八年）。

（6）以下、『河北新報』の引用にあたっては、『河北』一九二五年八月十七日朝刊のように略記した。また、当時の新聞で夕刊が発行されている場合、日付と実際の配達日には一日のズレがある。

（7）なお、本章と問題意識の重なる論考として、中村前掲註(4)論文がある。中村は、山下前掲註(3)論文と拙稿の成果を踏まえて、兵庫県当局による大演習を媒介とした地域統合策や、大演習にともない露呈された複層的な地域意識の存在を明らかにするなど、新たな論点を提示しているが、本章の趣旨に大きな変更を迫るものではない。

(8) 宮城県編『陸軍特別大演習記録』(一九二八年、宮城県図書館所蔵)七五〜八一・二二一〜二五九頁。以下、引用の際は『記録』と略記した。
(9) 吉田裕「昭和恐慌前後の社会情勢と軍部」(『日本史研究』二一九、一九八〇年)四一〜四六頁。
(10) 『宇垣一成日記』一(みすず書房、一九六八年)四八九頁。こうした演習のマンネリ化は他の演習でも批判され、「演習戦術」と呼ばれていた。本書第一部第四章を参照。
(11) 『河北』一九二五年八月十七日朝刊。通信社の配信記事や政界情報誌などに依拠した情報であろうか。
(12) 『河北』一九二五年十月十九日朝刊。「当局」が具体的に誰を指すのかは不明。また、いかなる状況における談話かも記事からはわからない。
(13) 「総力戦」をめぐる陸軍内部の議論については、黒沢文貴『大戦間期の日本陸軍』(みすず書房、二〇〇〇年)第一部を参照。
(14) 桜井忠温『国防大事典 普及版』(中外産業調査会、一九三三年)をもとに作成した表13をみると、一九二五年前後の大演習の参加師団数の推移は、一九一九年四、一九二〇年三、一九二一年五、一九二二年二(陸海軍合同演習)、一九二三年中止、一九二四年三、一九二五年三、一九二六年二、一九二七年三、一九二八年二、一九二九年二、一九三〇年二であり、明らかに一九二六年が画期となっている。
(15) 山下前掲註(3)論文、二五頁。
(16) 行幸啓の基本的機能については、原前掲註(2)書を参照。
(17) 渡辺前掲註(5)論文、二〇二〜二〇五頁を参照。
(18) 坂上康博「スポーツと天皇制の脈絡」(『歴史評論』六〇二、二〇〇〇年)、同前掲註(5)書や波多野前掲註(5)書などを参照。
(19) 原前掲註(2)書、および若林前掲註(5)両論文を参照。
(20) 安田前掲註(5)書、一九六頁。
(21) 『河北』一九二五年十月二十七日朝刊。
(22) 『河北』一九二五年十月二十六日朝刊。
(23) 宮城県教育会編『宮城教育』一九二五年十一月号(宮城県図書館所蔵マイクロフィルム)。
(24) 『河北』一九二五年七月一日夕刊。

(25) 安田浩「行政支配の進展と部落構造の変容」(大石嘉一郎・西田美昭編『近代日本の行政村』日本経済評論社、一九九一年)を参照。
(26) 当該期における陸軍の国民動員政策の展開に関しては、功刀俊洋「日本陸軍国民動員政策の形成」(『鹿児島大学社会科学雑誌』九、一九八六年)を参照。また、大演習を通じた青少年への思想動員については、長谷川前掲註(4)論文も参照。
(27) 『記録』二〇〇頁、『河北』一九二五年十月十六日朝刊。
(28) 警察の活動については、『記録』の「第三章　警務部」「第四章　衛生」を参照。
(29) 警衛補助については、『記録』三七二～四一〇頁。町村の治安維持については、『記録』四六八～四七〇頁。
(30) 大日方純夫『近代日本の警察と地域社会』(筑摩書房、二〇〇〇年)第六章を参照。
(31) 『宮城県議会史』第三巻(宮城県議会、一九七五年)二四八～五六頁。
(32) 坂本孝治郎「天皇がやって来た」(『年報近代日本研究』二、一九八〇年)二八三頁。
(33) 『河北』一九二五年七月十日朝刊。「某県会議員」は特定できなかった。
(34) 以上、損害賠償については、前掲註(1)『陸軍演習令』および『記録』二七二～二七三頁によった。
(35) 『記録』二六五～二六八頁。
(36) なお、一九二五年の場合、摂政の行啓が中止になったため、行啓以外の行事の重要性が増していたという点がやや異例である。
(37) 若林前掲註(5)「一九二三年の東宮台湾行啓」一九九・二〇三頁。なお、こうした「権威的捺印」の主体は、大演習に参加した皇族軍人にも及んだ。北軍司令官の久邇宮邦彦王は十月二十一日に演習地近くの吉岡小学校に「御成り」し、記念植樹を行っている(『河北』一九二五年十月二十四日朝刊)。
(38) 行幸啓や「御成り」、あるいは「皇室ブランド」に期待される経済的効果については、後藤前掲註(5)論文、および古川前掲註(5)書を参照。
(39) 「護良親王生存説」とは、一三三五(建武二)年に鎌倉で殺害された護良親王が実は生きていて、石巻まで落ち延びた、という伝説で、当時地元で話題になっていた(『河北』一九二五年九月五～八日朝刊)。ただし、実際に石巻で侍従が差遣された場所のなかに、護良親王関係の遺蹟は入っていない(『記録』一〇四～一〇五頁)。
(40) 仙台については、『河北』一九二五年一月一日朝刊および十月三日朝刊。古川町については、『古川市史』上巻(一九六八年)五三四〜五三五頁。

(41)『河北』一九二五年九月一日朝刊。

(42)仙台鉄道局『陸軍特別大演習輸送記録』(一九二六年、国立国会図書館所蔵)三〇一〜三一一頁。

(43)『河北』一九二五年十月二十七日朝刊。

(44)以下、鳴子温泉の事例については、『河北』一九二五年五月三日夕刊・十月二十六日朝刊・十一月一日朝刊による。

(45)なお、本章で論じた、観光収入を中心とした「利益」は、都市や町場の商工層を主な受益層としたもので、農村部の住民にとっては直接的な経済的「利益」よりも、大演習の負担のほうが大きかったことには留保が必要である。この点、中武敏彦が本章初出論文発表後に著した「陸軍特別大演習と宮城郡」(『市史せんだい』二四、二〇一四年)を参照。

(46)吉見義明『草の根のファシズム』(東京大学出版会、一九八七年)。

第二章　都市・メディアと特別大演習

はじめに

本章では、一九三二（昭和七）年に大阪府（一部奈良県）で実施された陸軍特別大演習を事例に、前章でも論点とした特別大演習の軍事的側面と天皇イベントの側面、あるいは大演習が地域にもたらす「負担」と「利益」両側面の影響から改めて分析する。その際、前章の宮城大演習が一九二〇年代の地方都市開催であったのに対し、一九三〇年代に、大都市圏である大阪とその周辺で開催されたという特徴に注目して論じる。すなわち、満洲事変下においてナショナリズムが高揚し、天皇の神聖イメージが強化されていた時期であったこと、大阪を拠点とする都市型メディアによるメディア・イベント[1]としての側面が濃厚であったことが、大演習にどのような性格を付与することになったのかを明らかにすることで、前章とあわせて大演習に関する立体的な分析を試みたい。

一九三二年大阪大演習については、従来の「軍隊と地域」研究のなかでの言及は少ない。近畿地方における「軍隊と地域」の基本事実や研究動向をまとめた原田敬一編『地域のなかの軍隊四　古都・商都の軍隊―近畿―』[2]のなかで言及があるが、演習の経過や全体像を検討したものではない。また、演習地となった地域のいくつかの自治体史でも[3]言及があるが、いずれも当該地域での演習の状況に触れるのみで、大演習の全体像を論じているわけではない[4]。

そこで本章では、第一節では一九三二年大演習の概要と軍事的な性格、特に前章でも問題にした大演習の軍事演習としての実効性の問題が、本演習でどのように再論されたかを論じることで、三二年大演習の軍事史的位置づけを考察した。続く第二節で、この演習を通じて展開された、大阪に拠点をもつ各種メディアが展開した報道やメディア・イベントの実態を明らかにし、一九三〇年代の大都市圏で開催された大演習それ自体がメディア・イベントとしての性格を有していたことを明らかにする。その際、主要なメディア史料として、『大阪朝日新聞』（以下『大朝』と略記）を使用する。(5)

一　一九三二年大阪大演習の軍事的位置

一九三二（昭和七）年の大演習は、十一月十一日から十三日の三日間、大阪府（河内平野）と奈良県（奈良盆地）を演習地として実施された。大本営は大阪城内の第四師団司令部に置かれ、参加部隊は第三・四・五・一六師団と、関西地方とその周辺を衛戍する四個師団を基幹とする、南北両軍約四万余の兵力が参加した。十四日の午前に観兵式、午後には演習参加者への賜饌が行われた。

なお、当初の予定では全日程にわたって昭和天皇が演習を統監する予定であったが、二日目に体調を崩したため、二日目と三日目の演習統監は参謀総長閑院宮載仁親王（大演習統監部参謀長）が代行し、三日目の演習終了後に府立堺中学校で行われた演習への講評の場から天皇が日程に復帰した。

大演習に続いて地方行幸が行われた。既に演習初日の十一日、奈良県での演習統監中に畝傍山麓「神武天皇陵」への親拝行幸が行われていたが、十五日からは本格的な行幸スケジュールに入り、十五日午前には伏見桃山陵親拝、午後には大阪府庁への行幸、近畿消防組員代表への親閲式などが挙行された。翌十六日は大阪市内の行幸が中心となり、大阪府工業奨励館と大阪府立貿易館への行幸、男女青年諸団体（学生・青年団・青年訓練所・在郷軍人分会・処女会等）への親閲式が行われた。また、当初十四日午後に予定されながら悪天候で中止となっていた大阪城天守閣（前年に再建）への登臨も行われた。これらの日程を終えた昭和天皇は、十七日朝大阪を発ち東京に還幸した（表14）。

なお、以上の天皇を中心としたスケジュールと並行し、天皇の名代として侍従が大阪・奈良両県下各地に差遣された。侍従差遣の意義については前章で述べたので繰り返さないが、大阪・奈良への差遣の特徴としては、①差遣先が一四二ヵ所と多数に上ること、②大阪・奈良に点在する天皇陵への差遣が大きな割合を占めること、③工業地帯である大阪の地域性を反映して、工場や工業組合など産業関係の差遣先が多いこと、などが指摘できる（後述）。

なお、天皇行幸では行幸先の産物・特産品などの天覧・献上・買上が行われるのが通例である。大阪でも数ヵ所の会場を使用して天覧品・献上品・買上候補品の陳列展示が行われた(6)。

次に、この大演習が実施された一九三二年十一月というタイミングがもつ同時代的文脈を確認したい。一九三一年九月に関東軍の謀略により満洲事変が引き起こされ、一九三二年三月には「満洲国」が成立、日本政府は九月に同国の独立を承認していた。また、演習実施直前の十月二日にはリットン調査団の報告書が公表され、日本国内でその内容への反発が強まっていた。こうした時期に実施された大演習は、当然ながら強烈なナショナリズムの発揚をともなうものとなった。例えば、演習開始前日の十一月十日の『大朝』朝刊一面に掲載された論説「聖駕を迎へ奉る」には、以下のような一節がある。

陛下には、大元帥として、明十一日から三日間にわたりて行はるゝ陸軍特別大演習を統監あそばせられるのである。（中略）今や宇内の大勢、時世の趨勢は、恒久的平和の実現、なほ極めて遠きを示し、国際政局の安定、人類文化の向上にとりて、仁義の軍、護国の師は、ますく強きを要し、内は文もつて治すべきも、外は武の後援に

表 14　大演習・地方行幸スケジュール（11 月）

日付	時　刻	天皇日程
10	午前 7：10	宮城発輦，東京駅より御召列車
10	午後 4：25	大阪駅着，自動車鹵簿にて大本営着御
11	午前 9：40	大本営発御，大軌電車にて神武天皇陵へ
11	午前10：30	神武天皇陵を参拝
11	午前11：15	自動車鹵簿で天理外国語学校へ，同所で乗馬鹵簿に
11	午前11：30	乗鞍山野外統監部にて演習統裁，戦線巡視（約 1 時間）
11	午後 2 時頃	大軌電車にて大阪へ
11	午後 3 時頃	大本営還御
12	午前	風邪の為高安での野外統監中止，大本営にて演習統監
12	午前	※野外統監部での統監は閑院宮参謀総長が代行
13	午前	風邪の為高見での野外統監中止，大本営にて演習統監
13	午前	※野外統監部での統監は閑院宮参謀総長が代行
13	午後 1：05	大本営発御，南海鉄道にて堺中学校へ
13	午後 1：43	堺中学校の御講評場に親臨，閑院宮より講評，将兵へ勅語
13	午後 3：15	南海鉄道にて大阪へ
13	午後 4：04	大本営還御
13	午後 6：30	統監部関係者と陪食
14	午前 9：09	城東練兵場にて観兵式
14	午前 11 時	大本営還御
14	午後 1：07	歩兵第 8 連隊営内にて賜饌
14	午後 1：40	大本営還御
14	午後	大阪城天守閣への登臨が 16 日に順延
14	午後	提灯行列が雨天のため中止
15	午前 9：17	行在所発御，御召列車にて桃山陵へ
15	午前10：28	桃山陵および桃山東陵参拝
15	午前11：00	御召列車にて大阪へ
15	午後 0：08	行在所還御
15	午後 1：30	行在所発御，大阪府庁にて知事ら賜謁，陳列品天覧
15	午後 2：37	輜重兵第 4 大隊にて近畿消防組員代表親閲，都市防空施設天覧
15	午後 2：50	行在所還御
15	午後 3：30	軍部関係者に賜謁
15	午後 6 時頃	市民・学生による提灯行列
15	午後 6：30	地方関係者と陪食
16	午前 9：00	行在所発御，大阪府工業奨励館にて賜謁と館内巡覧
16	午前10：50	大阪府立貿易館にて賜謁と館内巡覧
16	午前11：50	行在所還御
16	午後 2：00	行在所出御，城東練兵場にて学生・青年団・在郷軍人等を親閲
16	午後 3：12	行在所還御
16	午後 4 時	行在所出御，徒歩で大阪城天守閣に登臨，各階の展示を巡覧
16	午後 4：46	行在所還御
16	午後 6：30	地方関係者と陪食
17	午前 8 時頃	行在所出御，御召列車で東京へ
17	午後 5 時頃	東京駅着，宮城へ還御

よりて始めて文礼の国交を完うし得るの現実は、一国のみの理想をもつてしては、未だなかくどうすることも出来ない状態である。されば練武のこと、容易にゆるかせにすべからざる今日、恒例よりも大なる規模と内容とをもてる今次の大演習の意義は、深長と申さなければならぬ。（『大朝』一九三二年十一月十日朝刊）

では、こうした情勢下で挙行された大演習は、軍事的にはどのような特徴があったのだろうか。

前章でもみたように、一九二〇年代には大演習をはじめとする一連の機動演習に対しては、「時代遅れ」というイメージが軍の内外で流布するようになっていた。「機動戦」は一九世紀ヨーロッパで確立された、迅速な軍隊の移動により包囲・殲滅を図る戦術・戦略であり、日本ではドイツ式軍制とともに導入され、日清・日露戦争で実戦適用された。その後、第一次大戦での塹壕戦や軍隊の機械化、国力を総動員し前線と銃後の区別が曖昧となる総力戦への移行といった戦闘形態の変化が世界的趨勢になった。日本陸軍も欧州戦線に将校を派遣するなど総力戦研究に着手するものの、実際の総力戦体制移行は遅れ、軍制や演習は機動戦型を温存することとなった。しかも、機動演習の想定と日本の地形とのくい違いによって生じる実戦とかけ離れた「演習戦術」が蔓延していた。

総力戦論者の宇垣一成が、日記に大演習批判を記していたことは前章で指摘したところであるが、一九三二年の大演習の段階でも、宇垣はこうした批判意識を有しており、「大演習の計画指導は特に目新しき点をも認めざりし。軍隊の行動より猪突が減少し来りしは進歩乎？　遅緩？」[7]などと、相変わらず辛口の批評を日記に残している。

こうした大演習批判は宇垣個人にとどまらず広く軍の内外で囁かれていたとみられる。それを裏づけるように、一九三二年大演習では、当時の参謀次長であった真崎甚三郎（大演習統監部高級幕僚）が『大朝』のインタビューに答えて、この年の大演習がいかに例年と異なる独自の演習想定にもとづいているかを強くアピールしている。

今度の大演習は何分大和、河内の両平野に跨り、間に生駒山脈が横はるという広さも広く変つた地形だけにいつものピストン式戦型とは一風変つた戦ひの型となるだらうし、そこに興味もある、それに実兵四ヶ師団にうまく仮設部隊を交へてできるだけ大掛りな戦争をやつてみようと苦心をした、演習部隊が退却したとき敗けた〳〵なんていふなよ、勝つた部隊でも演習指導上退却させることもあるんだからな、それと拝観者がお百姓がせっかく汗水流した作物を荒したり、部隊の間に立つて空包で怪我をしたり、狭い道で伝騎に刎られたりせぬやう諸君から伝へてくれ、お互に事故者を出すと済まんからな（『大朝』一九三二年十一月七日朝刊）

実際の演習計画（表15）をみても、真崎が指摘するようにこの時の演習想定は宇垣らが批判してきたような単純かつ古典的な南北両軍の遭遇・退却戦とは大きく異なっている。一日目の奈良盆地での遭遇戦後、南北両軍が夜陰に紛れて、しかも同時に生駒山地を越えて河内平野に進出する展開（図3）や、南北両軍の攻守のめまぐるしい交代など、かつて宇垣が「狭き演習地を広く使はずして広き舞台を狭く使ふの旧態」と罵倒したような、一つの平地を連日一方向に縦断・横断する通常の大演習の想定とは異なる特徴的な展開が目立つ。こうした点からは、演習を計画した参謀本部において、軍内外からの大演習批判・「演習戦術」批判に応えて演習想定を奇抜なものにしようとする意図があったことは明白である。

しかし、こうした奇抜さは諸刃の剣であった。たしかに奇抜さによって演習想定の古さやマンネリ感は払拭できたかもしれないが、それと演習としての実効性は別物である。結果としてこの年の演習想定は、現実の戦争ではおよそありえないような非現実的な展開となってしまった。それを指摘したのが、次に掲げる『大朝』の戦評コラムである。

第二日戦評　移動の驚異的記録

大演習二日目十二日は前日大和平野で激戦を交へた両軍がともに暗夜を利用して戦線を離脱し敵に側面を暴露しての運動を行つたが、これは戦術的に最も不利とするところで十一日の大和平野遭遇戦後の運動は両軍期せずし

表15　1932年大演習戦闘経過

日 付	時 刻	事 項
11.8	午前11:30	南軍，第4師団秋季演習終了
11.8	午後5:40	南軍司令部に第4・5師団長が参集
11.8	午後5:53	北軍，南次郎司令官演習地入り
11.9	午後6:00	一般方略・特別方略を審判官より両軍首脳部に交付
11.10	夜	一般方略に従い指定地にて宿営
11.11	午前8:30	両軍飛行隊の空中偵察開始
11.11	午前10:00	北軍，第16師団丹波市町に侵入．南軍，桜井―丹波市道から大和平野に急行
11.11	午前10:30	南北両軍がが丹波市町郊外で遭遇戦，戦線は錯綜しつつも徐々に南進
11.11	午後2:00	演習中止
11.11	午後4:00	新たな状況の付与，次の宿営地へ向け徹夜移動開始
11.12	午前3時頃	南軍，大和川沿いの長吉村・古市付近に集結，北進開始
11.12	午前8時頃	北軍，英田村・南郷村付近に集結
11.12	午前8:30	高安村信貴山ケーブル付近で両軍衝突，陸空入り乱れての混戦となる
11.12	午前11:07	演習中止
11.12	午後3:30	飛行隊の戦闘再開，八尾上空で決戦
11.12	午後5:00	両軍飛行隊，根拠地に帰投
11.12	午後9時頃	南軍，大和川南岸一帯に警戒陣地構築，橋梁を破壊（仮想）
11.12	夜	北軍，夜陰に乗じ追撃し大和川を渡河
11.13	早暁	北軍，南軍警戒陣地を突破
11.13	午前7:00	南軍，前進命令に続いて総攻撃命令．北軍，南軍に応じて総攻撃命令
11.13	午前8:40	金岡村の騎兵第4連隊練兵場付近で，両軍数十メートルまで接近
11.13	午前9:04	白兵戦突入直前，休戦信号弾により演習終了
11.13	午前11:30	両軍司令官，御講評場の堺中学校に参集
11.13	午後1:43	天皇臨席のもと閑院宮の講評
11.13	午後4時頃	各部隊，大阪市内の宿舎（第4師団は自隊兵舎）に収容
11.14	午前9:09	全部隊参集し，城東練兵場にて観兵式を挙行（悪天候のため閲兵のみ，編隊飛行は中止）
11.14	午後1:07	統監部幕僚や演習参加将校らに賜饌
11.14	午後6:00	閑院宮参謀総長主催の慰労宴会，演習参加・陪観の将官ら招待
11.14	午後7:05	篠山歩兵第70連隊，原隊復帰のため大阪駅出発（原隊復帰第1号）

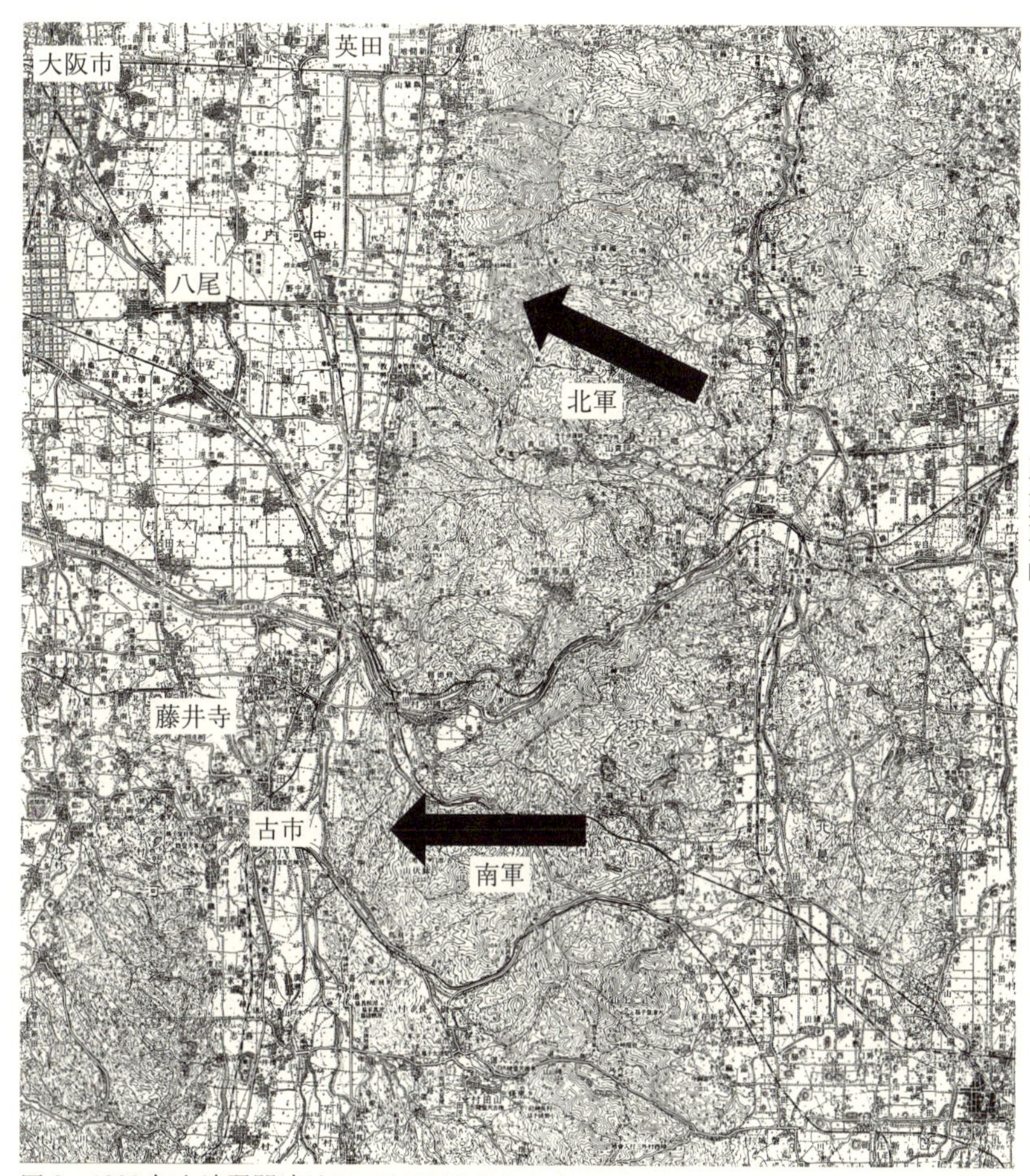

図3　1932年大演習関連地図（陸地測量部作成「大阪東南部（5万分の1）」国立国会図書館所蔵，YG1-Z-5.0-75-5より作成）
矢印は南北両軍の移動方向を簡略化して示したもの．

て殆ど同時にこの運動を行つたからいゝやうなものゝもし何れかゞその横から襲ひかゝるだけの兵力を戦場に使用し得たとすれば相手方は無事ではをられまい、実戦なら例へ両軍ともこの運動の必要ありとしても若し何れか一方軍が早く相手方の企図を察知したなら味方の企図の実施を延ばして敵が運動を起して混乱するに乗じ猛撃を加へ一挙に勝敗を確定して後ぐされをなくすること必定である（『大朝』一九三二年十一月十三日朝刊）

通常、大演習それ自体について同時代のメディアが批判することは、天皇タブーの面からも軍機保護の面からも非常に困難がともなうが、この戦評は婉曲的な表現を用いつつもかなり辛辣かつ痛烈に演習想定の非現実性を批判している。このことは、一定の軍事知識を有する当時の人々にとって、この演習想定が非現実的な「演習戦術」であることが明白であること、それが新聞批評という形で社会的に共有されていたことを示している。

こうした批判をみると、大演習の時代遅れな印象は一九二〇年代と変わらない。しかし、こうした演習想定の古さ・マンネリ感とは別に、一九三二年大演習は新しい陸軍のあり方を示す場としての性格を強めていた。それは、新兵器や軍隊機械化のデモンストレーションの場として演習を活用するという方向性である。前章が扱った一九二〇年代は宇垣軍縮を頂点とする軍備縮小が趨勢であったが、この軍縮はあくまでも陸軍近代化を目的に掲げており、軍縮で捻出された予算の転用により、航空戦力の本格的導入や陸戦兵力の機械化などの軍隊近代化が、一定の限界はありつつも進められた。一九三二年前後という時期は、そうした近代化が徐々に形になり始めた時期であった。大演習においても、近代化を象徴するような兵器等が演習地に姿を現し、演習観覧者やメディアの耳目を集めたのである。

まず注目されるのが、飛行隊の大規模投入により、本格的な空中戦闘や対地爆撃を演習内容に盛り込んだことである。連日にわたり新聞紙上では航空機による戦闘の模様が写真入りで報じられ、当時の演習観覧者や新聞読者に強いインパクトを与えたことが想像できる（例えば、『大朝』一九三二年十一月十三日朝刊「爆音、空を劈き釣瓶落しの猛襲八百上空で決戦」など)。

また、宇垣軍縮以降の陸軍は航空機以外の部分でも近代化を進めており、特に移動・輸送手段の機械化は重要な課題になっていた。この演習では機械化の進捗状況をアピールするような光景もみられた。十二日付夕刊の一面に「トラクターの牽引する重砲」と題して掲載されたグラフ写真は、重砲牽引用車輌として当時使用されていたホルト五トン牽引車による砲兵の移動光景を写したものである(『大朝』一九三二年十一月十二日夕刊)。同牽引車は陸軍機械化の一環として、馬による繋駕牽引に代わる動力として導入された車種である(アメリカより輸入)。この段階では一部の重砲兵連隊にのみ導入されたもので、研究・実験段階にあった。その後の牽引車の国産化は紆余曲折をたどることになるが、この段階では陸軍の機械化を象徴する存在として、新聞報道の対象になっているのである(8)。

さらに、一九三〇年代前半は、第一次世界大戦の教訓と関東大震災の衝撃を受けて、防空演習が全国各地で盛んに実施され、国民動員をともなう国民防空体制づくりが進められた時期である。そうした渦中に開催された大阪大演習では、そうした防空への関心が反映している。すなわち、同年十月に大阪府から第四師団に献納された防空兵器を「天覧」に供し、都市防空をアピールしたのである(『大朝』一九三二年十一月十六日夕刊「愛国献納兵器を畏くも天覧 寺内師団長よりご説明」)。

このように、演習想定自体には問題を抱えつつも、陸軍としては細部にわたる軍隊の「近代化」をさまざまな局面で宣伝していた。こうした文脈はメディアにも共有されており、演習終了後の『大朝』の社説は「新式武器の装備並に配置から、用兵作戦はもとより、演習の仕組に至るまで、現下わが国の当面せる重大の時期相応に、周密の考慮が払はれたので、恰も人材と、戦術と、兵器との総動員の如く、国軍の精粋を、こゝに集中したかの観があつた」(『大朝』一九三二年十一月十四日朝刊)と評している。

以上の分析から、一九三二年大阪大演習の軍事史的位置については、以下のようにまとめることができる。①軍事演習の基本構成については、それ以前の単純かつ古典的な性格を脱するための試みがなされた。イレギュラーかつインパクトの強い要素を取り入れ、マンネリであるという批判を払拭しようとしたが、構成の改革と軍事的な合理性や実戦的性格との間には矛盾も多く、大演習の問題点を完全に解決するには至らなかった。②宇垣軍縮以降の陸軍近代化の要素が大演習の随所で盛り込まれており、新しい戦争様式や防空兵器などの総力戦的要素のデモンストレーションの場としての性格をもつようになった。

二　天皇ナショナリズムと地域社会への影響

以上みてきたような大演習の軍事的性格とは別に、前章でも指摘したように、大演習には天皇イベントとしての性格が濃厚である。その点は一九三二（昭和七）年の大演習でも変わらない。それどころか、満洲事変下でのナショナリズムの高まりと、大阪という大都市のメディア環境により、そうした天皇イベントとしての性格がより強化され、「天皇ナショナリズムの祝祭」とでもいうべき状況が現出していたのである。

以下、前章でも天皇イベントの要素として指摘した四つの側面、①天皇ナショナリズムによる地域統合、②天皇・侍従の訪問による「権威的捺印」、③地域内の課題や紛争の解決、④経済的「利益」の獲得、といった論点から、一九三二年大演習の状況を確認していく。本節では①～③について検討し、④については第四節で論じる。

最初に、天皇行幸を迎えた地域社会のムードを象徴する一例として、既出の『大朝』十一月十日朝刊「聖駕を迎へ奉る」の別な一節にはこうある。

高津の宮の名に伝ふる神武天皇の治績は、昭和の御代の聖治と相応じ、大阪城の跡に残る豊太閤の雄大なる大陸政策は、新満洲国の独立と、遥かに相呼応するにも似てゐる。こゝに聖駕を迎へて、古き歴史もまた新らしく躍動するがごとく思はれるのである。わが大阪地方の光栄これに過ぎたるはない。御駐輦一週日にわたり、至尊の御安泰を祈り、府市民こぞつて御警衛に当るの覚悟をもつて、行状を慎しみ、業務を励み、交通、保安の上に、不測の事故などなきやう切に相警め、静粛に、敬虔に、葵花向日の誠をいたさんことを誓ひ、こゝに恭しく聖駕を迎へ奉るのである。（『大朝』一九三二年十一月十日朝刊）

天皇を迎える大阪の自尊心を誇示するとともに、満洲事変から満洲国建国に至る当該期の国際関係と豊臣秀吉の文禄・慶長の役を「大陸政策」として重ねることで、大阪が対外膨張的国策に果たしてきた歴史的役割を称揚するこの論説は、天皇ナショナリズムが満洲事変下の愛国主義・排外主義的風潮のもとでどのように発現するかを典型的に示している。(9)

また、演習終了後に同じく『大朝』が掲載した社説「大演習終る　優渥なる勅語を賜る」にも、「今次行はれたる陸軍特別大演習の地域は、この我が皇祖建国創業の活舞台たり、飛鳥、奈良の両朝も、こゝに陸離たる上代文化の光彩を放ち、中世においては、楠公父子の精忠をはげみし古蹟として、その忠魂義胆のなほ磅礴し、我が比類なき国史の成長に、最も意義深き畿甸の山野であつて」と、大阪・奈良の古代・中世史が尊皇愛国の文脈から回顧され、大演習をこの地で実施する意義が称揚されている。こうした「歴史の動員」は前章でみた宮城大演習におけるメディアの論調でもみられたが、天皇・皇室に所縁の地域が多い大阪・奈良では、そのトーンは一層尊皇愛国の度合いを濃くしていたといえよう。

こうした理念的な天皇ナショナリズムに加え、前章でもみたような個別的な天皇権威の社会的受容、あるいは天皇権威を通じた実利の追求が、一九三二年大演習でも随所でみられた。

前章でも論じたように、天皇の行幸啓は、地域社会における行政や諸団体の権威・序列に天皇が「権威的捺印」[10]を付与する行為をともなっていた。例えば、大阪市など地域の行政や地域団体が行う提灯行列や大阪城天守閣の夜間照明、市電による花電車の運行等の行事についても、新聞報道の論調では天皇を歓迎する「奉迎」の「赤誠」の現れとされ、それらを担う地域の「光栄」として位置づけられた（『大朝』一九三二年十一月八日夕刊「軍国気分豊かに　豪華な花電車」、一九三二年十一月九日朝刊「全市に輝き渡る栄光の奉迎明粧　市民の赤誠―清浄厳粛」、一九三二年十一月十六日朝刊「行在所の辺り森厳の極み　提灯行列一度、二度」など）。

ところで、花電車は一九二〇年代以降の都市大衆社会の登場と前後して、都市空間を装飾し大衆消費を喚起するディスプレイ装置として普及したものであるが、大演習の場では、単なる祝祭的モニュメントに留まらず、ナショナリズム表象のディスプレイとしての性格が濃厚であった[11]。大阪市電は大演習の実施に合わせて「大演習花電車」を新造し九日から十三日まで市内を走行させた。車内のディスプレイは電気仕掛けで動き、四色の色電灯が点滅する仕様であった。走行中は窓を開け放ち、沿道から社内のディスプレイがみえるようになっていた。また、先導の低床ボギー車で夜間音楽隊が演奏した。

大演習期間中に運行された花電車の詳細は、前出の新聞報道によれば以下の通りである。

①「世界雄飛号」＝飛行機や投下爆弾、騎馬の軍人、高射砲、タンク、探照灯など、当時最新の戦争表象をディスプレイ。

②「奉迎号」＝聖駕を迎え奉る意。

③「軍旗号」＝日本軍人の精神を表象。

④「東洋の光号」＝「世界の平和は日本より」のメッセージを地球のモニュメントで表現。
⑤「国華号」＝菊と桐。

以上のように、大演習に際して運行された花電車はいずれもナショナリズム表象の意図が明確であり、満洲事変下で戦争のディテール再現や国際関係における日本の国威発揚を主眼としていた。天皇を「奉迎」する花電車がこうした意匠で仕立てられていたことは、この段階での天皇ナショナリズムが戦争遂行と国威発揚を前面に押し出したものであったことをよく示している。

こうしたシンボリックなナショナリズムの表象とは別に、天皇個人や天皇周辺の人物に対するシンボル化の傾向も顕著であった。この時期の大衆的なマスメディアでは、天皇や皇族・華族、著名な政治家や軍人などを一種のスター扱いする論調が一般化していた。[12] 三二年大演習もその例外ではなく、『大朝』の紙面では、連日のように彼らの動静が報じられた。こうした報道は、地域社会に対して天皇や「貴顕」「将星」の地域への来臨が大きなインパクトをもつ事件であることをアナウンスするものであった。また、報道の論調も、彼等の人柄にフォーカスするものが多く、彼等の神聖性・不可侵性よりも親しみやすさをアピールする傾向が強かった。それは大衆社会において求められる「スター性」の傾向を示すものであろう。

もちろん、最大の「スター」は昭和天皇その人であり、彼の動静は逐一写真をともない報道された（例えば、『大朝』一九三二年十一月十二日夕刊「御愛馬を進め給ひ　大元帥陛下御統監」など多数）が、この時期の天皇に関する報道は、天皇の神聖性や神秘性を強調する傾向が徐々に表れてきており、報道の量に比して天皇の人柄や「親しみやすさ」を感じさせるエピソードはほとんどみられない。それに代わって大衆の「スター」情報への欲望を満たす対象となったのが、演習に参加している軍人たちであった。演習参加者のなかで特にスター扱いされたのは、南軍司令官の本庄繁であった。彼は前年の満洲事変発生当時の関東軍司令官であり、帰国時には熱烈な歓迎を受けたことはよく知られているが、大演習の司令官となったことで改めて注目を集めたようである。前章では一九二五年の大演習で北軍司令官の久邇宮邦彦王が行った植樹の事例を紹介したが、今回の大演習で植樹を行ったことが報じられたのは南軍司令官の本庄であった（十二日朝、南軍陣営が所在する南河内郡藤井寺町の小学校にて挙行。『大朝』一九三二年十一月十三日朝刊「戦塵を外に悠々手に鍬　陣中の本庄将軍」）。久邇宮の場合は皇族軍人であり、天皇の名代という性格も強かったと思われるが、今回の本庄はそうした聖性をまとった存在ではなく、満洲事変の英雄たる本庄の「武勲と人格を慕ひ児童の国民精神作興のため」の植樹であった。また、別の日の紙面には旅宿で浴衣姿の本庄がほほ笑む写真が大きく掲載される（『大朝』一九三二年十一月十四日朝刊「戦塵を洗つて寛ろぐ秋の一夜　その夜の両将軍」など）など、「英雄」本庄の動静が親しみやすさをともないつつ詳報された。

また、この大演習で注目すべき現象として、天覧品・献上品の激増が挙げられる。大演習では、開催地の名産品や特産物を天皇の天覧に供したり、天皇に献上したり、買上希望を出したりするのが通例であった。一九三二年の天覧では、天覧品九五七点を行在所に陳列し、工業奨励館および貿易館の陳列品も天覧に供された（『大阪府記録』）。また、献上品に関しては、前年の熊本大演習で献上品が数百点に上ったため、この年は宮内省が献上品受納を謝絶する事態になっていた（『大朝』一九三二年十月二十一日「特産の献上品は御受納遊ばされぬ　一木宮相から伝達」）。大阪という一大経済都市で開催されたという事情も相まって、天覧や天皇への献上がもたらすブランド化への期待が極度に高まっており、受け入れる宮内省側にとってもはや負担と化していたことが推察される。

なお、天皇の行幸においては、天皇が直接行幸できない場所に侍従を差遣（複数名で分担）し権威付与作業を代行する慣行があったことは、前章で述べたとおりである。三二年大演習でも、十一日から十六日の五日間で、三〜四班に分かれた侍従が八四ヵ所に差遣された。二五年の宮城県大演習と単純な比較はできないが、差遣先のなかに天皇陵一六ヵ所を含むのが大きな特徴であろう。天皇自身も「神武天皇陵」などを演習や行幸の過程で親拝しており、全体としてこの大演習は大規模な天皇陵参拝の行幸という性格が濃厚だったといえよう。

以上のように、一九三二年大演習でも前章同様、天皇の権威が地域に対して全面的に押し出され、天皇への奉仕や天皇の名代たる侍従の差遣などを通じて、天皇権威の地域への付与・均霑という関係性が広範に形成された。こうした関係性が、天皇権威が社会において「名誉」や「利益」をもたらすものとして認識される効果をもたらし、この時期の天皇制を地域レベルで支える一つの源泉となっていたと考えられる。特に献上品の謝絶という事態は、天皇のブランド化が宮内省の思惑を超えて過熱化している状況を示していよう。その一方、今回の演習では天皇や皇族個人にスポットを当てた報道や、個人の人柄を通じた大衆的アピールの要素は前章に比して濃厚ではなく、代わって軍人がスター性を発揮していた点は興味深い。

以上のような、演習の過程で発露した天皇権威の直接的影響に加え、地域社会に対する間接的な影響も非常に大きかった。例えば、大演習を名目とした地域内の対立・紛争の抑制効果である。大演習や天皇行幸が地域の紛争を抑圧し、一時的な「解決」を強いる傾向にあることは、既に先行研究でも指摘があるが、大阪大演習でも同様の事態が発生している。当該期の大阪は労働問題や都市問題などが頻発する状況にあったが、大演習の実施が近づくと、慌ただしくそれらの「解決」を図る動きが目立つようになった。まず、労働争議や訴訟などが大演習を憚って調停・和解するという報道が盛んになされた。例えば、大阪市内の借家では家主側が「錦旗を仰ぎまつる赤子が互ひに法廷でいがみ合ふといふことは畏れ多い」(『大朝』一九三二年十一月五日朝刊「行幸に恐懼し忽ち訴訟取下げ」)として家賃問題で和解した。この借家では、借家人の家賃滞納に対し支払いと家屋明け渡しを求めて訴訟中であったが、家主側より家賃の値下げと延滞家賃の月賦割を通告した。報道によれば借家人は家主と和解し、ともに鹵簿を沿道で奉迎することになったという。また、別な借家では大演習を記念するとして家賃の一斉値下げも行われたと報じられている（『大朝』一九三二年十一月四日夕刊「大演習を記念に家賃一律値下げ」）。これらの事例では、借家人に有利な解決がなされたと報じられているが、労働争議に対して右翼団体（国粋大衆党）が、大演習を口実として「この度畏くも聖駕を迎へ奉るに際し一切の行き掛りをすてゝ労使円満解決するか或ひは少くとも一時係争を中止」を要求する勧告を発したことも報じられており（『大朝』一九三二年十一月九日朝刊「三抗争に中止勧告　国粋大衆党から」）、大演習が民衆にとって抑圧的に機能する場合もあった。いずれにせよ、大演習が社会的紛争に対する強い圧力として機能したこと、それが報道を通じて「大演習の恩恵」としてアピールされたことは、大演習の社会的影響として重視すべきである。

三　メディア・イベントとしての大演習

一九三二（昭和七）年大阪大演習では、当時都市部を中心に大きく発展していた多種多様なメディアが大演習を報じた。地方の大演習でも地元新聞やビジュアルメディアが積極的な報道を展開したが、大都市での開催ということでメディア・イベントとしての性格がより顕著に表れることとなった。本書でこれまでにも論じてきたように、そもそも近代のマスメディアには、軍事演習や行幸などの国家イベントを、それらを直接みることのできない遠隔地の人々にも共有させ、またそれらの行事の解釈や受容の文脈を具体的に提示する役割があった。本章のこれまで引用してきた『大朝』の記事もそうした性格の史料といえるだろう。それに加え、『大朝』をはじめ在阪のメディアは、大衆社会のマスメディアとして高度に発達した段階にあったため、単純な情報の伝達者ないし解釈者であるにとどまらず、独自の手法で大演習の情報を発信し、大演習を一種のメディア・イベントとして演出したのである。

まず、速報メディア・ビジュアルメディアとしての新聞の役割である。連日写真入りで大演習を詳細に報道したほか、「大演習拝観の手引き」やグラビア特集の折り込みなど、大演習を特集した特別編集体制がとられた（『大朝』一九三二年十一月九日「陸軍特別大演習グラヴュア・セクション」、一九三二年十一月十日朝刊「大演習展望　拝観者の手引〔別刷〕」）。

また、新聞以外の新メディアも積極的に導入・活用された。まず、当時既に専門の映画館も登場するなど大衆的人気を集めつつあったニュース映画で大演習が取り上げられ、大阪朝日新聞製作の大演習トーキーが朝日新聞系列の映画館で上映された（『大朝』一九三二年十一月十三日夕刊「銀幕に再生の勇壮な戦場の誉　本社の大演習トーキー」）。また、大阪は東京に次いでラジオ放送が開始された都市であるが、大阪放送局（BK）によって大演習の全国ラジオ中継が実施された（『大朝』一九三二年十一月十二日夕刊「全国に砲声轟く　ラヂヲは叫ぶ「大演習」」）。また、BKは大演習の中継以外にも大演習関連番組を放送し（『大朝』一九三二年十一月十四日朝刊「聖上陛下行幸記念特輯放送　近畿二府五県の産業を謳ふ歌」など）、大演習への社会的関心を高めることに大いに貢献した。それは同時に、ラジオという大衆的メディアが媒介することにより、大演習が大衆的・娯楽的消費の対象となることも意味していた。

ラジオは幅広い年齢層を対象にするメディアであったことも重要である。演習期間中の子ども向け番組のなかには、大演習について扱ったものも存在した。例えば、十一月十二日朝刊のラジオ欄に掲載された子ども向け番組の内容紹介には、「童話劇　男の子の見た演習　女の子の見た演習―作文の時間にどう書いたか―「演習」BKコドモサークル」と題した番組について掲載されている。内容紹介文からすると、教室での作文授業の光景を描いた児童劇と思われる。演習をテーマにした作文を発表し、教師が演習に関する「注意やお話」をする、という内容であるが、紹介文からは作文の内容は不明である（『大朝』一九三二年十一月十二日朝刊「コドモの時間／男の子の見た演習」、「女の子の見た演習」、番組紹介欄に掲載されたラジオドラマに関する記事）。こうした番組を通じて、大演習は児童教育の素材として活用されたのである。教育素材として活用すること自体は他の地域でもみられたことであるが[13]、それがラジオという新メディアで行われたことは注目すべき新傾向であろう。

また、大演習をさまざまに伝えるべく、マスメディアのなかで文学者たちも大演習の報道に一役買っていた。直木三十五、三上於菟吉という二人の大衆文学者による紙面やラジオでの論評活動が、この大演習に対する報道の目玉企画となっていたのである。

大演習直前に大阪入りした直木のコメントによれば、

どつちからといふこともなく参謀本部と放送局との間に話はまとまつてともかくやつて来た、今晩六時にＢＫで相談することになつてゐて今は何にもわからんが、まさか「今両軍が物凄い勢ひで白兵戦を演じてゐます……」といふだけぢや聴く方が面白くなかろうしといつて外にどういつていゝのか、なにしろまだかつて一度も戦争も演習も見たことはなし兵隊の経験もないんだからサツパリ見当がつかん、もつとも少しは予備知識は急ごしらへにしこんで来たが、素晴らしい新兵器が公衆の面前に出し得るわけぢやなし、新戦術を事こまかに紹介できるわけでもなし……まあ砲声や機関銃の音に助けてもらつて実戦小説を書く気持ちでうんと苦心してみるつもりではゐる、十日の夜から丹波市に出かけることになつてゐる、早く大演習を見たいものだ、今度書くものゝいゝ参考になるだらう（『大朝』一九三二年十一月十日夕刊「口と筆とで大演習風景　「直木三十五型」創造？」）

とあり、文学者を起用しての大演習の実況中継や解説放送が連日行われた。十一月十一日（演習初日）の朝刊に掲載されたＢＫの放送予定は以下の通りである（『大朝』一九三二年十一月十一日朝刊「いよいよけふから　大演習の放送」）。

大演習第一日＝一一時〜一一時四〇分と一二時三〇分〜一四時三〇分の二回、奈良県磯城郡御野立所付近より生中継。

大演習第二日＝地勢等の関係で生中継不能。アナウンサーらが現地取材した内容を一九時三〇分よりスタジオから放送するほか、陸軍戸山学校軍楽隊の演奏、三上於兎吉作のラジオドラマ「祖国のために」を作者の指揮のもと放送。

大演習第三日＝七時三〇分〜九時二〇分に大阪府泉北郡演習現場より生中継、一七時よりBKスタジオから南・本庄両軍司令官の戦後感を放送。

以上の実況放送では、演習地の数ヵ所にマイクを設置し、複数地点のアナウンサーのリレーや吸収用マイクによる「音のクローズアップ」などの新技術による臨場感あふれる中継を実施するほか、直木三十五や三上於菟吉、参謀本部員の諫山春樹少佐などによる現場からのコメントなども放送すると紹介されている。

演習終了後もBKのラジオ番組は続き、八時五〇分〜一一時一〇分には観兵式の、午後には消防団の親閲式や二府五県諸団体の親閲式の生中継が予定されていた。また、翌十四日の夜には「聖上陛下行幸記念特輯プログラム」として、各府県の「産業の歌」の紹介や「大阪の郷土芸術義太夫」の放送が組まれている。

以上のように、ラジオという新しい、しかも速報性や臨場感にすぐれたメディアの登場は、大演習の社会的発信のあり方を大きく刷新させることになった。また、ラジオの地方放送網も一九三〇年前後に順次整備されていき、中央局の中継する国家的イベントが日本全体で聴取できるという新しいメディア環境が生まれつつあったことも重要であろう。(14)

また、新聞やラジオなどのマスメディア以外にも、大演習に貢献するメディアがあった。百貨店での展覧会である。(15)

大演習の前後の時期、大阪市内の大手百貨店では、大演習を記念する展覧会が開催された。第四師団などが主催する展覧会は、三越・高島屋・天王寺博物館の三会場で開催され、十一月はじめより大演習期間にかけて開催された（『大朝』一九三二年十月二十五日朝刊「大演習記念の三つの展覧会」、『大朝』一九三二年十一月一日朝刊「けふ開会　大演習気分を煽る三展観」）。報道によれば、三つの博覧会は以下のようになっている。

①「国防博覧会」＝十一月一日開幕。会場は天王寺公園博物館、帝国交通協会主催。「愛国兵器」として聴音器・高射砲・照空器などの防空兵器を展示。その他の展示内容としては、敵艦襲来大パノラマ、満蒙シベリアにおけるソ連の軍事施設、航空路の解説、軍神の最期、工廠等の軍需品、特別恩賜館の歴代天皇皇后の恩賜品、軍事映画の上映、などが挙げられている。

②「大演習記念展覧会」＝十一月一日開幕。会場は長堀高島屋。第四師団主催。今回の大演習や一八九八（明治三十一）年に挙行された摂河泉大演習のパノラマ・トーキー、大演習の解説資料などが展示された。

③「挙国一致　祖国を護る展覧会」＝十一月三日開幕。会場は三越。第四師団・大阪府・大阪市・商工会議所共催。陸軍省・海軍省・資源局共同後援。展示内容は以下の通り。九〇式聴音器、「経済封鎖果して恐るべきか」の場面展示、大阪商大・大阪工大・慶大学生の経済封鎖に関する製作品、小聴音器、情報送受信機、列強の対日軍備が完成した昭和十一年の国運についての解説図版、経済封鎖に対する家庭婦人の道、欧州大戦期のドイツの国家総動員ポスター（大阪朝日新聞社出展）、屋上に一五〇センチ軽胴式照空灯「愛国大阪号」

このように、大阪大演習では、多種多様なメディアが大演習のイメージを大きく左右するという現象がみられた。メディアは大演習の統監者である天皇のイメージを流布するとともに、天皇を「奉迎」する臣民の理想像を啓蒙する役割を担った。メディアによる行幸の政治的機能の補完といえよう。また、メディアの介在は、後述する地元町村の負担を不可視化し、大演習に対するバーチャルなイベント消費の傾向を促進することにもつながった可能性も指摘できよう。

四　大演習と地域の利害得失

前章でもみたように、大演習にともない地元府県市町村は約一年間にわたる準備活動に従事する必要があった（表16）。府県庁を中心に、市役所・町村役場・地域団体が総動員された（表17）。

また、演習準備は演習地住民にも大きな負担となった。この点は大都市大阪を中心に実施された一九三二（昭和七）年大演習でも同様であり、特に宿舎主については以下のような心得が告示され、繁雑な対応を求められた。

大阪府告示第七百十八号ノ三
陸軍特別大演習施行ニ伴ヒ市役所、区役所又ハ町村役場ノ調査ニ依リ軍隊ノ宿営ニ適スル家屋ト認メラレタル家庭ノ主人（之ヲ宿舎主ト称ス）ニシテ軍隊ノ宿営ニ付心得ベキ事項左ノ如シ

昭和七年十月十九日

大阪府知事　縣　忍

宿舎主心得

一、演習ノ期間及其ノ前後何時ニテモ軍隊ノ宿営（以下単ニ宿営ト称ス）ニ応ズル様準備スルト共ニ家屋内外ヲ掃除シ特ニ洗面所及便所ハ清潔ニスルコト
二、市役所、区役所又ハ町村役場（以下単ニ市区町村ト称ス）ヨリ宿営ノ通知アリタルトキハ吏員ヨリ配付ノ宿営

表16　大演習開催過程

日　付	事　項
1931.12.21	昭和7年特別大演習施行の御沙汰
1931.12.22	参謀本部庶務課長より大阪府下で施行の旨通牒
1932.2.5	内務次官より府下および奈良県で施行の旨通牒
1932.3.8	参謀次長より大演習の日程（11.9-14）通牒
1932.4.1	陸軍特別大演習大阪府事務委員部庶務規定を設定公布
1932.4上旬	大演習開催前例地に出張視察．各種心得を作成
1932.4.14-15	参謀本部庶務課長一行来庁，事務打合会と関係者懇談会を開催
1932.4.19	参謀本部・大阪府・逓信局などが府下演習関係地を実地検分
1932.5.30	宮内省・参謀本部担当者が第4師団司令部庁舎を検分，大本営並行在所に充当と決定
1932.6.2	知事官邸別館にて宮内省・陸軍省・大阪府の行幸事務打合会
1932.6.3-4	宮内省・陸軍省・大阪府各部長が府下演習関係地を実地検分
1932.6.13	行幸諸費予算案の内示会
1932.6.20	臨時府県会にて行幸諸費予算案を満場一致原案可決
1932.6.21	府会議員一行，府下神社（生国魂神社など7社），山陵（仁徳・応神陵）に行幸安泰祈願
1932.6.29	縣忍，樺太庁長官より大阪府知事に転任
1932.7.12-17	参謀本部一行来庁，事務打合せならびに現地視察
1932.7.29	宮内大臣官房総務課長より，府庁や大阪城天守閣，工業奨励館等への臨幸を内報
1932.9.13	宮内省行幸主務官より，地方行幸日程を通牒
1932.9.20	参謀本部総務部長，庶務課長，宮内省行幸主務官の一行来阪，事務打合と現地視察
1932.9.27	行幸主務官等が第4師団司令部を視察，長期駐輦に対する準備を整えることとす
1932.10.7	知事・各部長・各課長，府下神社（生国魂神社，住吉神社など4社）に行幸安泰祈願
1932.10.21	宮内大臣より天皇行幸の日程（11.10-17）告示
1932.10.22	大阪府告諭第1号（天皇行幸に際し府民の光栄と覚悟につき諭す）発布
1932.11.7	知事官邸別館にて府会議員協議会開催
同日	朝鮮及20府県より応援警察官到着，午前に警察部長の点検と訓示，午後に予行演習

表 17　大阪府奉迎組織

知事	庶務部	宮廷係	御料品，献上および伝献，御門鑑・宮内関係徽章，高齢者および功労者，賜饌
		拝謁係	拝謁，天機奉伺
		行在所係	行在所および非常御立退所
		献上品係	献上品の謹製
		天覧品係	天覧品の調製・蒐集，御買上品，天覧品の設備
		第1御臨幸先係	御臨幸所の準備・監督
		第2御臨幸先係	貿易館
		第3御臨幸先係	工業奨励館
		御差遣係	侍従御差遣先準備，御差遣の際随伴
		奉送迎係	奉送迎者
		来賓係	宿舎および接伴
		車輛係	車輛
		会計係	調度，御荷物その他運搬，諸傭人，金線物品の出納
		文書係	文書の発受・整理，記念印刷物・写真・府政要覧作製，天気予報
		庶務係	予算，特別大演習記録編纂
	兵務部	兵事係	統監部，軍隊の宿営，損害賠償，観兵式，各部係の連絡，その他各部・係に属さない事項
		御親閲係	御親閲の準備計画，参加団体の連絡交渉，御親閲
		新聞記者係	通信材料の蒐集発表，新聞記者の斡旋接待
	工務部	第1工営係	野外統監部の設備，御道筋
		第2工営係	御差遣先道路
		道路係	飛行場・馬繋場の設備，御道筋以外の道路
		営繕係	賜饌場の設備，営繕
	警務部	参謀・副官	警察部長の命を承け重要事項を審議
		警務係	警衛警備の配置，警備区域の設定，演習地取締，軍部との交渉連絡，市町村在郷軍人会・青年団体等との交渉連絡，他府県応援警察官，一般および団体奉拝者の位置その他，物品の調度配給，警備員の給与宿舎および集合所，応援員の宿舎および賄，通信設備，その他経理，行幸警衛記録編纂，部中他の係に属さない事項
		通信係	新聞記者・写真撮影者，写真撮影，御用従事者その他身元調査
		特高係	御肖像・御紋章および皇室文字使用取締，新聞および出版物の検閲取締，特高警察に属する視察取締
		外事係	外事警察
		保安係	銃砲火薬類取締，危険物品取締，電気瓦斯等取締，精神病者，興業その他各種催物取締
		交通係	水陸交通の整理取締，航空取締，電車および軌道取締，関係自動車の検査配置および整理
		刑事係	犯罪の予防検挙
		工場係	工場災害防止，工場衛生
		建築物係	建築物の危険防止，仮設建築物
		衛生係	行在所および御道筋の衛生，御料品および献上品の検査，宮内伝染病予防令に依る伝染病の予防，健康診断検便および消毒，一般防疫，精神病院取締，警備員その他行幸関係員の健康状態調査，飲食物その他衛生検査，狂犬病予防，傷病者救護，清潔保持
		消防係	特別火防計画ならびに配置，火災消防ならびに予防
		監察係	各係の連絡統一，警衛警備の監察

人馬票ヲ門戸等見易キ場所ニ貼付シ夜間ハ門標附近ニ電灯又ハ提灯ヲ掲ゲ宿舎主ノ氏名ヲ判別スルニ便ナラシムルコト
三、宿営軍人到着シタルトキハ直ニ手足ヲ洗フニ必要ナル湯水ヲ供シ速ニ休息セシムルコト
浴室アルモノハ宿営軍人ニ入浴セシメ其ノ設備ナキモノハ可成其ノ附近ニ於テ入浴ニ便セシムルコト
四、宿営スベキ軍人ニ応ジテ簡易ナル銃架（竹竿等ニ縄ヲ巻付ケタルモノ）ヲ家屋内土間又ハ便宜ノ箇所ニ設ケ且背嚢、装具ノ置場トシテ板間、縁側等ニ莚茣蓙ノ類ヲ敷クコト尚宿営軍人ノ被服ヲ掛クルニ適当ノ設備ヲ為スコト
雨天ノ場合ハ別ニ焚火等ヲ為シ被服乾燥ニ付便宜ヲ与フルコト
五、宿営軍人ニ対シテハ宿舎主ヲ始メ家族一同親切ヲ旨トシ専ラ誠意ヲ以テ家族的ニ待遇スルコト
六、宿営軍人ニ対スル給食ハ自炊セシムルヲ本則トス此ノ場合宿舎主ハ必要ナル食器、湯茶、火鉢等ヲ提供スル程度トスルコト
七、市区町村ヨリ宿営軍人ノ賄ヲ宿舎主ニ依託セラレタルトキハ賄料トシテ支給セラルベキ金額ニ相当スルモノヲ供食スルコト
宿営軍人ヨリ宿舎主ニ炊事ヲ依頼アリタルトキハ之ニ応ジ現品ニ不足ナカラシメザル様注意スルコト
食料ハ総テ新鮮ナルモノヲ用ヒ生魚、貝類ニシテ中毒シ易キモノヲ避クルコト
八、宿営軍人供食ノトキハ兵員各個ニ対シ配膳スルニ及バズ一個ノ食卓ニテ自由ニ食事セシムルヲ適当トス但シ食器ハ清潔ナルモノヲ用フルコト
九、従来宿舎主ハ宿営軍人ニ好意上徒ニ過分ノ饗応ヲ為シ恰モ賓客ヲ待遇スルが如キ向アルモ斯クテハ困苦欠乏ニ

堪フベキ演習ノ目的ニモ悖ル次第ナルヲ以テ日常軍隊ノ生活状態ニ鑑ミ将兵ヲシテ遠慮ナク心身ヲ休養セシムル程度ニ着意スルコト

一〇、寝具ハ良ク日光ニ曝シタルモノヲ提供シ就寝後ハ静粛ニシ宿営軍人ヲシテ安眠セシムルコト

一一、翌朝宿営軍人ニ携行セシムベキ弁当ハ飯料不足ナク又副食物ハ腐敗シ易キモノヲ避クルコト軍隊ハ生水ヲ軍人ニ飲用セシメザルヲ以テ煮沸水ヲ提供スルコト

一二、宿営軍人ヨリ依頼セシ事項ニシテ宿舎主ニ於テ処置シ難キモノアルトキハ市区町村ニ申告シテ指示ヲ受クルコト

一三、軍隊ハ時間厳正ナルニ付宿営軍人ヨリ指示ノ時刻ハ確守シ出発ノ際時刻ヲ遅延セシメザルコト

一四、宿営軍人ヨリ宿営券ヲ受領シタルトキハ宿舎主ハ之ヲ捺印ノ上市区町村ニ持参スルコト　但シ宿舎料ヲ受領スルトキノ参考トシテ其ノ部隊号及宿営軍人名等ハ留置クコト

一五、宿営軍人出発ノ際遺留品ナカラシムル様注意スルコト若出発後ニ於テ之ヲ発見シタルトキハ直ニ現品ヲ市区町村ニ持参スルコト(16)

また、演習の実施に合わせ、徹底した衛生活動や予防的警察活動が行われた。それは、大演習を表看板とした民衆生活への介入にほかならなかった。

陸軍特別大演習ニ関スル衛生施設ノ件依命通牒　昭和七年六月二十一日

演警衛第二号　各市町村長宛（中略）

記

一、衛生思想ノ普及ニ関スル件　所轄警察署長ト協力シ衛生組合其ノ他ノ団体ノ活動ヲ促シ衛生講話会、活動写

真会等ヲ開催シ以テ衛生思想ノ涵養ニ努ムルコト
二、清潔保持ニ関スル件　伝染病予防法施行細則ニ依ル清潔方法ハ七月一日ヨリ十月三十一日迄ニ施行スベキ規定ナルモ本年ニ限リ九月末日迄ノ間ニ於テ厳密ニ之ヲ施行シ爾後其ノ保存ニ努メシムルコト
三、汚物掃除ノ励行ニ関スル件　汚物掃除法施行地ニ於テハ塵芥ノ搬出ヲ頻回ニシ且個人備付ノ塵芥箱ヲ整備セシムルト共ニ時時殺虫、防臭剤ヲ撒布セシムルコト
演習地市町村ニ於テハ演習前汚物ノ掃除ヲ督励シ行幸当日ハ御道筋ノ屎尿汲取ヲ為サシメザルコト
四、公衆用便所ノ整備及仮設便所ノ設置ニ関スル件　市街地ニ於ケル公衆便所（街路便所）ニシテ腐朽セルモノニ対シテハ相当補修ヲ加ヘ屎尿汲取ヲ頻回ニ行フト共ニ防臭設備ヲ為スコト
必要ト認ムル箇所ニハ仮設便所ヲ設置スルコト
行幸御道筋ニ於ケル民間便所ヲ開放セシメ一般ノ使用ニ供セシムルコト
五、腸「チフス」予防注射ニ関スル件　腸「チフス」予防注射液ハ当府製造ノモノヲ無償交付スベキニ依リ八月一日以降九月三十日迄ノ間ニ大演習施行地域内居住者ニ対シ之ヲ励行スルコト
六、疽疫予防ニ関スル件　本春岸和田市、貝塚町ヲ中心トシテ、一時流行ヲ呈シタル本病ハ五月二十七日ノ発生ヲ最終トシ終熄ヲ告ゲタル感アルモ秋冷ノ候ニ於テ再ビ患者ノ発生ヲ見ルニアラザルヤノ処アルヲ以テ警察署長ト協力シテ衛生組合青年団等ヲ活用シ住民ノ健康状態ヲ査察セシメ本病予防ニ努ムルコト
七、「ペスト」予防ニ関スル件　大阪市ニ在リテハ八月以降捕鼠班ヲ増設スルト共ニ投鼠函ヲ増置シ、且、鼠ノ買上ヲ施行シ鼠族ノ駆除ヲ図リ本病予防ニ努ムルコト
其ノ他ノ市町村ニ於テモ適当ノ方法ヲ講ジ除鼠ニ努ムルコト

八、「コレラ」予防ニ関スル件　上海ニ於テハ患者続出シ既ニ本邦ニモ発生ヲ見タルガ茲ニ本府ニ於テハ六月十一日以後三十日間ニ終了ノ予定ヲ以テ差当リ水上生活者ニ対シ予防注射ヲ開始シタルモ病勢ノ如何ニ依リテハ河海沿岸地居住者漁業者等ニ対シテモ之ヲ施行スルノ必要アルニ付予メ準備シ置クコト

上海地方ノ病勢ハ益益険悪ヲ加ヘツツアルヲ以テ何時病毒ノ侵襲ヲ受クルヤモ難計居住者ノ健康状態ニ注意シ患者ノ早期発見ニ努メ予防上遺憾ナキヲ期スルコト

九、伝染病院、隔離病舎ノ整備ニ関スル件　構造設備不完全ノモノニ対シテハ速ニ補修ヲ行ヒ患者収容上支障ナカラシムルコト

一〇、癩患者ノ救護ニ関スル件　演習期間中ハ浮浪患者ノ取締ヲ厳ニシ患者ヲ発見シタル場合ハ市、区、町、村長ニ引渡シ救護ヲ求ムルガ故ニ収容上支障ナキ様準備スルコト

一一、炭疽予防ニ関スル件　演習地域内ニ於テ昭和四年以降炭疽病畜ノ発生シタル市、区、町、村内ニ飼養スル牛馬ニ対シ八月以降十月十日迄ニ予防注射ヲ施行スルニ付警察官吏ト協力シテ遺憾ナキヲ期スルコト

一二、上水道ノ取締ニ関スル件　大阪市、堺市ノ上水道及演習関係地域内ニ在ル公施設上水道水源地ニ対シ監視ヲ対シ監視ヲ厳ニシ防疫上遺憾ナキヲ期スルコト

一三、井戸ノ取締ニ関スル件　演習関係地域内ニ在ル井戸ニシテ構造不完全ナルモノニ対シテハ之ヲ補修セシメ且勧誘シテ可成「ポンプ」装置トナサシムルコト

必要ニ応ジテハ本府技術員ヲシテ水質検査ヲ行ハシムルニ付便宜ヲ与フルコト

一四、流行性感冒、麻疹、百日咳、風疹、水痘、流行性耳下腺炎及流行性脳炎ノ予防ニ関スル件　九月一日ヨリ医師届出ノ義務ヲ負ハシムル府令交付ノ筈ニ付予メ了知シ置クコト

一五、大阪市上水道ノ取締ニ関スル件　大阪市ノ上水道ハ最モ取締ヲ厳ニシ過ナキヲ期セザルベカラザルニ付特ニ左記事項ヲ実施スルコト

1　水源地勤務者ノ健康状態ノ視察　2　水源地ノ監察　3　水源地勤務者ノ健康診断及排出物検査　4　十月十日以降理化学的及細菌学的検定ノ頻回施行

一六、行幸御道筋　行幸御道筋ノ清掃ニ関スル件　行幸当日ハ御道筋ヲ清掃シ適度ノ撒水ヲナスコト(17)

御道筋の全家屋を戸毎に検索　一日から危険物取締の特別励行　御駐輦中は「保安警備隊」

拳銃、刀剣その他の戎器、危険薬品、そして精神病者などの取締に府下全署と協力、九月以来一千百挺の拳銃、刀剣及び一千五百数十発の実空弾を押収した府保安課では、更に一日から七日までの間を行幸直前の特別取締励行週間として各署を督励し、全力を挙げて行幸御道筋の全家屋の戸口検索を行ふと同時に、特に火薬その他危険薬物貯蔵庫、刀剣、銃砲類商についてはその保管を厳重にするやう警告することになつたが更に御駐輦中は同課員及び各署保安係を打つて一丸とした「保安警備隊」を編成し各署に係長班長をおき大演習地に関係をもつ住吉火薬工場、星田火薬庫及び堺精神病院等のやうな特に注意を要する危険場所へは専属係官一名を常置することになつた（『大朝』一九三二年十一月二日朝刊）

以上のような負担の一方で、前章でもみたように、特別大演習は地域経済に大きな影響をもたらした。特に、天皇の行在所や観兵式会場などが設定された都市部においては、その「経済効果」は絶大であった。

まず、大演習を準備する過程で、大きな経済効果がもたらされた。最も影響が大きかったと考えられるのは、前述した民家での軍隊宿泊に対応する「歓迎用品」の特需である。特にこの分野で売り上げを伸ばしたのは、「歓迎用品」

を目玉商品に掲げる販売戦略をとった百貨店業界であった。例えば、大阪市日本橋の松坂屋が出した広告では、「大演習宿舎用　御接待品の奉仕」と題し、布団・丹前・寝巻などの寝具、すき焼き鍋やコンロ、食器などのすき焼き用品、鶏肉や焼き豚、鮮魚味噌漬けなどの食料品などが推奨されている。寝具は秩父銘仙の高級品、またすき焼き用品が数多く紹介されていることなどからして、高級志向の演習歓迎が想定されていることは明らかである。本書第一部で論じたように、陸軍は以前より演習参加将兵に対する「物質的待遇」を抑制し、軍の給養基準に即した簡素な歓迎内容を基本とした「精神的待遇」を順守するよう行政を通じて地域社会への指導を実施していた。しかし、こうした「歓迎用品」の販促活動は大演習「歓迎」の実戦とはかけ離れた雰囲気を示しており、軍の「精神的待遇」路線と商業界の論理は両立困難であったことがわかる（『大朝』一九三二年十一月十一日夕刊「大演習宿舎用御接待品の奉仕（松坂屋の広告）」）。

このほか、特需として新聞が書き立てたのが、提灯などの街頭装飾に関する特需である。大阪市内や近郊各地で「奉迎」の提灯が掲げられるため、五〇〇～一〇〇〇個単位で大口の注文があり、初夏から提灯屋は対応に追われ、七日頃から九日にかけてが納品のピークだったという（『大朝』一九三二年十一月四日朝刊「大注文の殺到に提灯屋は泣き笑ひ」）。また、衣料品業界も特需の対象であった。十六日の親閲式に参加する各種団体のなかには参加の記念として団服・制服を新調する場合も多く、大阪市内各所の洋裁店や制服屋には三〇～一〇〇着単位で大口注文が殺到していると報じられている（『大朝』一九三二年十月二十八日朝刊「しのばるゝ観兵式の盛観　団服調製で景気は動く」）。

このように、大演習準備は広範な「大演習特需」を発生させた。これらが前述した大演習準備の負担を現実に相殺しうるものであったかどうかは不明だが、少なくとも「大演習は利益をもたらす」という印象が地域社会に対して振りまかれ、大演習の負担を甘受する方向へ誘導する言説として機能したことは間違いなかろう。

また、演習中の経済効果として、演習参観がもたらす人の移動も大きかったと考えられる。演習や行幸の拝観者の多くは鉄道で移動しており、演習地周辺に路線を有する鉄道各社は臨時列車を大増発し、膨大な数の乗降客を輸送した（『大朝』一九三二年十一月八日朝刊「電車の大増発　大演習拝観者のために」、一九三二年十一月十二日夕刊「貴賓列車将軍列車　拝観大衆も大演習地へ」）。

また、前述した大阪市電の花電車は大演習と天皇行幸の歓迎ムードを演出したが、同時に演習を契機とした宣伝の意味もあるだろう。こうした宣伝効果も合わせ、鉄道への経済効果は絶大なものがあったといえるだろう。

宣伝効果という点でいえば、大演習それ自体が天皇の臨幸による宣伝効果をもたらすイベントであった。特に大きな期待が寄せられたのが、天皇への献上品や天覧品、宮内省による買上品の広告宣伝効果である。前述のように、大阪大演習での献上品・天覧品・買上品は相当な数にふくれ上がり、宮内省を苦慮させるほどであった。こうした天皇との関係は「栄光」と位置づけられ、行幸期間中から終了後にかけて、新聞紙上には「賜無上之栄光」「天覧の光栄に輝く斯界の権威」などと冠した広告が連日掲載された。

また、天皇の行幸や侍従の差遣先となった名所・観光地が権威化する現象が発生した。こうした現象は宮城大演習などの地方開催でもみられたが、大阪のように消費規模が大きく、大手メディアが集中する大都市とその周辺では、宣伝効果はさらに大きかったと思われる。例えば、十六日に天皇行幸が行われた大阪城天守閣は十九日から三十日に一般公開を実施し、四万四二〇〇名の拝観者を集めた（一日平均三六〇〇名）[18]。

ここまで、一九三二年大演習において語られ、地域にもたらされたとされた経済効果について種々述べてきたが、その収支決算を行った興味深い史料を紹介したい。十一月十八日付紙面にて大阪朝日新聞がまとめたところでは、直接経済効果は鉄道・百貨店・食品販売・旅館・装飾品販売など広範囲に及んだ。

潤った筆頭は交通機関とされる。まず大阪鉄道局については、前後に実施された演習とあわせて数千両を動かしたため収入は約三万八〇〇〇円と見積もられている。特に親閲式や大演習見学の旅客収入は、割引を行ったため旅客数を稼ぎ二万九〇〇〇円。全体として大阪鉄道局管内旅客数は平日の一一万人増、運賃は五万八〇〇〇円増収となったという。これにより、赤字続きの鉄道局にとっては大きな黒字となった、と評されている。

次に、私鉄の郊外電車については、大阪軌道・阪和鉄道・大阪鉄道・南海鉄道の四社が演習地に路線を有し、演習期間中、平日の五割にものぼる大増発を実施した。また、他の電鉄会社でも団体輸送による業務量の増加があった。これらについては収入増加額や割引率など具体的な記述はないが、鉄道局の増収から考えて相当の増収があったものと推察される。

このほか、大阪市電が七日間で乗客四五万人となり一割増収、大阪市内の青バスこと大阪乗合自動車が乗客三五万人、大阪市バスが一四万人増加、各社それぞれ数万円の臨時収入を挙げたという。

ついで大きな収益を挙げたのが百貨店業界であった。演習中の大阪市内には三万数千の兵隊が宿営したため、宿舎での歓迎準備品の売り上げは相当なものがあったと報じられている。D百貨店は寝具やすき焼き鍋など九万円、Tデパート市場ではすき焼きの具材や鍋が売り上げの上位を占めたという。市内六つのデパートに合計五〇万円が落ちたと報じられている。

百貨店など大資本だけでなく、中小商工層への利益も報じられている。前述したように、大演習歓迎のための街頭装飾や店頭装飾にともなう特需が発生し、提灯屋・旗屋・幔幕屋が増収となったという。特に提灯は、市内だけで八万個が新調され、売上は四万円と推計されている。

また、飲食業界も大きな収益となった。演習参加兵士や見学の青年・学生が集まったことで、彼等の飲食にともなう消費が大きかったと報じられている。市内の牛肉消費量が平常の三倍に達したほか、仕出し屋も洋食や天ぷらなどの高カロリーメニューが激増、弁当屋に拝観団体用の弁当や侍従差遣先の工場からの祝賀用の折詰などの発注が相次いだ、といった特需が発生したという。

旅館業界も増収となった。こちらの場合は政府や軍の高官の宿泊にともなうチップ収入が大きかったと報じられている。大臣級では宿へのチップ五〇〇円、女中や風呂番へのチップが二五〇円だったとされる。特に満洲国武官の場合、船や列車のボーイに数百円のチップを渡していたことから、宿へのチップはさらに高額であったと推測されている（以上、『大朝』一九三二年十一月十八日朝刊「霜枯れ月の侘しさを圧倒！　人も動いた、金も動いた　大演習景気報告書」より）。

以上、あくまで報道レベルではあるが、多くの業種・資本が大演習を通じて多額の利益を獲得した。新聞はこうした利益を肯定的文脈で報じており、大阪の都市社会においても大演習の利益については好感をもって受け止められていたものと思われる。

ただし、注意すべき点として、これらの利益の受益者となったのは、もっぱら都市の住民や都市に拠点をもつ資本であったことは、注意が必要である。これに対し農村部では、前述したような膨大な事務負担を負わされるのみで、商業的な利益の受益者とはなりえなかったと考えられる(19)。

おわりに

以上、一九三二（昭和七）年大阪大演習について、軍事史、天皇イベント、メディア・イベントの三側面から分析するとともに、地域社会にとっての意義についても論じてきた。最後に分析内容をまとめておきたい。

まず、特別大演習の軍事的側面については、以下のようにまとめられる。

①三二年に至り、大演習の想定に改良が加えられるようになった。しかし、新奇な要素を加えたに過ぎず、演習の実戦性はかえって損なわれた。

②新兵器のＰＲや国防思想宣伝の場として活用されるようになった。特に飛行隊や防空兵器などが注目され、また満洲事変下での国防意識発揚を強調する傾向がみられた。

③演習部隊を受け入れる地域社会（特に農村部）にとっては、相変わらず大きな負担であった。

次に、天皇イベントとしての側面については、以下の点が指摘できる。

①統監者である天皇の権威を地域社会に示し、天皇制ナショナリズムを宣伝する場という性格がさらに強まった。ナショナリズムのなかで戦争や軍国主義の占める割合が明らかに増加している。

②昭和天皇自身のイメージは神格化・神秘化が進む一方で、天皇イベントが「観光」の対象となり、大きな経済効果が生じる傾向はむしろ強まった。また、天皇が「天覧」を通じて地域の経済活動に権威を付与し、それが経済効果をもたらすとの期待は強固に存在していた。特に大阪という巨大な経済都市にとっては、インパクトは絶大であった。

③一九三二年の場合、演習地が大和朝廷や南朝・楠正成の故地であることや、豊臣秀吉の朝鮮出兵を回顧するなど、歴史が総動員されて天皇行幸の権威づけや国策の正当化に利用された。

最後に、メディア・イベントとしての特別大演習の特性についてまとめておきたい。

①一九三二年大演習では、当時の新旧メディアが総動員された。大阪という先進的かつ多様なメディアが集中する

大都市で開催された影響は大きく、地方都市で開催される大演習とは大きく異なる様相を呈した。
②大演習を通じた天皇ナショナリズムや国防思想を増幅する役割を果たし、全国のラジオ聴取者をはじめ幅広い層に大演習の内容を広報・宣伝することとなった。また、軍人など演習に参加した関係者のスター化など、ポピュリズム的文脈も濃厚であった。

以上のような大演習におけるメディアの役割は、一九三〇年代以降の「戦意高揚メディア」[20]のあり方を先取りするものといえよう。その点で、大演習はメディアによる国民動員の「大演習」でもあったのである。

註

（1）近代的メディアの発達にともない、メディアの報道を通じて事件や出来事が大衆的な関心や消費の対象となること、もしくはメディアが主催者となって大衆向けに仕掛けるイベントを総称して「メディア・イベント」という。こうしたメディア・イベントについては、メディア史のなかで一定の蓄積があり、代表的な研究として津金澤聡廣・有山輝雄編著『近代日本のメディア・イベント』（同文館出版、一九九六年）や津金澤聡廣・有山輝雄編著『戦時期日本のメディア・イベント』（世界思想社、一九九八年）などがあり、近年のメディア史研究の動向をまとめた有山輝雄・竹山昭子編『メディア史を学ぶ人のために』（世界思想社、二〇〇四年）でも、メディア・イベントがメディア史を考えるうえでの重要な要素として論じられている。また、行幸啓研究においても、行幸啓のメディア・イベントとしての性格に一定の関心が向けられている。例えば、前章でも参照した若林正丈による裕仁台湾行啓の研究（若林正丈「一九二三年東宮台湾行啓の〈状況的脈絡〉」『（東京大学）教養学科紀要』一六、一九八三年、同「一九二三年の東宮台湾行啓」平野健一郎編『国際関係論のフロンティア2　近代日本とアジア』東京大学出版会、一九八四年）では、メディア報道の枠組や論調が行啓のイメージや解釈に与えた影響が論じられており、いわば行啓のメディア・イベントとしての側面をとらえたものと評価できるだろう。なお、本章で取り上げる百貨店の国策博覧会については、井川充雄「満州事変前後の『名古屋新聞』のイベント」（前掲『戦時期日本のメディア・イベント』所収）がメディア・イベントの一種として位置づけて論じているほか、百貨店における催物について論じた広告・プロパガンダ研究や百貨店史の成果が参考になる。難波功士「百貨店の国策展覧会をめぐって」（『関西学院大学社会学部紀要』八一、一九九八年）、同『「撃ちてし止まむ」太平洋戦争と皇国の技術者たち』（講談社選書メチエ、一九九八年）、加藤論『戦前期日本における百貨店』（清文堂出版、二〇一九年）第五章・補章。多くの国策博覧会がメディア主催であることに加え、博覧会や百貨店催物それ自体が大衆社会に一定の思想や解釈を提示し普及させるメディアであるという側面も重要である。

（2）原田敬一編『地域のなかの軍隊四　古都・商都の軍隊―近畿―』（吉川弘文館、二〇一五年）。

（3）『新修大阪市史』第七巻（大阪市、一九九四年）、『堺市史』続編第一巻（堺市役所、一九七一年）、『羽曳野市史』第二巻・本文編二（羽曳野市、一九九八年）、『藤井寺市史』第二巻・通史編三（藤井寺市、一九九八年）、『改訂天理市史』上巻（天理市役所、一九七六年）など。これらについては、本章作成に際して適宜参照した。また、昭和戦前期の大阪における軍隊や軍事組織の沿革については、『昭和大阪市史』社会篇（大阪市役所、一九五三年）六三三頁以降を参照。

（4）大阪府では一九一四年に府下で大演習が実施された。この演習については、遠藤俊六「大阪府下の入営・軍事演習・在郷軍人」（原田編前掲註(2)書所収）において、大阪府三島郡での演習動員の実態が紹介されている。また、近畿地方での大演習の先行研究としては、前章で挙げた山下直登（「軍隊と民衆―明治三十六年陸軍特別大演習と地域―」『ヒストリア』一〇三、一九八四年）や中村崇高（「大正八年陸軍特別大演習と兵庫県」『東洋大学人間科学総合研究所紀要』五、二〇〇六年）、三羽光彦（「陸軍特別大演習と教育」『芦屋大学論叢』五三、二〇一〇年）などが、兵庫県で複数回開催された大演習を検討している。なお、本章で取り上げた大阪大演習と近い時期の大演習について論じた論考としては、長谷川栄子「昭和六年熊本の陸軍特別大演習」（『第六師団と軍都熊本』熊本近代史研究会、二〇一一年）がある。

（5）『大阪朝日新聞』の記事は、朝日新聞記事データベース　聞蔵Ⅱを用いて閲覧した。引用にあたっては、『大朝』一九三二年十一月一日朝刊のように本文中に註記した。なお、前章でも註記したように、当時の新聞で夕刊が発行されている場合、日付と実際の配達日には一日のズレがある。

（6）大演習ならびに行幸の概要については、大阪府編『昭和七年陸軍特別大演習並地方行幸大阪府記録』（大阪府、一九三四年）、大阪市編『昭和七年陸軍特別大演習大阪市記念誌』（大阪市、一九三三年）、『昭和七年陸軍特別大演習奈良県記録』（奈良県、一九三四年）などを参照。これらの書籍は大演習の開催を記念して編纂され、関係各所に配布されたものであり、厳密には一次史料あるいは内部資料とは呼べないが、部内規定や本省・市区町村などとの往復文書等、重要なものを中心に多数収録されており、資料的価値や信頼性はかなり高いと判断した。

(7)『宇垣一成日記』二（みすず書房、一九七〇年）一九三二年十一月十四日。宇垣の批判の背後にある「演習戦術」問題については、本書第一部第四章を参照。

(8) ホルト五トン牽引車（三〇型牽引車）については、高橋昇『軍用自動車入門』（光人社NF文庫、二〇〇〇年）二五三〜二五四頁、佐山二郎『機甲入門』（光人社NF文庫、二〇〇〇年）三〇七〜三一二頁参照。また、日本陸軍における牽引車の歴史については、右記二書を、初期の牽引車の元々の用途である農耕器具＝トラクターとしての発展史については、藤原辰史『トラクターの世界史』（中公新書、二〇一七年）を参照。

(9) 近代における豊臣秀吉のイメージが日本の帝国化につれて変化していく過程については、仲尾宏『朝鮮通信使と壬辰倭乱』（明石書店、二〇〇〇年）第三章、高木博志「近代日本と豊臣秀吉」（鄭杜熙ほか編『壬辰戦争―一六世紀日・朝・中の国際戦争―』明石書店、二〇〇八年）などを参照。

(10) 若林前掲註(1)「一九二三年の東宮台湾行幸」。

(11) 都市空間のディスプレイ装置としての「花電車」については、橋爪紳也『祝祭の「帝国」―花電車・凱旋門・杉の葉アーチ―』（講談社選書メチエ、一九九八年）を参照。

(12) 一九二〇年代以降の天皇や著名な政治家等のスター化や、政治家・軍人側のポピュリズム傾向については、吉田裕『シリーズ日本近現代史六　アジア・太平洋戦争』（岩波新書、二〇〇七年）七七〜八四頁、筒井清忠『近衛文麿』（岩波現代文庫、二〇〇九年）、同『戦前日本のポピュリズム』（中公新書、二〇一八年）、坂上康博『昭和天皇とスポーツ』（吉川弘文館、二〇一六年）を参照。

(13) 大演習の教育への利用については、前章ならびに長谷川前掲註(4)論文を参照。

(14) ラジオの登場が国家イベントを全国で同時に体験する装置となったことについては、原武史『「民都」大阪対「帝都」東京』（講談社選書メチエ、一九九八年）を参照。

(15) こうした国策展覧会については、註(1)に挙げたメディア・イベント研究で論じられているが、研究の文脈によって評価が分かれている。難波功士らのプロパガンダ研究では、日中戦争期以降の盛況が主に論じられ、贅沢品統制や販売商品の減少、広告宣伝活動の縮小への対抗策として国策展覧会を積極的に開催するようになったとされる。他方、加藤諭ら百貨店催物の研究では、催物開催が百貨店の個性や文化的な格の指標となっていたことや、集客力の高い催物により他の販売フロアの集客への波及効果が期待されていたことを指摘している。一九三二年の大演習記念展覧会は、日中戦争期と異なり百貨店経営は安定期にあり、消極的国策迎合ではなく販売促進戦略の一環として、集客力が高く、かつ国家貢献の色彩の強い国策博覧会を選択したというのが実態であろう。

(16) 大阪府編前掲註(6)『昭和七年陸軍特別大演習並地方行幸大阪府記録』三一八～三二〇頁。

(17) 同右書、五五三～五五四頁。

(18) 大阪府編前掲註(6)『昭和七年陸軍特別大演習大阪市記念誌』五〇二～五〇三頁。なお、大阪城天守閣の再建や大阪城内の公園化の過程、昭和期における大阪城域の開発や利用の実態については、北川央「大阪城天守閣—復興から現在にいたるまで—」(『歴史科学』一五七、一九九九年)、酒井一光「大阪城天守閣復興と城内の聖域化」(『大大阪イメージ—増殖するマンモス／モダン都市の幻像—』創元社、二〇〇七年)、能川泰治「大阪城天守閣復興前史」(『大阪の歴史』七三、二〇〇九年)、同「十五年戦争と大阪城」(『人文学報』一〇四、二〇一三年)などを参照。ただし、いずれも一九三二年大演習での大阪城天守閣の扱いについては言及されていない。

(19) 大演習における農村の都市の受益格差については、一九二五年宮城県大演習についての拙稿(前章の元論文)を踏まえて再検討した、中武敏彦「陸軍特別大演習と宮城郡」(『市史せんだい』二四、二〇一四年)において指摘されている。本章では地域を変えて中武の指摘を再検証した結果、同一の結論を得るに至ったものである。

(20) 江口圭一「満州事変と大新聞」(『思想』五八三、一九七三年、のち『日本帝国主義史論』青木書店、一九七五年に所収)、同「満州事変と地方新聞」(『愛知大学国際問題研究所紀要』六四、一九七八年、のち『日本帝国主義史研究』青木書店、一九九八年に所収)などを参照。

終章　本書の総括と課題

本章ではこれまでの論証を踏まえ、日露戦後から大正期における「軍隊と地域」の相互関係がもつ歴史的意義について考察していきたい。

最初に、本書の内容を簡単に振り返っておく。まず第一部第一章では、一連の演習令についてその改正過程を分析し、演習令が理想とした演習像と、その問題点、改正過程における「地域」の扱いについて考察した。その結果、日本陸軍が演習に対して「実戦的」であることを一貫して求めていたこと、その一方で精神主義的・観念的な要求が登場するなど、その姿勢にややブレが存在することを明らかにした。また、演習令の改正過程において「地域」の問題がほとんど俎上にのぼらなかったことを指摘し、演習令の改正という作業のもつバイアスや限界を明らかにした。

次に、第二章以降の実態分析についてであるが、第二章では、日露戦後期における歩兵第一六連隊の行軍演習の事例を通じて、当該期の小規模な軍事演習に対する軍―地域両者の政治的意図や期待を考察した。その結果明らかになったことは、日本陸軍の小規模な演習には地域民衆を教化しようとするさまざまな意図が込められており、場合によっては軍事的演練よりも政治的な教化が優先されたこと、地域の有力者層もそのような教化の要素について、地域統合のために一定の支持を与え、場合によっては過剰な「物質的待遇」に走ることすらあったことである。

第三章では、日露戦後から第一次大戦前後の時期における秋季機動演習について、憲兵隊などを通じた演習に対する民意の把握内容および各師団の地域対策を検討した。そこで陸軍が一貫して問題にしていたのは地域側の過剰な

「物質的待遇」であり、陸軍側が求める「精神的待遇」へと専念させることが目指された。ところが、実際の民意は陸軍の理解と矛盾するものであり、その結果地域対策の実効性にも限界が存在していたのである。

第四章では、第一三師団の事例をもとに地域と直面する衛戍部隊の地域対策の特質を明らかにするとともに、それが陸軍内での議論、特に『偕行社記事』誌上において主張されていた、有害な「演習戦術」の撲滅との間にジレンマを抱えていたことを明らかにした。すなわち、地域の負担軽減のために演習地の変更が必要とされながら、日本国内の地形的特性から陸軍が求める演習が行える地域が限定され、演習地の変更に困難が生じていたのである。この問題は演習令の改正により一定の対応がとられたが根本的解決には程遠く、軍隊練成と軍―地域間の協調との両立がいかに困難であったかを象徴する事例であった。

第五章では、陸軍における非主流派であり、比較的「柔軟」な思考が可能な主計将校たちが『陸軍主計団記事』誌上において展開した法適用をめぐる議論を分析した。彼等の議論では演習にともなう地域住民の被害や負担について、民意に配慮して柔軟な法適用を行うことが提言されていたが、結局法適用という手段をとる以上、法の枠組自体を超えた解決策を提示できず、むしろ軍事官僚としての抑圧性すら露呈したことを明らかにした。この一連の過程を通じて、当該期の陸軍の「柔軟性」が地域との協調策としていかに具体化したのか、そしてそこに存在した軍事官僚としての自己認識が有する限界性を明らかにした。

以上、第一部の考察を通じて、当該期の陸軍が地域社会に対して多様な働きかけを行うとともに、陸軍にとって不都合な民意に敏感に対応しようとしていたこと、しかしそこには実態との矛盾が存在し、対策の方向性によっては矛盾を拡大しかねない状況にあったことを明らかにした。そうしたなかで陸軍が模索していた演習改革の内実は、序章で紹介した近年の政軍関係史で指摘されている大正期陸軍の「柔軟性」が地域社会との関係において具体的に表出したものといえる。ただし、彼等はあくまで軍事組織の一員である軍事官僚であり、そうした属性は軍事的合理性やその時々の軍事戦略、軍隊の組織原理が「柔軟性」に一定の制約をもたらしていたことも明らかにした。

次に第二部では、陸軍の演習のなかでも特に大規模で、天皇統監の演習である特別大演習について、軍事的側面と皇室イベントとしての側面双方から、地域社会への影響を分析した。第一章では一九二〇年代に地方都市や周辺農村で開催された事例を、第二章では一九三〇年代に大都市圏で開催された事例を考察した。一連の考察を通じて、一九二〇～三〇年代の大演習は軍事的価値の低下に直面して改革が模索されていたこと、他方天皇イベントとしては、二〇年代には天皇個人の存在が思想善導や思想的動員に資するものとして利用され、三〇年代になると天皇の神聖化・神秘化が進むこと、また二〇～三〇年代を通じて、地域社会、特に開催地の都市社会が、多くの事務負担にもかかわらず天皇権威の恩恵や種々の経済的利益を強く期待して行動していたことが明らかになった。また、三〇年代の大演習では、新たに登場した大衆的メディアが演習の情報発信を変革し、一種のメディア・イベントとしての性格を有していたことを明らかにした。

以上、陸軍の軍事演習をめぐる軍隊と地域の関係性の諸相を検討してきたわけであるが、以下ではこれらを踏まえ、本書の課題である日露戦後から大正期にかけての軍隊と地域の関係性が歴史的に有する意義について考察していくが、陸軍にとっての演習の意味と地域社会に演習が与えた影響に分けて考察し、陸軍と地域の相互規定性について必要に応じて言及する。

まず議論の前提として、当該期の陸軍を取り巻く環境が地域社会との関係に重要な意味を与えていたことを確認しておきたい。日露戦争は明治日本の「富国強兵」路線が迎えた一つの到達点であったが、同時にこの戦争は「プレ総力戦」とも呼ぶべき国民的大動員によって支えられた戦争であった。また、戦後に発生した日比谷焼打事件をはじめとする一連の都市騒擾期を通じて、「民衆」という政治主体の登場をも目の当たりにすることとなった。すなわち、陸軍にとって地域住民は戦時における重要な動員対象であると同時に、軍や国家の秩序に対する脅威ともなりうる存在であった。このように新たな歴史的段階を迎えた陸軍は、帝国在郷軍人会の結成に象徴される一連の思想動員政策に着手するなど、国民思想の動向に強い関心を示すようになった(1)。

さらに第一次大戦後になると、ヨーロッパ戦線における全面的総力戦の展開を受けて、陸軍は本格的な総力戦思想の受容を開始した。その結果陸軍にとって国民動員能力は将来戦における勝敗を決定的に左右する要素として認識されるようになったのである。また、大戦後に大きな盛り上がりをみせていた欧米からの新思想、すなわち民主主義や社会主義に対しても、強い警戒を示すようになった。特にロシア革命やドイツ革命などヨーロッパの君主制国家の崩壊を目の当たりにして、天皇制崩壊の危機への恐怖感が軍だけでなく支配層全体に広がっていた。また、シベリア出兵の失敗により「反軍世論」が盛り上がりをみせ、軍縮による人員削減を余儀なくされるなど、陸軍将校の社会的地位すらも危うい状況に直面していたのである。

以上のような状況下で展開された軍事演習においては、地域との関係が重要な規定要因となっていった。まず日露戦後段階においては、遺族・癈兵の処遇や「郷土部隊」意識の涵養など、地域における衛戍部隊の求心力を維持し、共同体内の対立を予防することを意図した演習が実施された。また、演習に対する民意の悪化を防止するため、全国的な地方対策の調査や憲兵隊による実態報告につながったのである。そこで重視されたのが、「物質的待遇」撲滅による負担軽減であったが、現実の民意との間には大きな隔たりがあった。

ただし、この段階での危機感はさほど強いものではなかったと考えられる。まず地域の有力者層が演習の思想的統合効果を支持していたし、一般住民も「物質的待遇」にみられるように軍隊歓迎には熱心とみられたからである。この段階における陸軍の動向は、将来における演習忌避・軍隊忌避の予防的措置として評価するのが妥当であろう。

第一次大戦後において地域住民との関係が危機感をもって認識されるようになると、より具体的かつ「柔軟」な議論が展開されるようになる。軍隊に対する地域の反感が一気に高まることを懸念して、師団長クラスの軍人から演習地変更による負担均霑という地域への配慮の言葉が聞かれるようになり、主計団においても損害賠償への民法の適用という柔軟な法適用の是非が論じられたのである。また、天皇制の危機との関係では、大演習において若き摂政裕仁のカリスマ的な人気に便乗する形で思想動員をはかり、天皇権威の付与によって地域住民の歓心を買うことで演習への支持調達をはかっており、一定の効果を挙げている。

しかし、結果として陸軍は「民衆的軍隊」に変身を遂げることはなく、むしろ民主的な思想や政治勢力を敵視し弾圧する組織としての性格を強めていった。また、地域との関係も、在郷軍人会や婦人会を通じた動員システムを強化する方向に向かい、演習についても演習地を拡大することで堂々と大規模な実弾射撃演習などを実施できる環境を整えていった。(2) このような変遷を遂げていった過程は複雑であり、さまざまな視角から現在進行形で研究が進められているが、本書での分析を踏まえると、陸軍の軍事優先思想が常に軍隊の民主化や軍隊と地域との間の調和を妨げていたのではないか、と考えざるをえないのである。

まず物質的待遇問題にみられるように、陸軍の民意に対する認識は現実と乖離したものであった。何よりも陸軍の必要を満たすことからすべてが構想されており、その文脈でのみ負担の軽減も図られていた。その結果、軍隊への「好意」の表れである物質的待遇を拒絶し、宿営拒否の防止にもつながらないというパラドックスに陥ってしまったのである。また、第一次大戦後の反軍世論のなかで検討された演習地の変更策にしても、軍事的演練という演習本来の目的との間に矛盾を露呈し、本質的な解決は不可能であった。これは日本の地形的要因に拘束された日本軍の体質に起因するものであり、山がちな島国でありながら大陸侵攻戦略にもとづく演習を実施せざるをえないという矛盾の皺寄せが地域に転化されたのである。さらに、主計将校が象徴的であるが、軍隊と地域との間の問題について最終的には軍側に立つことを選択するという、軍事官僚としての属性も大きく影響していると考えられる。

一方、地域住民にとって演習が有した歴史的意義であるが、まず山下直登の先駆的成果「軍隊と民衆」(3)が既に指摘していたように、演習にともなう地域の負担は実に大きなものがあった。そのことは陸軍も理解しており、さまざまな形で思想動員や負担軽減を図ったのであるが、少なくとも地域有力者層はそのような意図に同調し、自らの地域統合にも演習を活用しようという意識があった。また、それ以外の住民にとっても、物質的待遇問題をみる限り、基本的に演習部隊は歓迎すべきものと認識されていたようである。しかし、演習歓迎をめぐる民意は陸軍の理想としたものとは大きくかけ離れており、また結果的に負担を増加させかねないものでもあった。他方、日本列島の地形的条件に拘束された演習の弊害として、特定の地域に演習が集中することとなり、それらの地域からは忌避される傾向にあった。つまり演習に対する意識には大きな地域差が存在するのであり、陸軍がどちらの地域からの反応を重視するかによって、地域対策も大きく変化していたのである。

ところで、地域の演習観には、功利主義的な側面が存在したことも重要である。大演習に天皇権威による名誉や経済収入などを期待したことや、損害賠償に対する「したたか」ともいえる過大請求行為など、地域住民は生活者として軍隊と「共存」し、少しでもそこから利益を得ることを期待して行動していたのである。ただし、本書で対象にした時期においては必ずしも明確になっていないが、これらの功利主義的な発想は吉見義明が指摘する「草の根のファシズム」(4)にも通じる要素として評価することも可能であり、その負の側面についても留意する必要があろう。

以上のように、陸軍と地域社会は互いの意図や反応を参照しつつ、自らの利害をいかに貫徹していくかという命題を追及していたのである。すなわち、演習という軍隊組織と地域社会とが直接向きあう場面において、互いのあり方を規定し合っていたのである。このような軍隊と地域との関係の歴史には近代日本の軍隊の歴史、そして地域の歴史にとってどのような意義を有するのであろうか。序章で示した諸課題を踏まえつつ、三点ほど指摘しておきたい。

第一に、陸軍による思想動員への地域の具体的反応を確認することにより、当該期の軍隊と地域との関係は一方的な陸軍の動員過程としてではなく、意図は別として地域側から一定の支持を得ていたことを明らかにした。前述のようにこれらの支持は「草の根のファシズム」、すなわち民衆の戦争支持意識との関連で検討すべき課題であるが、本書はその前提となる事実を提示できたものと思う。また、これらの支持構造は、形を変えて現代にもつながっていることにも注意が必要である。例えば、現代の沖縄社会は米軍基地との緊密な経済的関係が語られ、単純な「反基地」では住民感情を把握することが困難であることは、一九九〇年代以降の沖縄における基地移転問題の紆余曲折が象徴しているところであろう。地域住民にとっては自らの生活の維持こそが最優先課題である以上、状況により反軍・反基地の思いに燃えることもあれば、軍隊に依存することを選択することもありうるのだということが、歴史的経験としても裏づけられたことも本書の重要な成果であると思う。

第二に、地域社会の陸軍への対応の多様性を指摘した。軍都論に象徴されるように、従来の「軍隊と地域」研究は軍隊とかなり密接な関係を有する地域を対象にしていたため、よくも悪くも軍と地域がかなり密着した状況を描き出していた。しかし、それらの地域は日本列島のごく一部に過ぎず、「地域」という概念のもつ多様性からすれば描かれざる「地域」があまりにも多いといわざるをえない。この点、演習を通じた分析の場合、地域によって演習の負担自体が平等でなかったこともあり、地域社会の反応も演習忌避から物質的待遇までの差が生じていた。多様な地域に視点を据えることの意味をより掘り下げた分析視角により、従来にもまして多様な「軍隊と地域」の関係性の実態がみえてきたといえよう。

第三に、大正期陸軍の「柔軟性」の具体的発現とその限界を、地域での実態と関連させつつ論証した。序章で指摘したように黒沢文貴『大戦間期の日本陸軍』(5)が指摘した大正期陸軍の「柔軟性」の具体的な内実を論証することが本書の課題の一つであったが、検討の結果、地域との関係において「柔軟性」をある程度発揮していたこと、にもかかわらず軍事官僚としての自己意識と軍事的練成という演習目的に拘束されて「柔軟性」が軍隊と地域社会との調和をもたらすまでに至らなかったことが明らかとなった。無論、思想自体の画期性や先進性自体を否定するつもりはないが、少なくとも官僚や暴力装置の担い手である将校たちにおいては、具体的な社会とのつながりのなかで思想を具体化しなければ、せっかくの先進性も色あせてしまうだろう。軍人が「柔軟」であり続けることは、かくも困難な道なのである。

最後に、本書の成果を踏まえて今後追究すべき研究課題を挙げておわりにかえたい。

一点目は、本書で扱わなかった日清戦争以前の建軍期および一五年戦争期の陸軍演習についてである。まず、建軍期陸軍の演習については、本書では日清戦争前後の時期、国民国家形成にともなう軍隊や戦争の支持が演習に対する歓迎に結びつくようになったことを指摘した。しかしその具体的な意識転換の過程についてはさらに時期を遡らせつつ具体的な実証を進めていく必要がある。また、一五年戦争期の演習については、荒川章二の一連の研究において演習場の増加傾向と演習場設定時の土地収用をめぐる経過が明らかにされているが(6)、具体的な演習実施過程やその背景にある軍隊教育思想、実施にあたって具体的に軍―地域間で生じた関係などを明らかにすることが必要であろう。

二点目は、海軍の演習についての考察である。海軍の演習は、陸軍に比べ比較的地域への影響の少ない海上で行われるため、これまで「軍隊と地域」研究のなかではあまり注目されてこなかった。しかし、漁場規制や漁業資源に対する影響など、地域の漁民たちに与えた影響は無視できないであろう。また、海軍という組織の性質上、海軍演習は対外的なデモンストレーションとしての側面が強いことが特徴である。そのため、これまでの「軍隊と地域」研究の視角に止まらず、政治・外交の側面からのアプローチも不可欠であるだろう。これらを踏まえて陸海軍の演習を比較しつつ検討することが大きな課題である(7)。

三点目は、演習に限らず、平時における衛戍部隊の運営について、主計将校の業務や酒保などの諸制度を通じて検討することである。第一部第五章で検討したように、主計将校の活動に関する研究はまだまだ手薄であるが、彼等こそ衛戍部隊と地域社会との接点として最も活躍した集団であり、日常的な物資調達や酒保の運営を通じて形成していた地元商業層との関係など、考察すべき課題はまだまだ多いといえよう。

四点目は、軍事演習の歴史的研究の現代的意義についてである。序章でも指摘したように、現代の日本列島における「軍隊と地域」の関係は極東における米軍再編や自衛隊の戦略転換により、多くの地域で軍事組織と地域社会との間で新たな関係性や軋轢を生みだしつつある。当然ながら、軍事演習の実施もそれらの地域にもたらす影響は甚大なものになるだろうと予想される。そうした状況に対して、「軍隊と地域」研究の視角や成果を踏まえた実証的な議論が求められるだろう。また、現代の状況を直接規定する前史として、戦後に米軍や自衛隊が実施した軍事演習の歴史的研究が必要な状況にあるといえる(8)。

註

(1) 藤井忠俊『在郷軍人会』(岩波書店、二〇〇九年)。
(2) 演習場の拡大プロセスについては、荒川章二『軍隊と地域』(青木書店、二〇〇一年)、同『軍用地と都市・民衆』(山川出版社、二〇〇七年)などを参照。

（3）山下直登「軍隊と民衆―明治三十六年陸軍特別大演習と地域―」（『ヒストリア』一〇三、一九八四年）。

（4）吉見義明『草の根のファシズム』（東京大学出版会、一九八七年）。

（5）黒沢文貴『大戦間期の日本陸軍』（みすず書房、二〇〇〇年）。

（6）荒川前掲註(2)書を参照。

（7）本書序章でも述べたように、海軍に関する「軍隊と地域」研究は近年急速に成果を挙げつつあり、海軍のさまざまなデモンストレーションの分析も進みつつある（小倉徳彦「日露戦後の海軍による招待行事」『日本歴史』八二七、二〇一七年、木村美幸「大正期における日本海軍の恒例観艦式」『メタプティヒアカ』一一、二〇一七年などを参照）。

（8）戦後の米軍をめぐる「軍隊と地域」については、徐々に実証研究が蓄積しつつある。ここではさしあたり、栗田尚弥編著『米軍基地と神奈川』（有隣新書、二〇一一年）を参照。

初出一覧

序　章　「軍隊と地域」研究の論点と軍事演習
「「軍隊と地域」研究の成果と展望―軍事演習を題材に―」（『季刊戦争責任研究』四五、二〇〇四年）の一部を大幅に改稿し、「『軍隊と地域』研究―現状とこれからの課題―」として東アジア近代史学会二〇一八年十月例会（二〇一八年十月二十日、駒澤大学）で口頭発表

第一部　軍事演習をめぐる軍隊と地域の相互関係

第一章　典範令にみる軍事演習制度の変遷
「日本陸軍の典範令に見る秋季演習―軍事演習の制度と運用についての試論―」（『年報日本現代史』一七、二〇一二年）

第二章　行軍演習と住民教化
「軍事演習の政治的側面―行軍演習における住民教化と地域の反応―」（『日本歴史』七〇六、二〇〇七年）

第三章　演習部隊を「歓迎」する地域社会
「軍隊を「歓迎」するということ―近代日本の軍・地域関係をめぐって―」（『史潮』七七、二〇一五年）

第四章　軍事演習と地域社会のジレンマ

「大正期日本陸軍の軍事演習―地域社会との関係を中心に―」（『史学雑誌』一一四―四、二〇〇五年）

第五章　演習被害に対する損害賠償の可能性と限界

「一九二〇年代の陸軍と民衆―軍事演習における賠償問題を中心に―」（『日本史研究』五三五、二〇〇七年）

第二部　陸軍特別大演習と天皇・軍隊・地域

第一章　特別大演習と行幸啓の構図

「陸軍特別大演習と地域社会―大正十四年、宮城県下を事例として―」（『地方史研究』二九六、二〇〇二年）

第二章　都市・メディアと特別大演習

「軍事演習と地域社会」として「日本史研究会二〇一六年ミニシンポジウム」（「平和のための京都の戦争展」

二〇一六年八月五日、立命館大学国際平和ミュージアム）で口頭発表

終　章　本書の総括と課題

新稿

あとがき

本書は、二〇〇七年度に東北大学大学院文学研究科に提出した博士論文に、新稿を加え加筆修正したものである。なお、本書の刊行にあたっては、独立行政法人日本学術振興会令和元年度科学研究費助成事業（科学研究費補助金）研究成果公開促進費（JSPS科研費・19HP5086）の交付を受けた。

本書を締めくくるにあたり、著者がなぜ「軍隊と地域」というテーマを選択したのか、その経緯について語ることをお許しいただきたい。

著者の出身地である新潟県新発田市は、一八七一（明治四）年に最初の兵営が置かれて以来、市中心部の新発田城本丸跡に軍隊が駐屯する街である。一八八四年からは歩兵第一六連隊（本書第一部第二章を参照）の衛戍地となり、戦後も陸上自衛隊（第三〇普通科連隊）の駐屯地である。新発田城本丸は近世の門や櫓の一部が残り、また二〇〇四年には三階櫓などが再建されたが、それが位置するエリアは陸上自衛隊の敷地内にあたり、一般市民は立ち入ることができない。

そうした環境のなかで育った新発田市民にとって、子どもの頃から市の中心に自衛隊が存在するのが日常であり、街中を自衛隊車両が走り、新発田市の夏祭りに自衛隊が山車を出す、といった光景が「普通」であった。また、著者が高校生から大学生となる頃には、地方社会の例に漏れず消費の郊外化が進み、市中心部の商店街はシャッター通り化しつつあった。そのなかで残った客層として、近くに駐屯する自衛隊員が重要であるという言説も地域で流布していた。そうした環境が、研究テーマ選択のうえで大きく影響したことは間違いない。

大学に進学して日本近代史、特に軍隊や戦争の研究を志し、研究テーマを模索するなかで、まさに出身地の社会状況そのものである「軍隊と地域」の相互依存や利害関係を研究することになった。ただ、両者がただちに直結したのではなく、そこにはもう一つ要因がある。それは一九九〇年代における沖縄の基地問題である。一九九五年の少女暴行事件とそれに抗議する県民集会を大きな画期として、沖縄の基地問題が全国的な社会問題・政治外交問題となり、当時勃興期にあった「軍隊と地域」研究にも大きな影響を与えたことは本書序章でも言及したが、著者が卒論のテーマを検討していた二〇〇〇年前後の状況が、著者の問題意識に大きく影響することとなった。一九九五年以来基地問題の解決に取り組んできた大田昌秀知事が、一九九八年の県知事選挙において保守系の稲嶺惠一候補に敗れ、稲嶺知事のもとで基地の県内移設への方針転換と沖縄サミットなどの経済振興政策が展開された。その過程を追うなかで、多くの県民が基地反対・県外移設の声をあげる一方、沖縄の経済や文化と基地との結びつきの問題や、生きるためには「基地への依存」「基地との共存」を選択せざるをえない人々の存在に思い至ったのである。こうした現代史の動きが、軍隊との「依存」「共存」関係を歴史的に考察することの必要性を著者に痛感させることとなった。

こうした問題意識からわが身を振り返ったとき、出身地の新発田も近現代を通してこうした軍隊との関係に規定されていることに思い至り、日本近代史において「軍隊と地域」を考察する研究が必要なのではないかと考えたのである。

また、大学・大学院を過ごした仙台という環境も、こうしたテーマを追究するうえで重要であった。かつての仙台は明治初年の鎮台設置、そして第二師団が衛戍する「軍都」であり、東北大学の文系学部キャンパスはちょうど第二師団の跡地にある。また、宮城県図書館など地元の資料所蔵機関に、特別大演習に関する史料が豊富に所蔵されていたことも大きかった。こうして、卒業論文において一九二五（大正十四）年に宮城県で挙行された特別大演習を取り上げ（本書第二部第一章）、以来陸軍の軍事演習をテーマに「軍隊と地域」の関係を研究してきたのである。

著者が今日まで研究を続けてこられたのは、多くの方々にご支援とご助言をいただいた賜物に他ならない。まず、出身研究室である東北大学日本史研究室の先生方に感謝申し上げたい。故今泉隆雄・大藤修・柳原敏昭・安達宏昭の四先生には、本書の原型となる博士論文の審査に至るまで、様々なご指導を賜った。そしてヨーロッパ史研究室の故佐藤勝則先生には、博士論文の副査をご担当いただいた。また、学部四年から大学院一年にかけてご指導いただいた高橋美貴先生には、研究者の道に進むうえでの基礎となる知識や考え方をご教授いただいた。また、本書第一部第四章で利用した「和田村兵事史料」の閲覧にあたって、当時同史料を所蔵していた上越市史編さん室の花岡公貴氏をご紹介いただいた。

東北大学日本史研究室の先輩・同輩・後輩の皆さんにも大変お世話になった。同じ近現代ゼミで研鑽を積んだ先輩・後輩との日々はもちろんのこと、近世史の先輩方にご指導いただいた崩し字の読解や資料調査のノウハウが、研究者としての財産となっている。また、古代から近現代まで専攻を異にする多くの方々と日々をともにするという環境によって、自分の専攻を超えて「日本史」という幅広い視点で歴史を考える重要性を学んだと思っている。

研究室の大先輩である後藤致人先生には、研究上のご助言ご指導はもとより、早くから全国学会に出入りして知見や人脈を広げたほうがよいとご助言いただいた。後藤先生に勧めていただいた歴史学研究会大会の現代史懇親会や現代史サマーセミナーなどでの出会いが、今日に至るまで大きな糧となっている。

また、大学の地元仙台や全国の学会・研究会でも、研究発表や学術交流などを通じて多くの方にお世話になった。仙台の学会では在仙のさまざまな分野の研究者からご意見やアドバイスをいただいた。また、東京や関西の諸学会でも研究発表や学術交流の機会を得た。特に現代史サマーセミナー、内務省研究会、首都圏形成史研究会は、問題関心の近い若手・中堅の研究者の方々から刺激を受けることが多かった。

また、大学院修了後に関係した諸機関には、博論提出後の著者が研究者としてスキルアップする機会をいただいた。専門員として勤務した岩沼市史編纂室の関係者の皆様、日本学術振興会特別研究員として受け入れていただいた一橋大学吉田裕ゼミの皆様、機関研究員として所属した国立歴史民俗博物館の皆様、在籍中は大変お世話になりました。そして、現在研究員として勤務している国立公文書館アジア歴史資料センター（アジ歴）の、波多野澄雄センター長をはじめとする職員・スタッフの皆様にも感謝したい。著者が大学院に進学したのと同じ二〇〇一年に開設されたアジ歴は、地方生活者である著者が軍事史を研究するうえで不可欠の存在であった。いまアジ歴の「中の人」として、かつての自分のように世界のどこかでアジ歴を使う人たちのために、よりよい利用環境の実現に尽力できればと思う。

本書を刊行するにあたって、なかなか筆の進まない著者を辛抱強く支えていただいた吉川弘文館の永田伸氏と、実際の編集にあたってくださった大熊啓太氏にも感謝したい。お二人のご尽力がなければ、本書の刊行はなかったであろう。

最後に、研究者や史料公開機関の非常勤職員として不安定な生き方を選択した著者を温かく見守ってくれている家族に、本書を捧げたい。

二〇一九年八月　猛暑の東京にて

中　野　　良

さ　行

た・な　行

は　行

ま・や・わ　行

は　行

ま　行

や・ら　行

Ⅱ 人　名

あ　行

か　行

た　行

な　行

索　　引

※人名索引の太字は研究者名を示す.

Ⅰ 事　　項

あ 行

か 行

さ 行

著者略歴

一九七八年、新潟県に生まれる
二〇〇一年、東北大学文学部卒業
二〇〇七年、東北大学大学院文学研究科博士課程後期単位取得退学
現在、国立公文書館アジア歴史資料センター研究員、博士(文学)

〔主要論文〕

「秋季演習・大演習・特種演習―陸軍の軍事演習―」(荒川章二ほか編『地域のなかの軍隊8 日本の軍隊を知る　基礎知識編』吉川弘文館、二〇一五年)

『戦争と科学・科学技術』の現在」〈水沢光との共著〉(『歴史評論』八三二、二〇一九年)

日本陸軍の軍事演習と地域社会

二〇一九年(令和元)十月二十日　第一刷発行

著　者　中野(なかの)　良(りょう)

発行者　吉川道郎

発行所　株式会社　吉川弘文館
郵便番号一一三―〇〇三三
東京都文京区本郷七丁目二番八号
電話〇三―三八一三―九一五一(代)
振替口座〇〇一〇〇―五―二四四番
http://www.yoshikawa-k.co.jp/

印刷＝株式会社　精興社
製本＝株式会社　ブックアート
装幀＝山崎　登

ISBN978-4-642-03888-1